高等职业教育精品工程规划教材

液压与气动控制技术

主　编　冷更新　张雨新
副主编　牛彩雯　郑晓坤

电子工业出版社
Publishing House of Electronics Industry
北京·BEIJING

内 容 简 介

本教材共分五篇，第一篇为概论，主要介绍自动控制系统的结构及液压与气动系统的特点。给出了选择系统控制过程的几种描述方法、系统的主要参数以及液压与气动的相同点与不同点。第二篇为液压与气动基础元件部分，主要从执行元件、控制元件、检测元件、动力源结构等方面进行系统描述，利用液压与气动元件在结构原理上相同的特点，通过归纳液压与气动回路和元件的区别，用通用结构原理和补充说明方式来描述液压与气动元件的结构特点。第三篇为液压与气动基本回路部分，主要介绍液压与气动控制系统的方向、压力、流量的基本控制回路的几种形式。第四篇为液压与气动典型系统部分，主要介绍了动力滑台液压进给系统的控制过程、油压机的控制过程以及液压与气动机械手系统的控制过程等实际应用控制回路，包括系统控制过程的描述、液压或气动原理图分析、I/O 结构图、功能表图、梯形图等。第五篇是液压与气动系统的使用维护部分，主要介绍了液压系统的设备维修与维护方法以及气动系统的安装与调试过程等，包括故障现象判断、参数整定要求、实际操作内容等。

本书可作为高职院校机电及机械类相关专业的教材，也可作为相关技术人员的参考用书。

未经许可，不得以任何方式复制或抄袭本书之部分或全部内容。
版权所有，侵权必究。

图书在版编目（CIP）数据

液压与气动控制技术 / 冷更新，张雨新主编. —北京：电子工业出版社，2016.1
ISBN 978-7-121-26489-4

Ⅰ. ①液… Ⅱ. ①冷… ②张… Ⅲ. ①液压控制—高等学校—教材②气动技术—高等学校—教材 Ⅳ. ①TH137 ②TH138

中国版本图书馆 CIP 数据核字（2015）第 145360 号

策划编辑：郭乃明
责任编辑：郭乃明　　特约编辑：范　丽
印　　刷：北京虎彩文化传播有限公司
装　　订：北京虎彩文化传播有限公司
出版发行：电子工业出版社
　　　　　北京市海淀区万寿路 173 信箱　邮编　100036
开　　本：787×1 092　1/16　印张：19.25　字数：489.6 千字
版　　次：2016 年 1 月第 1 版
印　　次：2022 年 7 月第 7 次印刷
定　　价：43.00 元

凡所购买电子工业出版社图书有缺损问题，请向购买书店调换。若书店售缺，请与本社发行部联系，联系及邮购电话：(010) 88254888。

质量投诉请发邮件至 zlts@phei.com.cn，盗版侵权举报请发邮件至 dbqq@phei.com.cn。

服务热线：(010) 88258888。

前　　言

目前的自动控制系统主要以 PLC 为控制单元，借助机、电、气、液传动结构，利用其相应的控制元件形成综合控制系统，因此液压与气动控制技术是自动控制系统的一部分，而液压与气动控制技术的研究则应从系统的通用控制结构入手，对其液压与气动传动装置按照设备系统的结构组成进行系统性的研究。本教材按照液压与气动装置的设备结构，从系统的执行元件、控制元件、检测元件及动力源方面，针对性地分析了液压与气动基础元件的特点和控制要求，并通过对液压与气动基本控制回路和典型控制应用系统等的分析，力求培养读者对实际系统举一反三和深入研究开发的能力。这就要求对实际系统进行分析时，应将"复杂控制回路系统"分隔，形成若干"基本回路"，而"基本回路"由"基础元件"构成；通过对"基础元件"的熟悉和对"基本回路"的掌握以及对典型控制应用系统"复杂控制回路"的拆分过程，实现对液压与气动控制技术的掌握。并在应用过程中能够根据实际系统特点选择用循环动作图、动作表、动作时序图、流程图、功能表图等来表达系统控制过程，并用基础元件和基本控制回路的灵活组合，形成满足特定要求的典型回路；同时用中英文元素标注和完整的结构来突出"图"的工程表达语言，使图中基础件的名称与国际接轨。

本教材共分五篇，第一篇为概论，主要介绍自动控制系统的结构及液压与气动系统的特点。给出了选择系统控制过程的几种描述方法、系统的主要参数以及液压与气动的相同点与不同点。第二篇为液压与气动基础元件部分，主要从执行元件、控制元件、检测元件、动力源结构等方面进行系统描述，利用液压与气动元件在结构原理上相同的特点，通过归纳液压与气动回路和元件的区别，用通用结构原理和补充说明方式来描述液压与气动元件的结构特点。第三篇为液压与气动基本回路部分，主要介绍液压与气动控制系统的方向、压力、流量的基本控制回路的几种形式。第四篇为液压与气动典型系统部分，主要介绍了动力滑台液压进给系统的控制过程、油压机的控制过程以及液压与气动机械手系统的控制过程等实际应用控制回路，包括系统控制过程的描述、液压或气动原理图分析、I/O 结构图、功能表图、梯形图等。第五篇是液压与气动系统的使用维护部分，主要介绍了液压系统的设备维修与维护方法，以及气动系统的安装与调试过程等，包括故障现象判断、参数整定要求、实际操作内容等。

教材力求作为该课程的参考书并成为学生的自学读物和课程工具书，而不单单是教师的教案，因为笔者认为，课堂是老师和学生共同"教"和"学"的过程，当然是以学生为主体寻找到的"教法"和主体自觉努力"兴趣"学法的统一，因此无论是"理论教学"、"项目教学"、"实验过程"、"实训过程"等，都是根据教学内容和学习主体的客观情况确定的教学过程，不同的内容其过程形式不同，但教材则要求从目录到内容应对学科进行"面"、"线"、"点"的分类。"篇"相当于"面"，应给出学科"块"的结构，而这个块应便于总结和归类；"章"相当于"线"，应给出学科上下一条"线"的"因果"结构，而这个线应便于梳理和划分；"节"相当于"点"，应给出学科的主要知识点，而这个点应该是"面"和"线"上的知识基础点，并通过"面"、"线"、"点"的模块结构掌握知识要点，并最终通过"目录"获得总结学科知识和查阅学科知识的能力。

液压与气动系统中，习惯上将压强称为压力，将电动机称为电机，为叙述方便以及符合行业例行标准，本书沿用此惯例。

本书由唐山工业职业技术学院冷更新、张雨新主编，牛彩雯、辽宁机电职业技术学院郑晓坤任副主编。在编写过程中参考了有关专业书籍和资料，在此向原作者表示最诚挚的谢意！

由于编者水平有限，书中难免出现不妥之处，敬请读者批评指正。

编者

2015 年 4 月

目　　录

第一篇　概论 ·· 1

  第 1 章　自动控制系统 ·· 2
    1.1　自动化系统的组成 ··· 2
    1.2　电气控制系统 ·· 5
    1.3　PLC 控制系统 ·· 7
    1.4　系统动作过程的表述与确定 ·· 14
    思考题 ··· 18

  第 2 章　液压与气动系统 ·· 19
    2.1　液压与气动技术的研究对象 ·· 19
    2.2　液压与气压传动介质 ·· 23
    2.3　压力的传递特性 ·· 26
    思考题 ··· 29

第二篇　液压与气动基础元件 ··· 30

  第 3 章　执行元件 ·· 31
    3.1　液压缸 ·· 31
    3.2　气缸 ·· 34
    3.3　液压摆动马达 ·· 39
    3.4　液压旋转马达 ·· 40
    3.5　气马达 ·· 42
    3.6　执行元件的应用特点 ·· 43
    思考题 ··· 46

  第 4 章　控制元件 ·· 47
    4.1　液压方向控制元件 ·· 48
    4.2　气动方向控制元件 ·· 59
    4.3　液压压力控制元件 ·· 61
    4.4　气动压力控制元件 ·· 65
    4.5　液压流量控制元件 ·· 67
    4.6　气动流量控制元件 ·· 69
    4.7　液压比例阀、插装阀、叠加阀 ·· 71
    4.8　气动比例阀 ·· 82
    思考题 ··· 84

  第 5 章　常用检测元件 ·· 85
    5.1　磁性传感器 ·· 86
    5.2　接近传感器 ·· 87
    5.3　光电式传感器 ·· 89

  5.4 其他类型传感器件 ······ 93
  5.5 检测信号的传递与转换 ······ 96
  思考题 ······ 98
 第 6 章 动力源 ······ 99
  6.1 液压源的结构组成 ······ 100
  6.2 气源的结构组成 ······ 119
  6.3 密封装置 ······ 124
  6.4 管路 ······ 128
  思考题 ······ 130

第三篇 液压与气动基本回路 ······ 131
 第 7 章 方向控制回路 ······ 132
  7.1 液压换向回路 ······ 133
  7.2 气动换向回路 ······ 137
  7.3 液压锁紧回路 ······ 139
  7.4 气动锁紧回路 ······ 144
  7.5 液压往复控制回路 ······ 145
  7.6 气动往复控制回路 ······ 150
  7.7 液压缸定位控制 ······ 152
  7.8 气缸定位控制 ······ 155
  思考题 ······ 158
 第 8 章 压力控制回路 ······ 159
  8.1 液压调压回路 ······ 161
  8.2 气动调压回路 ······ 164
  8.3 液压减压回路 ······ 166
  8.4 气动减压回路 ······ 170
  8.5 液压增压回路 ······ 172
  8.6 气动增压回路 ······ 173
  8.7 液压卸荷回路 ······ 176
  8.8 液压保压回路 ······ 178
  8.9 液压平衡回路 ······ 182
  8.10 液压缓冲回路 ······ 184
  8.11 气动缓冲回路 ······ 186
  8.12 液压缸的推力及运动速度计算 ······ 187
  8.13 气动压力回路的特点 ······ 188
  思考题 ······ 190
 第 9 章 流量控制回路 ······ 192
  9.1 液压调速回路 ······ 193
  9.2 气动调速回路 ······ 202
  9.3 液压快速运动回路 ······ 203
  9.4 气动快速运动回路 ······ 207

9.5　液压速度转换回路 …………………………………………………………… 208
　　9.6　气动速度转换回路 …………………………………………………………… 211
　　9.7　液压同步回路 ………………………………………………………………… 213
　　9.8　气动同步回路 ………………………………………………………………… 217
　　思考题 …………………………………………………………………………… 218

第四篇　液压与气动典型系统 ……………………………………………………… 220

第 10 章　（项目一）动力滑台 ……………………………………………………… 221
　　10.1　概述 ………………………………………………………………………… 221
　　10.2　液压传动动力滑台 ………………………………………………………… 223

第 11 章　（项目二）成形机 ………………………………………………………… 230
　　11.1　成形机的分类 ……………………………………………………………… 230
　　11.2　液压成形机 ………………………………………………………………… 231

第 12 章　（项目三）机械手 ………………………………………………………… 237
　　12.1　机械手的组成 ……………………………………………………………… 237
　　12.2　机械手的分类 ……………………………………………………………… 239
　　12.3　气动与液压机械手 ………………………………………………………… 246
　　12.4　六自由度搬运机械手的控制 ……………………………………………… 255
　　思考题 …………………………………………………………………………… 259

第五篇　使用维护篇 ………………………………………………………………… 261

第 13 章　液压系统的设备维修与维护 …………………………………………… 262
　　13.1　液压系统的故障检修方案 ………………………………………………… 262
　　13.2　液压系统的故障检修与诊断 ……………………………………………… 263
　　13.3　液压系统的油污染问题 …………………………………………………… 267
　　13.4　液压系统的清洗过程 ……………………………………………………… 270
　　13.5　液压系统清洗后的参数调整 ……………………………………………… 272

第 14 章　气动系统的安装、调试、维护、维修 ………………………………… 274
　　14.1　气动系统的工作环境与传动控制方案的确定 …………………………… 275
　　14.2　气动执行元件的安装与调试 ……………………………………………… 276
　　14.3　气动控制元件的安装与调试 ……………………………………………… 280
　　14.4　气动检测元件的安装与调试 ……………………………………………… 283
　　14.5　气源的安装与调试 ………………………………………………………… 284
　　14.6　气动系统的使用与维护 …………………………………………………… 289

附录　液压与气压传动常用图形符号 ……………………………………………… 293
参考文献 ……………………………………………………………………………… 297

第一篇 概论

对于一个自动化系统的控制过程而言，主要包括产品的工艺形成过程、生产设备的原理工作过程、设备指标的参数确定过程、执行机构的选型过程、检测元件的信号采集过程、控制结构的模块组合过程、控制软件的程序设计过程、生产线的安装调试过程、系统设备的运行维护过程等，这些过程，主要是围绕系统执行元件构成的工作（做功）机构能否达到其产品工艺的要求过程而进行的对执行元件的控制过程，而执行元件包括液压与气动执行元件，因此液压与气动控制技术是自动化系统整体控制过程中不可缺少的一部分。

本篇共分两章，第1章主要介绍了自动化控制系统各功能机构的作用及基本性能要求；电气控制的基本知识及逻辑回路；PLC控制系统的工作原理及控制系统的设计过程；以及如何用系统循环动作图、动作表、动作时序图、流程图或功能表图等表述与确定系统的动作过程。第2章主要介绍了液压与气压传动的工作原理、结构特点以及应用与发展；液压与气压传动介质特性；相对压力、绝对压力以及真空度的概念和液压与气动的压力传递特性。

第 1 章 自动控制系统

要点概述

本章第一节主要介绍了自动化控制系统的构成以及各部分所起的作用,并阐述了自动控制系统要具有稳定性、快速性和准确性的性能特点。第二节介绍了电气控制系统控制回路的组成,并介绍了"与"、"或"、"记忆"、"延时"电气控制回路的结构。第三节介绍了PLC具有的功能,给出了PLC的I/O结构原理图和通用控制结构图。第四节介绍了借助功能图实现对控制过程进行描述的方法。

本章教学目标:掌握设备控制结构,理解设备各组成部分之间的作用和关系,能用功能图表示设备的控制过程,了解PLC控制系统的接线结构				
	重　点	难　点	教学方法	建议学时
第一节	自动控制系统的结构及各部分的作用和组成	执行、检测、控制、动力源、本体等相互之间的控制关系	讲授	0.5 课时
第二节	电气控制回路的控制形式	"与"、"或"、"记忆"、"延时"电气控制回路的结构	讲授	0.5 课时
第三节	PLC控制系统的通用控制结构	PLC的工作过程	讲授	1 课时
第四节	系统控制过程的表示方法	循环动作图、动作表、时序图、流程图、功能表图等功能图的正确使用	讲授	0.5 课时
合计学时(min)				2.5 课时

1.1 自动化系统的组成

自动化系统由(电、气、液)执行机构、检测及传感器机构、(电、气、液)控制机构、机械本体机构、动力源机构共五部分构成。

1.1.1 各功能机构的作用

1. 执行机构

执行机构的作用是按照产品工艺性能参数的要求,在控制机构部分发出的各种指令信号的引领下,通过特定的能量转换形式,完成预期的能量加载的工作(做功)过程。从能量转换形式的角度看,它由能量转换执行元件(如电机、液压缸或汽缸等)构成,但从执行过程衡量,它应由能量转换执行元件和传动机构两部分组成,如电机和减速机等,既能实现给定的运动,又能传递足够的基础动力,并具有良好的传动稳定性能。对于自动化系统来讲,当电气控制部分发出的控制信号传到执行机构部分之后,执行机构就要完成特定的能量转换形式和基本能量的匹配输出等功能实现过程。

对于自动控制系统而言其执行机构部分有：电机传动系统（包括伺服电动机系统）、步进电动机系统、交直流调速电动机系统、汽缸或液压缸系统、气动或液压摆动马达系统、旋转马达系统等，其执行部分中的执行元件最显著的特点一是能量转换，二是做功并消耗功率。

2．检测及传感器机构

检测及传感器部分的作用是获取系统运行过程中的有关参数变化的信息，其功能是通过装在自动化系统上的各种检测元件及传感器来获取需要的各种信号，并把检测到的信号经过放大、变换，然后传送到控制部分进行分析和处理。检测部分可以使用多种形式的检测元件，如行程开关、接近开关、光电开关、射频开关、压力开关、流量开关、温度开关及相应可输出脉冲或模拟量信号的传感器件、旋转编码器、智能检测仪表等，其工作过程涉及光、电、气、液、机等多种机理并包括信息转换、显示、记录等部分。因此可以说检测及传感器部分是一个有输入、输出、电源接口、内部处理核心的相对独立系统。

3．控制部分（电、气、液）

控制部分的作用是处理系统运行过程中得到的各种信息数据并做出相应的比较判断、选择决策和指令输出。在自动控制系统中，电气控制部分中控制器是系统的指挥中心，它利用检测及传感器部分将检测到的信号传送到其内部，并将这些信号数据与要求的工艺值进行比较、分析、判断之后，通过专用控制元件给执行机构发出执行工作命令。这是一个随机信息数据的处理控制过程，因此控制器部分要具有信息处理和控制的功能，这个功能的复杂性要根据系统性能要求而定，其处理数据量可大可小，处理过程可多可少，但处理时间必须迅速（瞬时处理）。目前随着计算机技术的发展，与其应用密切相关的机电一体化技术也得到了进一步普及，计算机已成为控制器的主体，能够提高系统控制部分的信息处理速度和数据精度以及可靠性，减小占用的空间体积，同时提高系统整体的抗干扰性能等。目前的系统大都为电、气、液综合控制系统，因此其控制部分应由主控单元和执行元件的控制元件（电路执行元件即系统控制元件）及主令控制开关等组成。按主控单元的形式，系统的控制部分可以分成以下几种形式。

继电器控制系统（Relay Control System）。一般简单系统直接由继电器和接触器控制系统实现，例如简单功能的自动冲床、半自动机床等。

单片机控制系统（Single-chip Microcomputer Control System）。一般特定或专用小型系统大都由单片机控制系统实现，例如智能仪表、电子计量秤、小型电热锅炉的控制等。

PLC 控制系统（PLC Control System）。一般通用设备系统都由 PLC 控制系统实现，尤其是工业企业的现场设备，几乎都采用 PLC 控制形式，例如自动包装机、自动切割机床、数控机床等。

计算机控制系统（Computer-controlled System）。对于综合控制系统一般由计算机控制系统实现，DCS 系统的上位机几乎都采用计算机控制形式的系统，例如水泥、钢铁方面的自动生产线等。

综上所述，主控单元包括继电器硬件逻辑单元、PLC、单片机、计算机等控制单元。

执行元件的控制元件包括变频器(Transducer)、控制电机的控制器(Controller)、电磁阀(Solenoid valve)、接触器（Contactor）等，而它们也是对电机、汽缸、气马达、液压缸、液压马达等系统执行元件进行通断控制和输出功率调节的系统控制装置的一部分，属于系统控制元件。因此系统控制元件相当于系统执行元件的功率通断开关，受控于主控单元，对执行元件具有一一对应的输出功率调节或启停控制作用，具备输出功率特性，但不具备消耗功率特性（相对系统执行元件），是控制回路的输出动作元件（或称执行元件），可以说控制回路的执行元件是系统的控制元件。

主令控制开关指主控单元输入端的控制按钮和转换开关等。

4．动力源部分

动力源部分的作用是向系统如自动化设备及生产线等供应和输送特定形式的能源动力，以驱动系统正常运转。常用的动力源有电源、液压源、气压源等。液压执行元件和气动执行元件当然需要用液压源和气压源进行驱动。

5．机械本体部分

在自动化系统中机械本体是完成给定工作的主体，具有整体结构支撑、机构及部件之间的连接固定、实现能量的中间传递、改变能量的传递方向并具有特定的运动形式状态等功能，是机、电、气、液一体化技术的载体。一般机械本体包括机壳（Enclosure）、机架（Rack）、机械传动部件（Mechanical drive part）以及各种连杆机构（Link mechanism）、凸轮机构（Cam mechanism）、联轴器（Coupling）等。

由于自动化系统一般都具有高速运转、高精度配合、高效率生产和高复杂性的特点，因此，其机械本体应满足稳定安全、精密可靠、维护方便、模块集成以及轻巧美观、操作简单和实用耐用等性能要求。

1.1.2　自动控制系统的性能要求

自动控制系统的性能要求可以概括为三个方面：稳定性、快速性和准确性，即过渡过程时间（又称调整时间）越短越好，振荡幅度越小越好，衰减得越快越好。

1．稳定性（Stability）

一个自动控制系统的最基本的要求就是系统的控制调整过程必须是稳定的，不稳定的控制系统是不能工作的。如何判断系统是否稳定，最主要的就是检测和衡量控制系统的输出被控量的参数变化情况，其最大误差值（超调量的绝对值）能否达到系统目标参数值的最低要求。

2．快速性（Rapidity）

在系统稳定控制的前提下，希望控制过程（调整的过渡过程）进行得越快越好，但这会与系统的稳定性有矛盾，通常一个系统如果要求的过渡过程时间很短，可能使动态误差（偏差）过大。合理的设计应该兼顾稳定性和快速性这两方面要求。

3．准确性（Accuracy）

对于一个系统，通常希望动态误差（偏差值）和稳态误差（偏差值）都越小越好。当这两个值的准确性与快速性有矛盾时，应兼顾两方面的要求。

由于半导体集成电路技术的发展，智能仪表技术、变频器技术、单片机技术、PLC技术、计算机技术等得到了快速提高，其产品性能也得到了迅速发展。因此过去一般控制系统中的干扰问题、信号传递过程中的失真问题、控制调节过程的滞后问题在目前的工业系统中都能得到很好的解决。因此目前工业自动控制系统中，应当注重智能仪表、旋转编码器等检测器件与PLC的输入形式的应用，以及变频器、控制电机的控制器与PLC的输出形式的应用；同时注重控制过程的各个时刻的系统参数变化和系统执行机构的逻辑关系变化；注重用最小量的定量控制形式来解决控制系统的调节稳定性。

1.2 电气控制系统

电气控制系统严格上讲是指电气设备二次控制回路。实际上一个控制系统包括主回路和控制回路两部分。主回路是指系统执行元件的能量或功率驱动回路,包括电气、气动、液压等回路;控制回路是指由继电器、单片机、PLC 等形式的主控单元与接触器、电磁阀、驱动器等形式的电路执行元件(或称系统控制元件)组成的系统主回路的控制部分,实现对主回路的控制功能、保护功能、测量功能、监视功能。主回路属于执行设备回路,是由电动执行元件、气动执行元件、液压执行元件和相应功率开关或驱动单元等一次设备组成的一次回路;控制回路是由主控单元和相应功率开关或驱动单元的控制元件等二次设备组成的一次回路的二次控制回路。

目前的自动控制系统大都是由电动、机械、气动、液压等单一基础动力驱动形式组成的复合自动控制系统。

电气控制的气动系统在自动化应用中是相当广泛的。在气动自动化系统中,电气控制主要是控制电磁阀的换向。电气控制的特点是响应快,动作准确。

1.2.1 电气控制的基本知识

1. 开关元件状态(Switch element status)

电气控制电路的接通和断开是由各类电气的开关(无触点开关)和开关触点来完成的,如电磁阀的通电和断电就是由行程开关或控制系统的开关触点来完成的。电路中的触点有常开触点(Normally open contact)和常闭触点(Normally closed contact)两类。

(1)常开触点

在原始状态时,触点是断开的,加了外力后它才闭合。这种触点称为常开触点或动合触点。

(2)常闭触点

在原始状态时,触点是闭合的,加了外力后它才断开。这种触点称为常闭触点或动断触点。

2. 控制继电器(Pilot relay)

控制继电器是一种当输入变化到某一定值时,其触点即接通或断开的交、直流小容量控制的自动化电器。它广泛用于电力拖动、程序控制、自动调节与自动检测系统中。按动作原理分类有电压继电器(Voltage relay)、电流继电器(Current relay)、中间继电器(Intermediate relay)、热继电器(Thermorelay)、温度继电器(Temperature relay)、速度继电器(Speed relay)及特种继电器(Special type relay)等。在电气自动化技术中用得最多的是中间继电器与时间继电器(Time relay)两种。继电器属于功能性逻辑开关元件。最大电流容量(Current capacity)一般为 5A。

中间继电器的作用是通过它进行中间转换,增加控制回路数或放大控制信号,其线圈电压有交流与直流两种。

时间继电器用于各种生产工艺过程或设备的自动控制中,以实现通电延时或断电延时。

3. 接触器

接触器一般是由继电器控制的功率型开关元件,按承载的电流大小进行分类,最小电流容量一般为 10A。

1.2.2 电气逻辑回路

电气开关元件只有两种状态:"接通"(又称动合)和"断开"(又称动断)。接通用逻辑 1 表示,断开用逻辑 0 表示。

1. 或门电路("Or" gate circuit)

指开关的并联逻辑关系电路。图 1-1 所示为门电路及或门和与门电路工作形式。

图 1-1　门电路图

2. 与门电路("And" gate circuit)

指开关的串联逻辑关系电路。

3. 记忆电路(Memory circuit)

指开关的自保持电路。图 1-2 所示为记忆电路和延时电路的两种形式。记忆电路的停止按钮可以和启动按钮串联,也可以和启动按钮并联,两种形式都可以实现停止功能。

图 1-2　记忆电路图

4. 延时电路(Time-delay circuit)

当电气的延时电路接通或断开后,其延时电路控制的开关触点可以被延时地接通或断开,因此开关触点分为延时闭合与延时打开两种。图 1-3 所示为延时电路的延时闭合和延时断开两种形式。

图 1-3　延时电路

5. 或逻辑实现的启停电路（"Or" logic start-stop ciruit）

如图 1-4 所示，按钮 SB1、SB2 和继电器 KA、电阻 R 等构成了启停电路，如压下按钮 SB1，由于 SB2 是常开接点，则继电器 KA 线圈没有被短接，并经电阻 R 得电吸合，通过自保接点 A 自锁。当压下 SB2 时，KA 的线圈被短路，失电释放。

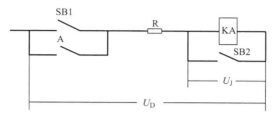

图 1-4　或逻辑启停电路

启动按钮 SB1 可用多个并联实现异地或启动控制；停止按钮 SB2 可用多个并联实现异地或停止控制；启动回路和停止回路不采用"与"形式的串联接线，而采用"或"形式的并联接线，减少了线路节点数量，简化了线路结构，便于系统安装与维护。

电路中，电源电压 U_D 必须大于继电器的额定工作电压 U_J。

电阻按下式计算选择：

$$R = \frac{U_D - U_J}{I_J} \tag{1-1}$$

式中：I_J——继电器 KA 的工作电流。

功率按下式计算：

$$W = (\frac{U_D}{R})^2 \cdot R \tag{1-2}$$

1.3　PLC 控制系统

可编程控制器于 20 世纪 60 年代末在美国首先出现，当时叫可编程逻辑控制器，即 PLC（Programmable Logic Controller），目的是用来取代继电器，实现逻辑判断、计时、计数等顺序控制功能。PLC 的基本设计思想是把计算机的功能完善、灵活、通用等优点和继电器控制系统的简单易懂、操作方便、价格便宜等优点结合起来，作为控制器应用并使其控制器的硬件具有标准化、通用化的特点，同时根据实际应用对象，可以将控制内容编成软件写入控制器的用户程序存储器内。从而利用通用的工业化控制单元，实现各具特色的不同行业的系统控制。

最初研制生产的 PLC 主要用于代替传统的由继电器、接触器构成的控制装置，其梯形图就是模拟继电器开关触点的硬件逻辑电路结构而设置的，但这两者的运行控制方式是不相同的。

继电器控制装置采用硬逻辑电路结构并行控制运行的方式，即如果这个继电器的线圈通电或断电，该继电器所有的触点（包括其常开或常闭触点）在继电器控制线路的任何位置上都会立即同时动作。而 PLC 的 CPU 则采用顺序逻辑扫描用户程序（软件程序）的控制运行方式，即如果一个输出线圈或逻辑线圈被接通或断开，该线圈的所有触点（包括其常开或常闭触点）不会立即动作，必须等扫描到该触点时才会动作。继电器控制装置各类触点的动作时间一般在 100ms 以上，而 PLC 扫描用户程序的时间一般均小于 100ms。因此用 PLC 取代继电器满足及时通断的时间条件和逻辑输出条件。

1.3.1　PLC 的结构及各部分的作用

可编程控制器的结构都是以微处理器为核心的控制结构。通常由中央处理单元（CPU）、存储器（RAM、ROM）、输入输出单元（I/O）、电源和编程器等几个部分组成。

1. 中央处理单元（CPU）

CPU 作为整个 PLC 的核心，起着总指挥的作用。CPU 一般由控制电路、运算器和寄存器组成。这些电路通常都被封装在一个集成电路的芯片上。CPU 通过地址总线、数据总线、控制总线与存储单元、输入输出接口电路连接。CPU 通过从存储器中读取指令，执行指令，取下一条指令，处理中断等实现系统的控制功能。

2. 存储器（RAM、ROM）

存储器主要用于存放系统程序、用户程序及工作数据。存放系统软件的存储器称为系统程序存储器；存放应用软件的存储器称为用户程序存储器；存放工作数据的存储器称为数据存储器。常用的存储器有 RAM、EPROM 和 EEPROM。RAM 是一种可进行读写操作的随机存储器，用于存放用户程序，生成用户数据区，存放在 RAM 中的用户程序可方便地修改。RAM 存储器是一种高密度、低功耗、价格便宜的半导体存储器，可用锂电池作为备用电源。掉电时，可有效地保持存储的信息。EPROM、EEPROM 都是只读存储器。用这些类型存储器固化系统管理程序和应用程序。

EPROM（Erasable Programmable ROM，可擦除可编程 ROM）芯片可重复擦除和写入。EPROM 芯片有一个很明显的特征，在其正面的陶瓷封装上，开有一个玻璃窗口，透过该窗口，可以看到其内部的集成电路，紫外线透过该孔照射内部芯片就可以擦除其内的数据，完成芯片擦除的操作要用到 EPROM 擦除器。EPROM 内资料的写入要用专用的编程器，并且往芯片中写内容时必须要加一定的编程电压（12~24V，随不同的芯片型号而定）。

EEPROM（Electrically Erasable Programmable ROM），电可擦可编程只读存储器是一种掉电后数据不丢失的存储芯片。

3. 输入输出单元（I/O 单元）

I/O 单元实际上是 PLC 与被控对象间传递输入输出信号的接口部件。I/O 单元有良好的电隔离和滤波作用。接到 PLC 输入接口的输入器件是各种开关、按钮、传感器等。PLC 的各输出控制器件往往是电磁阀、接触器、继电器，而继电器有交流和直流型，高电压型和低电压型，电压型和电流型。

随着计算机技术的发展，PLC 的 I/O 单元也从单一的开关量的输入输出形式发展为开关量、模拟量、脉冲量等输入输出形式。

I/O 单元的输入器件包括主令电器和检测传感器及给定量控制。主令电器的信号形式为开关量 DI；检测用传感器及智能仪表等信号形式为开关量输入 DI、模拟量输入 AI、脉冲量输入 PI；给定量控制是指电压或电流的模拟量输入 AI。

I/O 单元的输出器件主要是执行元件，其输出量的形式有三种，即开关量输出 DO、模拟量输出 AO、脉冲量输出 PO。电路控制的执行元件包括变频器（Transducer）、伺服电机驱动器（Servo motor driver）、步进电机驱动器（Stepper motor driver）等。

4. 电源

PLC 电源单元包括系统的电源及备用电池，电源单元的作用是把外部电压转换成内部工作电压。PLC 内有一个稳压电源，用于对 PLC 的 CPU 单元和 I/O 单元供电。

5. 编程器

编程器是 PLC 的最重要外围设备。利用编程器可将用户程序送入 PLC 的存储器，还可以用编程器检查程序，修改程序，监视 PLC 的工作状态。除此以外，在个人微计算机上添加适当的硬件接口和软件包，也可以实现用微计算机对 PLC 编程。利用微机作为编程器，可以直接编制并显示梯形图，并在线实现程序运行与调试。

1.3.2 PLC 的工作原理

当 PLC 投入运行后，其工作过程一般分为三个阶段，即输入采样、用户程序执行和输出刷新三个阶段。完成上述三个阶段称为一个扫描周期（Scanning cycle）。在整个运行期间，PLC 的 CPU 以一定的扫描速度重复执行上述三个阶段。

1. 输入采样阶段（Input sampling stage）

在输入采样阶段，PLC 以扫描方式依次地读入所有输入状态和数据，并将它们存入 I/O 映像区中的相应单元内。输入采样结束后，转入用户程序执行和输出刷新阶段。在这两个阶段中，即使输入状态和数据发生变化，I/O 映像区中的相应单元的状态和数据也不会改变。因此，如果输入是脉冲信号，则该脉冲信号的宽度必须大于一个扫描周期，才能保证在任何情况下，该输入均能被读入。

2. 用户程序执行阶段（User program executing stage）

在用户程序执行阶段，PLC 总是按由上而下的顺序依次地扫描用户程序（梯形图）。在扫描每一条梯形图时，又总是先扫描梯形图左边的由各触点构成的控制线路，并按先左后右、先上后下的顺序对由触点构成的控制线路进行逻辑运算，然后根据逻辑运算的结果，刷新该逻辑线圈在系统 RAM 存储区中对应位的状态；或者刷新该输出线圈在 I/O 映像区中对应位的状态；或者确定是否要执行该梯形图所规定的特殊功能指令，即在用户程序执行过程中，只有输入点在 I/O 映像区内的状态和数据不会发生变化，而其他输出点和软设备在 I/O 映像区或系统 RAM 存储区内的状态和数据都有可能发生变化，而且排在上面的梯形图，其程序执行结果会对排在下面的用到这些线圈或数据的梯形图起作用；相反，排在下面的梯形图，其被刷新的逻辑线圈的状态或数据只能到下一个扫描周期才能对排在其上面的程序起作用。

3. 输出刷新阶段（Output refreshing stage）

当扫描用户程序结束后，PLC 就进入输出刷新阶段。在此期间，CPU 按照 I/O 映像区内对应的状态和数据刷新所有的输出锁存电路，再经输出电路驱动相应的外部设备。这时，才是 PLC 的真正输出。

一般来说，PLC 的扫描周期包括自诊断、通信等。即一个扫描周期等于自诊断、通信、输入采样、用户程序执行、输出刷新等所有时间的总和。

如图 1-5 所示为 PLC 的 I/O 结构原理图，以 S7-200 西门子 PLC 为例，在输入接口，按钮、检测元件等通过连接 24V 电源和 COM 端接入输入端，并利用光电隔离最终形成与每一个输入端相对应的输入映像继电器结构，实现外部与内部的条件控制。内部控制过程按照条件要求，由 PLC

内部按预定指令逐条执行。输出接口中，内部的指令和输入接口的条件形成的执行结果，通过输出映像继电器结构控制输出元件，输出元件包括接触器、电磁阀等控制元件，实现对系统执行元件的控制。

图 1-5　PLC 的 I/O 结构原理图

1.3.3　PLC 编程语言

1．梯形图（Ladder diagram）编程语言

梯形图沿袭了继电器控制电路的形式，它是在电气控制系统中常用的继电器、接触器逻辑控制基础上简化了符号演变而来的，形象、直观、实用，即将继电器接触器电气控制回路中的硬件逻辑电路结构，在逻辑原理相同的条件下，转变成了梯形图的软件控制形式。

梯形图的设计应注意以下三点：

① 梯形图按从左到右、从上到下的顺序排列。每一逻辑行起始于左母线，然后是触点的串、并联，最后是线圈与右母线相连。

② 梯形图中每个梯级流过的不是物理电流，而是"概念电流"，从左流向右，其两端没有电源。这个"概念电流"只是形象地描述用户程序执行中应满足的线圈接通条件。

③ 输入继电器用于接收外部输入信号，而不能由 PLC 内部其他继电器的触点来驱动。因此，梯形图中只出现输入继电器的触点，而不出现其线圈。输出继电器输出程序执行结果给外部输出设备，当梯形图中的输出继电器线圈得电时，就有信号输出，这个输出信号不是直接驱动系统的执行输出设备，而要通过输出接口的继电器、晶体管或晶闸管才能实现对系统执行输出设备的控制。输出继电器的触点可供内部编程使用。

2．语句表（Statement list）编程语言

指令语句表是一种与计算机汇编语言相类似的助记符编程方式，但比汇编语言易懂易学。一条指令语句由步序、指令语和作用器件编号三部分组成。

1.3.4　PLC 的功能

PLC 能够实现以下方面的控制功能。

1. 逻辑控制（Logic control）

PLC 具有内部逻辑运算和输出控制的能力。

2. 定时控制（Timer control）

PLC 具有内部计时器功能，能够实现对输入脉冲信号和节点信号进行计时和运算处理以及输出控制。

3. 计数控制（Counting control）

PLC 具有内部计数器，能够实现对输入脉冲信号和节点信号进行计数和运算处理以及输出控制。

4. 步进控制（Step control）

PLC 具有分步顺序控制形式。

5. PID 控制（PID control）

PLC 具有比例、微分、积分控制形式。

6. 数据控制（Data control）

PLC 具有数据处理能力，能够实现数据的比较、判断、运算以及输出控制。

7. 通信和联网（Communication and networking）

PLC 可以和其他智能设备通过专用接口实现串行的脉冲数据交换，从而以约定模式实现与各个智能设备间的通信和联网。

8. 其他（Others）

PLC 还有许多特殊功能模块，适用于各种特殊控制的要求，如：定位控制模块，CRT 模块等。

9. PLC 的主要特点

PLC 属于工业级控制器，适用于大多数行业的生产环境，主要从通用性、可靠性、使用性、选择性等方面具有一定优点。

（1）通用性

① 通用性是指 PLC 适用于所有继电器接触器的传统控制环境并可作为主控单元取而代之，同时 PLC 属于通用性的工业控制计算机，具备计算机的功能和特点。

② PLC 具有输入输出接口连接形式及数字、模拟、脉冲方式的输入输出信号处理能力。针对不同的工业现场信号，如交流或直流；开关量或模拟量；电压或电流；脉冲或电位；强电或弱电等有相应的 I/O 模块与工业现场器件或设备进行配合连接，包括人机对话的接口模块。

③ 高速的内部逻辑运算能力和与计算机类智能单元具有串行通信、联网能力。有多种通信联网的接口模块组成工业局域网。

（2）可靠性

① PLC 的可靠性是指工作在工业环境下的抗干扰性能和抗干扰措施。所有的 I/O 接口电路均采用光电隔离，使工业现场的外电路与 PLC 内部电路之间无直接的电联系。

② 各输入端采用 RC 滤波网络，以消除输入信号尖刺波的干扰，滤波时间常数一般为 10~20ms。

③ PLC 内部电路的信号传输和各模块均采用屏蔽措施，以防止辐射干扰。

④ PLC 的内部各功能电路均采用性能优良的开关电源供电，具有较强的电源保护功能。

⑤ PLC 有良好的自诊断功能，一旦系统内部发生异常情况，CPU 立即采用有效措施，发出报警和必要的故障类型提示。

⑥ PLC 采用冗余结构形式，为控制系统的前期设计和运行调试以及后期的维护与系统升级换代提供方便，使系统可靠性更进一步提高。

（3）使用性

① 使用性包括结构的方便性。PLC 采用模块化结构，包括 CPU、电源、I/O 等各个部件均采用模块化设计，并由机架及电缆将各模块连接起来，系统的规模和功能可根据用户的需要自行组合。

② 使用性包括编程简单易学，采用类似于继电器控制线路的梯形图形式，能很容易被一般工程技术人员所理解和掌握。

③ 使用性包括安装简单和维修方便性，由于采用模块化结构，一旦某模块发生故障，用户可以通过更换模块的方法，使系统迅速恢复运行。同时 PLC 作为器件，其形式可采用多种固定形式。

（4）选择性

① 不同型号的 PLC 其功能、容量、处理运行速度以及价格是有区别的，要根据控制过程的实际需要进行选择。

② 不同制造厂家的 PLC，其梯形图的指令符号和编程方式有所不同，要根据用户的要求进行选择。

10．PLC 的分类

PLC 一般按输入输出节点数的多少划分为大、中、小三种规模形式。

小型 PLC 的 I/O 点数一般在 256 点以下。

中型 PLC 其 I/O 点数一般在 512～1024 点之间，功能比小型 PLC 更强。

大型 PLC 的 I/O 点数在 2048 点以上。大型 PLC 的软、硬件功能极强。具有极强的自诊断功能。通信联网功能强，并有各种通信联网的模块。

大、中、小型 PLC 的 I/O 点数均可进行扩展。

1.3.5　PLC 组成的控制系统

对一个控制系统而言，从设备结构方面分析：其系统由机械本体部分、检测及传感器部分、电气控制部分、执行机构部分、动力源部分组成。从控制结构方面分析：其系统由指令输入设备、检测输入设备、主控单元、电路执行元件、系统执行元件（机构）等组成。

一个系统的动作过程由若干步骤按一定功能要求组成，每一步骤都对应其生成条件与动作结果，上一步骤的结果经过转换就是下一步骤的条件，每一步骤的结果都由其前提条件转化而生成。

1．指令输入设备

包括计算机、编程器、主令按钮、通信接口等，其作用就是对系统提出指令要求、过程标准、运行程序。

2．检测输入设备

主要完成对执行结果的数据检测。由检测用行程开关、接近开关、电压检测仪表、电流检测仪表、温度检测仪表、压力检测仪表、流量检测仪表、智能仪表、计数器、旋转编码器等检测元件和变送器、光纤、导线、衰减及放大增益调整单元等形成的反馈传输通道组成，以保证系统的运行符合指令要求和参数标准。检测反馈系统实现了系统的闭环控制过程，而无检测反馈的系统则不能对输出状况进行比较调节，可能造成输出误差，属于开环控制过程。

3．主控单元

主要指 PLC 利用其基本功能，完成对输入检测的开关量 DI、模拟量 AI、脉冲量 PI 的指标转化并与指令程序要求的技术标准值进行比较、判断，以控制其输出电路执行元件的状态。根据对电路执行元件的当前结果判定和目标要求，输出信号可以是开关量 DO、模拟量 AO、脉冲量 PO 等形式，实现对电路执行元件的程序控制。

4．控制电路执行元件

主要指继电器、接触器、电磁阀、调压电源、变频器、伺服电机驱动器、步进电机驱动器等，主要用来控制和驱动系统的执行元件或机构。控制电路执行元件是系统主回路执行元件的控制元件。

5．系统执行元件

主要指主回路中的电机、伺服电机、步进电机、汽缸、气马达、液压缸、液压马达等，通过电源、压缩气源、液压源提供动力支持并按照过程要求受控于控制电路执行元件来完成特定的运动轨迹。

6．系统的控制过程

系统要按照一定规律进行运转，这就是要符合程序，而程序是根据对产品制作条件的合理性过程而设计的。因此一般系统要按照程序设计的工艺过程进行工作，而 PLC 就是按照程序要求对系统实现工艺过程控制的。工艺过程控制是一个系统的必要工作过程，工艺过程标准是一个系统必须达到的参数指标，工艺过程控制的合理性是对任何系统进行不断研究和探讨的课题。

1.3.6　PLC 控制系统的设计过程

用 PLC 设计一个实际控制系统，其设计过程包括以下步骤。

1．系统分析

要根据对产品的性能要求确定系统执行元件的结构和主控单元的形式以及检测反馈系统的参数指标、控制精度、元件选型，并对系统进行过程分析，从整体确定符合性能要求的控制系统结构形式和各参数指标及动作流程。

2．设计气动或液压系统原理图和主回路电气原理图

要根据对系统执行机构的要求特点，确定系统执行机构的形式。如为电动形式就要确定动力电源的结构和主回路的电气原理。如为液压形式就要确定液压源的工作压力、速度及流量调节精度和液压系统控制原理。如为气动形式就要确定气源的功率和工作过程及气动系统控制原理。

3．设计控制回路电气原理图

要根据主回路电气原理图、液压系统控制原理图和气动系统控制原理图的参数要求和系统的动作（轨迹）过程要求来设计控制回路电气原理图。对于 PLC 系统（单片机控制系统、微计算机

系统）而言要确定出 I/O 口的设备清单。

图 1-6 为控制电路通用结构形式，系统由输入设备、主控单元、输出设备、控制设备等组成。主控单元可以是继电器的传统控制结构、PLC、单片机等多种形式。

图 1-6 控制电路通用结构形式

4．设计循环动作图、动作表、动作时序图、流程图、功能表图、梯形图

对于 PLC 等工控机控制系统，在系统程序设计之前，必须对系统工艺控制过程完全清楚和了解，尤其要列出检测元件（条件）和执行元件（结果）的动作对应关系。根据系统特点，通过循环动作图、动作表、动作时序图、流程图、功能表图等对控制过程进行详细说明和清楚表述。

梯形图一般按照功能表图进行设计，在设计过程中，步和步之间除了条件的必要转化，还要考虑执行元件的控制结构，程序设计过程实际上是对执行机构与检测元件的性能参数进行合理化调整的过程。

1.4 系统动作过程的表述与确定

产品的工艺形成过程决定了系统各执行元件的动作过程；执行元件的动作过程决定了系统各控制元件的动作要求和各检测元件的定位参数。因此要根据各个动作元件的特点和产品的工艺形成过程，用合理的结构准确表达执行元件、控制元件、检测元件的动作过程。否则，任何一个细节偏差都将导致控制过程的失败。

1.4.1 系统循环动作图

循环动作图一般在机床类设备的设计中应用很多。循环动作图一般包括以下内容。
1）在循环动作图中要标明各运动的距离。
2）各检测元件的位置与系统执行元件在循环中的动作协调关系（条件与结果）。

3）根据系统执行元件的驱动方式（液压、气动、电动、机械）确定有关过程控制技术参数（启动时间、制动时间、运行时间或距离、误差精度等）。

4）根据过程控制技术参数要求，确定和修正运行过程中的参数调节（流量、压力）、调速制动（机械制动、反接制动、能量制动）等方式。

图 1-7 为系统循环动作图的形式，揭示了一个系统的、完整的运动过程。各动作可以是系统唯一执行机构根据不同参数运动的过程，也可以是系统多个执行机构的不同时段的运动过程的组合。

图 1-7 系统循环动作图

系统运动首先就要有开始的启动（命令）、执行元件的运动（结果）、运动过程的检测（条件），达到要求后的运动过程结束与下一运动轨迹的开始（条件满足后状态转换），同时还要：对下一步运动过程进行检测—运动过程的转换—工作结束后返回开始位置，并经原位检测后进行停车，使得一个控制过程结束。一个工作过程结束后要等待下一个过程开始的命令。

1.4.2 系统动作表

动作表可以按时间顺序把动作元件用表格方式进行排列，便于我们从中找出各元件的动作顺序和动作逻辑规律，一般液压和气动控制系统的电磁阀的动作顺序多用动作表来表示。动作表一般包括以下内容。

1）在表的横向栏里一般填写动作元件，而在表的纵向栏里要填顺序动作名称，也可根据动作元件数量和动作过程的复杂性来灵活确定纵向栏和横向栏的项目名称。

2）动作名称可以按时间顺序精确给出，从而可判断出条件（检测元件）与结果（系统或电路执行元件）的逻辑关系。

3）确定有关过程控制的技术参数。

4）确定各调节过程的方式。

表 1-1 为系统元件动作表，一般将系统执行元件与检测元件全部统计列表。动作过程按时序顺序，"↑"或"1"表示为元件动作或带电，也可用"+"表示带电，"-"表示失电。对每一过程要求的参数指标可标注说明，检测元件的型号、性能及备用数量也可在表中备注。

表 1-1 时间顺序动作表

动作过程	动作元件状态								
	执行元件			检测元件					
	A 元件	B 元件	C 元件	检测 1	检测 2	检测 3	检测 4	检测 5	检测 6
过程一	↑								
过程二	↑	↑		↑	↑				

续表

动作过程	动作元件状态								
	执行元件			检测元件					
	A元件	B元件	C元件	检测1	检测2	检测3	检测4	检测5	检测6
过程三		↑				↑			
过程四			↑				↑		
结束								↑	↑

1.4.3 系统动作时序图

动作时序图就是将检测元件（条件）和执行元件（结果）的动作以时间为坐标绘制的逻辑关系过程图。时序图是一个二维图，纵向一般排列元件，横向一般代表时间。元件动作用"1"高电平表示，元件维持原态用"0"低电平表示。

图1-8为系统动作时序图形式，可以通过各元件的时间状态，判定各元件的逻辑关系和工作过程的合理性。

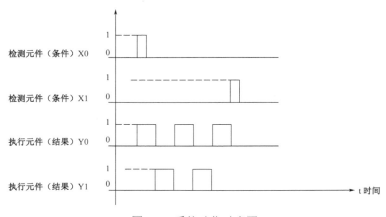

图1-8 系统动作时序图

1.4.4 系统流程图

流程图主要用来说明某一过程控制系统的工艺控制过程，或产品加工控制过程，这些过程的各个阶段均用图形块表示，不同图形块之间以箭头相连，代表它们在系统内的流动方向。下一步何去何从，要取决于上一步的结果，一般用"是"或"否"的逻辑分支来加以判断。流程图是揭示和掌握控制系统过程运动状况的最有效方式，作为控制与诊断过程的设计工具，能够清楚地表达出系统控制过程的合理性，从而确定出可供选择的过程控制方案。流程图一般包括以下内容。

1）状态描述用椭圆形表示。
2）问题判断用菱形表示。
3）箭头代表流动方向。
4）元件执行过程用矩形表示。

流程图一般适合复杂控制系统的工艺过程描述，流程图中有顺序结构、分支结构（又称选择结构）和循环结构。

图1-9为系统动作流程图示例，流程图在单片机和微计算机系统程序设计中广泛应用，它能揭示系统的内部控制过程，流程图可直接设计并转换成程序。

图 1-9 系统动作流程图

1.4.5 功能表图

功能表图又称为状态转移图,它是描述控制系统的控制过程、功能和特性的一种图形,也是设计 PLC 的顺序控制程序的有力工具。由步、有向连线、转换条件和动作结果(命令要求)组成。

功能表图中用矩形框表示步,框内是该步的编号。X 一般表示检测元件构成的转换执行条件。Y 一般表示执行元件构成的执行状态结果。

根据对系统分析后确定的动作流程、系统 I/O 设备、过程控制的参数要求等来确定功能表图。

功能表图只反映执行元件的变化过程与转换条件,不能反映主控单元的条件诊断与判定过程。可以借助循环动作图、动作表、动作时序图、流程图等来得到正确、合理的功能表图。

图 1-10 为功能表图示例,初始状态一般是系统等待启动命令的相对静止的状态,与系统的初始状态相对应的步称为初始步,初始步有系统零状态初始步和循环状态初始步。

图 1-10 系统功能表图

一个控制系统可以划分为被控系统和施控系统,对于被控系统,在某一步中要完成某些"动作",对于施控系统,在某一步中则要向被控系统发出某些"命令",将动作或命令简称为动作,某一步可以有几个动作,而对于一个系统,条件 X 就是施控元件,结果 Y 就是被控元件。

思考题

1. 什么是自动化控制系统?由哪几部分组成?说明各部分在系统中的作用。
2. 开环控制系统与闭环控制系统有什么区别?
3. 电路中的开关触点状态形式有几种?
4. 接触器和继电器有什么区别?
5. 记忆电路具有什么功能?画出其电路形式。
6. 继电器实现的或门电路和与门电路各有什么特点?画出其电路形式。
7. 以下说法是否正确:
   PLC 是取代继电器/接触器的智能系统
   PLC 的梯形图是根据继电器/接触器的逻辑开关电路衍化的产物
   继电器/接触器是硬件逻辑控制系统
   PLC 是通过梯形图编程的软件逻辑控制系统,即逻辑开关装置
8. 简述 PLC 组成的控制系统应包括几部分,各部分的作用是什么。
9. PLC 由几部分组成?其工作过程分几个阶段?
10. 系统控制过程的描述形式一般有几种?
11. 延时电路可以实现几种控制形式?画出其电路形式。
12. 按控制电路通用结构图说明系统主控单元的输入输出信号形式有几种。

第 2 章 液压与气动系统

要点概述

本章第一节主要讲述了液压与气动技术是研究流体压力与动能传递的控制技术，讲述了液压与气压传动控制系统是由缸和马达等执行元件、方向和压力及流量等阀类以及电气控制元件、开关等传感检测元件、液压泵或气泵等压力源，以及连接机架等部分组成，讲述了液压与气动系统原理结构相同而传动介质、压力等级、回路结构、加工精度不同的特点；第二节讲述了不可压缩的液体特性和可压缩的气体特性；第三节主要讲述了压力的表示方法，以及相互之间的关系，指出了系统存在压力损失是因摩擦力在长度方向产生沿程阻力和因流通截面变化产生局部阻力的结果，而流量损失是由于缝隙泄漏的原因导致，并指出惯性造成流体冲击引起系统喘振。

本章教学目标：掌握液压与气动系统设备的组成结构、各部分的作用以及静压力相等的液压与气动传动理论，了解液压与气动传动介质的特性，知道压力的表示方法，熟悉压力损失、流量损失、惯性冲击的原因				
	重 点	难 点	教学方法	建议学时
第一节	组成液压与气动系统设备的各部分作用	静压力相等的液压与气动传动理论	讲授	0.75 课时
第二节	液体和气体的特性	压缩性与不可压缩性的条件	讲授	0.75 课时
第三节	绝对压力、相对压力（表压力）、真空度三者之间的关系	压力损失、流量损失、惯性冲击	讲授	1 课时
合计学时（min）				2.5 课时

一切机构都有其相应的传动形式，借助于它，机构达到对动力的传递和控制的目的。

机械传动是通过齿轮、齿条、蜗轮、蜗杆等机件直接把动力传送到执行机构的传动方式。

电气传动是利用电力设备，通过调节电参数来传递或控制动力的传动方式。

流体传动包括液体传动和气体传动，是以流体为工作介质，按照静压力相等进行能量传递和控制的传动方式。

2.1 液压与气动技术的研究对象

液压与气动是以流体（液压油或压缩空气）为工作介质进行能量传递和控制的一种传动方式。利用多种基础元件组成不同功能的基本回路，再由若干个基本回路有机地组合成能完成一定控制功能的传动系统来进行能量的传递、转换和控制，以满足机电设备对各种运动和动力的要求。

液体传动是以液体（水、油、乳化液）为工作介质来传递动力（能量）的过程。包括液压传动（静压力）和液力传动（动能）。其中液压传动主要以液体压力能来传递动力；液力传动主要以液体流动形成的动能来传递动力。

气压传动以压缩空气得到的压力能来传递动力。

液压与气动系统具有相同的工作原理和结构。但它们的传动介质不同、系统各元件加工精度不同、系统及元件工作压力不同、回路结构不同、泄漏要求不同。

2.1.1 液压与气压传动的工作原理

我们日常接触到的自行车的打气筒、汽车换轮胎时用的液压千斤顶等都属于气动与液压传动工具。自行车的打气筒是利用单向进气（单向阀）和人工加压过程，利用静压力相等原理（单位面积上的作用力）将空气压缩进自行车内胎，使内胎压力通过外胎对地面形成了支撑自行车整体的支撑面。

而液压千斤顶也是利用静压力相等原理，如图 2-1 所示为液压传递原理图。在密闭的同一容器的两个活塞面上，将人工力量作用在小活塞上，而容器内任意点的力的大小都是相同的，则大活塞在相同压强条件下则可举起相应面积的重物。这就是帕斯卡原理或叫静压传递原理，即在密封容器内施加于静止流体任一点的压力将被等值传递到容器内流体的各个位置点，也可以说"流体内部各点受力大小相等"。

图 2-1 液压传递原理图

在密封容器内，施加于静止流体上的各点压强将以等值并同时传递到流体内各点，流体的内部压强将作用于流体的包裹面，因此其容器内压强方向垂直于内表面。

容器内的液体各点压强为：

$$p = \frac{W}{A_2} = \frac{F}{A_1} \qquad (2\text{-}1)$$

可以看出液压与气动的传递过程和作用原理，都是依托同一通道或容器内的相同作用力，而通过不同作用面积输出不同作用力的过程。

2.1.2 液压与气压传动系统的组成

液压与气压传动系统属于自动化系统，也是由执行机构部分、传感器检测机构部分、主控单元和控制元件组成的控制机构部分、动力源机构部分、机械本体机构部分共五部分构成。

1. 执行机构部分

对于液压与气压传动系统，其执行机构主要指由沿直线运动的液压缸（或汽缸）和进行回转运动的液压马达（或气马达）等执行元件组成的执行装置，液压与气压传动系统中的执行元件能把压力能转换成机械能，属于能量转换元件。包括各类液压缸与汽缸、摆动液压马达与气马达以及旋转液压马达与气马达等。

2. 传感器检测机构部分

对于液压与气压传动系统，其传感器检测机构部分主要指能对执行机构的运行状态和相关参数进行检测的部分，这部分主要由能将非电量检测信号转换成电量信号的传感器和将电信号进行整形、放大、转换的标准信号（模拟量、数字量、脉冲量）输出单元构成。常用的检测元件包括磁性传感器、电感式传感器、电容式传感器、光电式传感器和单一性专用传感器件、压力开关、超声波接近开关等其他类型传感器件。包括能对执行机构的输出状态进行准确检测、预测的中间过程和最终结果形成的检测单元。

3. 控制机构部分

液压与气压传动系统的控制机构主要由主控单元和控制元件两部分组成。主控单元主要指继电器、单片机、PLC等指令性控制单元和可直接控制执行元件参数状态的二位电磁换向阀、三位电磁换向阀、单向阀等方向控制元件和节流阀与调速阀等流量控制元件以及溢流阀、减压阀、顺序阀等压力控制元件。

4. 动力源机构部分

液压与气压传动系统的动力源机构主要指为执行机构、检测机构和控制机构提供动力的液压源和气压源部分。主要包括齿轮泵、叶片泵、柱塞泵等液压泵和空气压缩机等动力元件部分、配套的箱、罐、加热器、冷却器、过滤器、密封、管道等辅助元件部分以及乳化液、液压油等不可压缩的液体和空气、惰性防爆气体等可压缩的气体形成的能量传递介质部分。

5. 机械本体结构

在液压与气压传动系统中，其机械本体结构主要指将以上执行机构部分、传感器检测机构部分、控制机构部分、动力源机构部分连接成一体的底座、机壳、机架、支架、中间的凸轮机构、联轴器等机械传动部件以及定位机构等。

2.1.3 液压与气压传动的异同点

1. 液压与气动系统的相同点

液压与气动系统在其传动控制的结构和原理上是相同的。

2. 液压与气动系统的不同点

（1）传动介质不同

液压与气动系统所用的传动介质是不同的，液压系统用液压油或乳化液等液体作为传动介质，而气动系统用空气或惰性气体作为传动介质，液体在密闭容器中的流动过程中，具有一定的黏性和相对不可压缩性，而气体的黏性相对较小但有很大的可压缩性。

（2）工作压强不同

液压系统与气动系统的工作压强是不同的，液压系统的工作压强一般大于1MPa，通常在1～6.3MPa和6.3～10MPa的低压段，或10～20MPa的高压段，或20～32MPa和大于32MPa的超高压段工作；而气动系统的工作压强一般在0.1～0.3MPa或0.3～0.5MPa或0.5～0.7MPa等小于1MPa的低压段工作。

（3）有无对大气环境的泄漏

对于液压系统的传动介质，在使得执行元件做功后，其做功后的液体介质应进行回收后的重复利用，以减少工作成本并避免对环境污染；而气动系统的传动介质是空气，随处采集并廉价，同时压力低，更可以将系统结构和元件结构简化，从而降低整体成本，因此气动系统的传动介质做功后不进行回收而直接向大气排放。

从这个意义讲，液压系统对大气环境无泄漏而气动系统对大气环境有泄漏。

（4）系统回路结构不同

由于液压系统的传动介质做功后需要回收，因此其动力源有压力通路和回流通路即双回路结构；而气动系统的传动介质做功后不需要回收，因此其动力源有压力通路和无回流通路即单回路结构。

（5）基础元件的加工精度和配合精度不同

虽然液压与气动系统的元件结构原理相同，但由于液压与气动系统的工作压力不同和泄漏要求不同，因此液压与气动基础元件的加工精度和各密封的配合结构等有很大的不同，其受力后的阻力状态也不同，工作后的阻力损失也不同。因此对于相同参数的两个基础元件而言，其加工成本不同，价格不同，从原理上讲，对于工作性能参数相同的元件，液压元件可代替气动元件，而气动元件不能代替液压元件，当然，没有人会用金子和相同重量的银子交换，但"执行元件是可以这样代替的"。

2.1.4 液压与气压传动的优缺点

1. 液压与气压传动的优点

（1）液压传动的优点

① 对于负载而言，在相同功率输出的作用条件下，其液压执行元件具有体积小、重量轻、惯性小、结构紧凑、动态特性好，即单位功率的执行机构重量轻。

② 液压系统可在较大范围内实现无级调速。

③ 液压系统能快速启动、制动和频繁换向，具有工作平稳、反应快、冲击小的特点。

④ 液压系统操作控制简便，通过机、电、气、液综合控制，可以使整体系统的传动结构简单，易于调节并便于实现较复杂的自动化控制过程。

⑤ 液压系统的各元件相对运动表面能自行润滑，可以延长元件的使用寿命。

⑥ 易于实现过载保护，安全性好。

（2）气压传动的优点

① 空气作为工作介质，没有成本且取用方便，做功后的压缩空气可以直接排入大气，不会对周围环境造成污染。

② 空气的黏度很低，流动阻力很小，压力损失少，适合集中供气和远距离传输。

③ 气动系统可以在易燃、易爆、多尘埃、强辐射、振动等恶劣工作环境下可靠地工作。

④ 由于空气具有可压缩性，其压缩空气的储气罐本身就是气压蓄能器。

⑤ 易于实现过载保护，安全性好。

2. 液压与气压传动的缺点

（1）液压传动的缺点

① 以液压油为工作介质的液压传动系统，当出现泄漏时会造成环境污染。

② 由于油液的黏度大，因而液压传动过程中的摩擦损失和泄漏损失等能量损失相对较大，不宜远距离传动。

③ 液压油容易氧化，要定期更换，以防止沉淀物堵塞油路。

④ 当液压油中有大量的空气时，其液体具有可压缩性。

⑤ 液压传动系统中存在惯性冲击问题，因此在执行元件的换向过程中，要防止抖动发生。

(2) 气压传动的缺点
① 工作压强低（一般低于 1MPa），一般用于小功率的场合。
② 由于空气的可压缩性大，负载变化对气压传动的影响大，速度稳定性差。
③ 排气噪声大，必须加消声器。

2.1.5 液压与气压传动的应用和发展

随着制造业的快速发展，液压与气压传动元件各个方面的性能得到了快速提升。其系统和器件在设计上合理化、在制作材质上合金化、在比重上轻型化、在体积上小型化、在加工上精细化、在生产上批量化、在应用上普遍化、在规格上阶梯化、在结构上模块化、在选型上成套化、在消耗上节能化、在寿命上定期化、在形式上综合化、在操作上便利化、在维护上可替代化，基本做到了液压与气动系统元件的生产过程、选型过程、使用过程、维护过程的实用化。

目前的工业自动化设备，大都融入了液压与气动传动技术，属于机、电、气、液综合技术系统。液压与气动控制技术的应用主要包括以下几个方面：
在工程机械上主要应用于挖掘机、装载机、推土机等设备；
在矿山机械上主要应用于凿石机、开掘机、提升机、液压支架等设备；
在建筑机械上主要应用于打桩机、液压千斤顶、平地机等设备；
在冶金机械上主要应用于轧钢机、压力机、步进加热炉等设备；
在锻压机械上主要应用于压力机、模锻机、空气锤等设备；
在机械制造上主要应用于组合机床、冲床、自动线、气动扳手等设备；
在轻工机械上主要应用于打包机、注塑机、食品包装机、真空镀膜机、化肥包装机等设备；
在灌装机械上主要应用于啤酒、白酒、饮料等灌装设备；
在铸造机械上主要应用于砂型压实机、加料机、压铸机等设备；
在纺织机械上主要应用于织布机、抛砂机、印染机等设备；
在智能机械上主要应用于机械手、机器人等设备；
在汽车工业上主要应用于高空作业车、自卸式汽车、汽车起重机等设备。

2.2 液压与气压传动介质

液压传动和气压传动介质包括流体和气体两种形式，其作用是在动力元件（泵）压缩过程的作用下，在方向、压力、流量等参数调节元件的控制下，能够对执行元件通过压力推动而产生机械运动，从而达到驱动做功的输出过程。传动介质可把系统动力源中的泵能量传递到系统执行元件上，使液压缸或汽缸沿直线运动，马达或摆动马达进行旋转运动，是做功过程中传递能量的中间介质。

2.2.1 液压传动介质——水和液压油

液压传动介质主要包括油和水。
水虽然取材容易，但因为水的黏性很小，密封很困难，而且水有腐蚀作用。目前的水压机所用的传动介质不是纯净的水，而是具有防腐、防锈、润滑、难燃、价廉等特点的乳化液。因此目前工业上应用的液压传动控制系统，主要是以液压油为传动介质的油压系统。这是由于流体的黏度、具有的内部压力、密封结构以及配合加工精度是制约系统密封的关键问题，也是气动系统为什么允许向大气有泄漏且工作压力低并制作成本低，而液压系统不允许向大气有泄漏且工作压力相对高和元件价格昂贵的原因。

1．液压油的特性

（1）液压油的密度

单位体积的质量称为密度

$$\rho = \frac{M}{V} \tag{2-2}$$

式中：ρ 为液体的密度（kg/m^3）；M 为液体的质量（kg）；V 为液体的体积（m^3）。

液压油的密度随温度的上升而减小，随压力的增加而增大。在一般条件下，温度和压力对密度的影响很小，实际中可近似地将其视为常数。液体的密度越大，泵吸入性越差。一般矿物油的密度在 850～950 kg/m^3，小于水的密度。

（2）液体的可压缩性

液体受压力作用后其体积减小的特性称为液体的可压缩性，但在液压系统中，由于液压油的可压缩性极小，所以可认为油液是不可压缩的。

但当油液中的气泡很多时，油液的可压缩性不可忽视。

液压油在低、中压时可视为非压缩性液体，但在高压时可压缩性就不可忽视了，纯油的可压缩性是钢的 100～150 倍。可压缩性会降低运动的精度，增大压力损失并使油温上升，压力信号传递时，会有时间延迟和响应不及时的现象。

（3）液压油的黏性

液体在外力作用下流动时，其内部分子间因有相对运动而产生摩擦力，从而对分子流动形成一定的阻力，这种产生流动阻力特性的内摩擦力称为液体的黏性。黏性只有在流动过程中才能体现，黏性的大小可用黏度来衡量。

1）动力黏度

设流体层间的内摩擦力为 F，层间两流体间的接触面积为 A，两流体间的相对速度为 du，两流体间的距离为 dy，则单位面积的剪应力（g/cm^2）表示为：

$$\tau = \mu \frac{du}{dy} = \frac{F}{A} \tag{2-3}$$

式中：μ 为比例系数，来表示液体黏性的大小，称为动力黏度。

2）运动黏度

在同一温度下液体的动力黏度与它的密度之比称为运动黏度，表示为：

$$\gamma = \frac{\mu}{\rho} \tag{2-4}$$

式中：ρ 为液压油的密度（kg/m^3）；μ 为液体的动力黏度。运动黏度是液压油的性能指标。

3）相对黏度

相对黏度是以液体的黏度与水的黏度比较的相对值表示的黏度。

4）压强对黏度的影响

一般在工程中当压强低于 5MPa 的情况时，压强对黏度的影响比较小，可以不考虑。当液体所受的压强加大时，流体层分子之间的距离缩小，内摩擦力增大，其黏度也随之增大。因此，在压强很高或压强变化很大的情况下，应考虑黏度值的变化影响。

5）温度对黏度的影响

液压油黏度对温度的变化是十分敏感的，当温度升高时，其分子之间的内聚力（内摩擦力）减小，黏度就随之降低。不同种类的液压油，它的黏度随温度变化的规律也不同。

油温上升，黏度降低，容易泄漏，磨损增加，当油温高于60℃时，应加冷却器。否则此时油温每升高10℃，油的老化速度加倍。

（4）液压油的闪火点

1）闪火点

当液压油的油温升高时，部分油液会蒸发而与空气混合成油气，此时油气能点火的最低温度称为闪火点（闪点）。

2）燃烧点

如继续加热，则会连续燃烧，此温度称为燃烧点（燃点）。

2．液压油的分类

液压油包括石油基液压油和难燃液压油。为了保证液压油的闪点、凝点、化学稳定性和热稳定性、酸值、腐蚀性等，还要在液压油中加入添加剂。

（1）石油基矿物液压油

包括普通液压油、抗磨液压油、专用液压油。

专用液压油包括航空液压油、机床液压油等。

石油基液压油是以石油精炼物为基础，加入抗氧化或抗磨剂等混合而成的液压油，不同性能、不同品种、不同精度则加入不同的添加剂。

（2）难燃液压油

包括合成液压油和含水液压油。

合成液压油是由多种非石油精炼物混合而成的燃烧点很高的液压油替代品，而含水液压油主要指不燃烧的乳化液。

（3）液压油的添加剂

添加剂主要有增黏剂、抗泡剂、抗氧化剂、防锈剂、抗磨剂等。

3．液压油的选择

（1）根据工作条件

选用液压油时，主要根据液压系统内部的实际压力工作极限（低压、中压、高压）和防火、防锈、消泡、抗氧化、抗磨等实际现场的使用条件，以及适应液压系统内部的油液黏度及工作温度等要求，从而确定液压油的类型。

一般当液压系统工作温度高、工作环境温度高、运动速度低时应选用黏度高的液压油，否则，选用黏度低的液压油。

（2）理想化要求

一般要求液压油要具有适宜的黏度、良好的润滑性、对热和氧化及水解以及相容性等方面都具有良好的稳定性、对金属材料具有防锈性和防腐性、比热和热传导率大、热膨胀系数小、抗泡沫性和抗乳化性好、流动点和凝固点低、闪点和燃点高、油液纯净并无毒性、价格便宜等理想化条件。

（3）常规选择

液压油的型号很多，主要根据液压油的使用温度、针对设备、相关性能而定。

普通液压油一般用于环境温度 0~45℃ 的各类液压泵的中、低压液压系统。

抗磨液压油一般用于环境温度 -10~40℃ 的高压柱塞泵或其他泵的中、高压系统。

低温液压油一般用于环境温度 -20~40℃ 的各类高压油泵系统。

高黏度指数液压油一般用于温度变化不大且对黏度和温度性能要求更高的液压系统。

4．液压油的保养

（1）防污染

液压油中要防止切屑、焊渣、铁锈等杂物从外部侵入或混入，同时防止因器件磨损而产生的金属粉末和橡胶碎片在高温、高压下和液压油发生化学反应并生成胶状污物。

（2）防劣化

液压油的劣化速度与水量、气泡、压力、油温、金属粉末等有关，应特别注意液压油的油温不能超过 60℃。

（3）防泄漏

当液压系统有泄漏发生时，空气、水、尘埃便可轻易侵入，加速油质劣化。

（4）防超期

液压油长期使用，油质必会劣化，一般当油的颜色混浊并有异味时须立即更换。当设备长期闲置时，液压油也要按保质期定期更换或使用过滤器定期过滤。

2.2.2　气压传动介质——气体

气压传动系统通常以空气或在防爆场合中选用惰性气体等为传动介质，将泵能量传递给汽缸或气马达等执行元件，从而实现压力能转换成机械能的做功过程。

1．空气

空气是由氧、氮、二氧化碳等气体及微量氩、氖、氦、氪、氙等稀有气体以及甲烷和其他碳氢化合物、氢、臭氧等气体组成的混合物，同时空气中还有少而不定量的水蒸气及灰尘等物质。其中氮气约占 78%，氧气约占 21%，氦、氖、氩等稀有气体约占 0.94%，二氧化碳约占 0.03%，其他气体和杂质约占 0.03% 左右。由于占有一定氧气，虽然空气自己不能燃烧，但可以助燃。

空气在标准大气压（101.3kPa）下，随着环境温度的升高气体会膨胀，而随环境温度降低则会出现冷凝结露和完全液化现象。常温下的空气是无色无味的气体，液态空气是易流动的浅黄色液体。当空气被液化时其二氧化碳已经被清除，因而液态空气中氧约占 20.95%，氮约占 78.12%，氩约占 0.93%，其他组分可以忽略不计。

2．氮气

氮是一种无色、无味、无毒、不能磁化的气体，比空气稍轻，难溶于水，属于不活泼气体，通常情况下很难与其他元素直接化合，在一些易燃易爆的场合，可作为保护气体使用。但在高温下，氮能够同氢、氧及某些金属发生化学反应。氮和空气一样随温度升高可膨胀，随温度下降可冷凝、液化。

2.3　压力的传递特性

液压与气动系统中的压力就是指压强，即单位面积所受到的压力，压力通常采用绝对压力、相对压力（表压力）、真空度等三种表示方法。

由于地球表面承受大气压力，因此一切物体都受大气压力的作用并且能平衡适应，大多数测压仪表也都以大气压为参考点进行测量，因此所测出的压力是高于大气压力的那部分压力，而当压力值为零时，表示的压力则为一个大气压力值。

1．相对压力

它指相对于大气压（即以大气压为基准零值参考点）所测量到的压力值，也是高于大气压的压力值，称之为相对压力或表压力。

2．绝对压力

它以绝对真空为基准零值时所测得的压力，我们称它为绝对压力。基准大气压力就是指以绝对真空为基准零值时所测得的绝对压力。

3．真空度

当绝对压力低于大气压时，习惯上称为出现真空。因此，某点的绝对压强 P 比大气压 P_a 小的那部分数值称为该点的真空度。绝对压力、相对压力（表压力）和真空度的关系如图 2-2 所示。

图 2-2　压力表示法

（1）绝对压力=大气压力+表压力
（2）表压力=绝对压力-大气压力
（3）真空度=大气压力-绝对压力=低于大气压力部分
（4）相对压力=绝对压力-大气压力=高于大气压力部分
压力单位为帕斯卡，简称帕，符号为 Pa，$1Pa=1N/m^2$。
工程上采用兆帕单位，$1MPa=10^5Pa$。工程上采用巴单位，$1bar=10^5N/m^2=10N/cm^2$。

4．压力损失

由于流体存在黏性，因此在流动时存在阻力，为了克服这一运动阻力就要补充一定压力而消耗能量，从而在液压与气压传动系统中形成了以压力损失为主要表现的能量损失。

压力损失包括沿程压力损失和局部压力损失。

（1）沿程压力损失

它指流体沿等直径直管流动时所产生的压力损失，是由流体流动时的黏性形成的内、外摩擦力所引起的压力损失。流体的黏性不同，其所形成的沿程压力损失的大小也不同。沿程压力损失就是指流体通道形状不变而长度增加引起的压力损失,也可以叫长度增加损失。

(2) 局部压力损失

它指流体流经局部障碍(如弯头、接头、管道截面突然扩大或收缩)时,由于液流或气流的方向和速度的突然变化,在局部形成旋涡引起流体质点间,以及质点与固体壁面间相互碰撞和剧烈摩擦而产生的压力损失。局部压力损失是指流体通道形状改变引起的压力损失,也可以叫截面变化损失。

5. 流量损失

在液压与气动系统中,各个承压元件都有相对运动的表面,如液压缸或汽缸内表面和活塞外表面就属于相对运动面,运动面间存在运动间隙,当间隙的一边为高压腔,另一边为低压腔,那么高压腔中的流体就会经"间隙"流向低压腔,从而造成泄漏。同时,由于液压与气动元件密封的不完善,也会使一部分高压力流体向外部泄漏,这种泄漏会造成实际流量的减少,也是我们要说的流量损失。

液压与气动系统是元件、管接头、管道的组成体,任何组合体通常需要有一定的配合间隙,由此带来了泄漏现象,同时流体也总是从压力较高处流向系统中压力较低处或大气中,前者称为内泄漏,此时高压流体回到低压部分,没有向大气排放,不会造成流体对环境的污染;而后者称为外泄漏,在液压系统中会造成向大气泄漏的污染问题。

泄漏主要是由压力差和间隙及渗漏孔的存在造成的。泄漏量过大会影响承压元件和系统的正常工作,另一方面泄漏也将使系统的效率降低,功率损耗加大。可以说压力系统中,缝隙泄漏造成了流量损失,流量损失影响流体的运动速度。

6. 流体冲击及空穴现象

(1) 流体冲击现象

1) 流体冲击

在流体系统中,由于流体的运动停止或方向改变等原因,造成流体压力在某一瞬间会突然升高,产生很高的压力峰值,同时还常伴有振动和噪声,这种现象为流体冲击。

2) 流体冲击产生的原因

在液压系统中,运动着的工作部件突然制动或换向时,工作部件的动能将引起液压执行元件的回油腔和管路内的油液产生液压激振,并伴有噪声,导致液压冲击。

在自来水系统中,当阀门在放水过程中突然关断,水管中常伴有"嗡嗡"的声响,且大部分的阀门都是在"关"的过程中损坏,这就是水的惯性冲击造成的"水锤效应"或称"水锤现象"。

对于流体而言,流体的惯性冲击是普遍存在的,一般讲,液体的惯性冲击要比气体的惯性冲击相对严重,无论是气体还是液体,其惯性冲击的大小与系统所处的压力状态和流量状态有关。对于"风机"设备的"喘振"而言,是由于内部的高压力和低流量的相对关断状态所造成的,而高压状态下相对小流量形成的惯性冲击是造成"风机"设备"喘振"的主要因素。因此流体在管道中产生的流体冲击现象,其实质主要是管道中的流体因突然停止运动而导致动能向压力能的瞬时转变,就像一辆车的急刹车过程引起的惯性冲击力一样。

3) 减小流体冲击的措施

① 缓慢关闭阀门,从而削减了冲击波的强度并能延长阀门使用寿命。

② 在阀门前设置蓄能器,以减小对阀门的冲击能量。

③ 管道中流体的流速和系统压力应缓慢升降,限制在适当范围内。

④ 在系统中装置安全阀，及时卸载冲击压力。

（2）空穴现象

在液体流动系统中，当某点压力低于液体所在温度下的空气分离压力时，溶于液体中的气体会被分离溢出，从而有气泡产生形成空穴现象。

液体在特定条件下均匀溶入了空气是造成空穴现象的主要因素。

当泵的吸油管道中介质流速过高或阻力过大、节流部位前后压力比大于等于 3.5 或回油管路高出油面时，易产生空穴现象；当泵吸油管路密封不严、油箱中油面振动或回油管路高出油面并形成落差冲击时，易导致空气溶入。为避免上述情况发生，应尽量优化系统结构。

思考题

1．液压与气动系统由哪几部分组成？各部分的作用是什么？
2．液压与气动系统有哪些不同点？
3．什么是液压油的黏性？
4．影响液压油黏性的因素有哪些？分别怎么影响？
5．压力的表示方法有几种？
6．什么是流体冲击？怎么减小流体冲击？
7．什么是空穴现象？如何避免空穴现象？

（空穴现象是由液体中溢出空气，而融入空气是由于管道压力较大且有砂眼等缝隙时空气会进入液体）

第二篇
液压与气动基础元件

  自动控制元件主要指构成自动控制系统的功能型元件或基本独立单元。液压与气动基础元件主要指构成液压与气动控制系统的执行部分元件、控制部分元件、检测部分元件以及动力源部分元件。总之液压与气动基础元件是构成液压与气动控制系统的最小独立单元，对于液压与气动系统的本体部分，其基础元件应当是可拆卸的单件或可整体更换的最小单元部件，由于其结构不具有通用性而具有的特殊性，在此不进行分析。

  在工业控制系统中，气动控制系统和液压控制系统应用非常普遍，而气动系统与液压系统的系统性能和结构控制方式又非常相似，只是能量传递的介质不同，同时液压系统适用传递的压力和调节系统的稳定性远大于气动系统，液压系统的密封性和液压元件的制作精度远高于气动系统，而气动系统虽然控制精度不高，工作介质向外部泄漏也严重，但它能够满足一般工业控制过程的要求，同时气动系统的性能控制要求也具有控制形式简单，系统投资成本和运行成本相对廉价的特点。

第 3 章 执行元件

本章第一节和第二节主要介绍了可实现直线运动的单作用或双作用液压缸与汽缸的几种形式,并介绍了利用大气压差实现平面固定的真空吸盘;第三节、第四节、第五节介绍了可以实现有限回转运动的摆动气马达与液压马达;以及可以实现连续回转运动的旋转液压马达及气马达;第六节介绍了(机)电、气、液等执行元件的结构、特点及使用方法。

在液压与气动自动化系统中,液压与气动执行元件是一种将液压油或压缩空气的压力能转化为机械能,从而实现直线、摆动或连续旋转运动的传动装置。

本章教学目标:掌握液压与气动各执行元件的结构原理,能够合理地按不同的种类分析其应用特点,理解液压与气动各执行元件的符号画法并能正确表示					
	重 点	难 点	教学方法	建议时间	
第一节	液压缸的结构	液压缸与柱塞缸的形式与种类	讲授	0.5 课时	
第二节	几种汽缸形式的特点	真空吸盘的工作与应用	讲授	0.5 课时	
第三节	液压摆动马达工作原理	液压摆动马达特点	讲授	0.5 课时	
第四节	液压旋转马达工作原理	液压旋转马达特点	讲授	0.5 课时	
第五节	气动摆动马达	气动旋转马达	讲授	0.25 课时	
第六节	执行元件的种类及使用	各类执行元件的作用	讲授	0.25 课时	
合计学时(min)					2.5 课时

3.1 液压缸

在液压控制系统中,液压缸是一种将液压油的压力能转化为机械能,从而实现直线运动的传动装置。

3.1.1 普通液压缸

普通液压缸(活塞缸)是指在具有前后端盖的缸筒内只有一个活塞和一根活塞杆的液压缸。

1. 工作原理

(1)双作用液压缸

双作用液压缸指两腔可以分别通过进出口输入液压油,实现双向运动的缸。其结构可分为双活塞杆式、单活塞杆式、双活塞式、缓冲式和非缓冲式等。此类液压缸使用最为广泛。

双作用单活塞杆式液压缸如图 3-1 所示,液压缸一般由缸体或称缸筒、前后端盖或称缸盖、活塞、活塞杆、密封件和紧固件等组成。

图 3-1 双作用液压缸结构示意图

双作用液压缸被活塞分成两个腔室：有活塞杆的腔室称为有杆腔（简称头腔或前腔），无活塞杆的腔室称为无杆腔（简称尾腔或后腔）。

（2）单作用液压缸

所谓单作用液压缸是指液压油仅在液压缸活塞的一端进，推动活塞运动，而活塞的另一端设置呼吸孔，活塞返回是借助于弹簧力、膜片张力及负载重力等实现的，其结构示意图如图 3-2 所示。

（a）单作用液压结构　　　　　　　（b）图形符号
1—后缸盖　2—橡胶缓冲垫　3—活塞密封圈　4—导向环　5—活塞　6—弹簧
7—活塞杆　8—前缸盖　9—螺母　10—导向套　11—呼吸孔

图 3-2　单作用液压缸

弹簧装在有杆腔内，液压缸活塞初始位置处于退回的位置，这种液压缸称为预缩型单作用液压缸；弹簧装在无杆腔内，液压缸活塞初始位置为伸出的位置，称为预伸型单作用液压缸。

2．结构特点

（1）缸筒

缸筒是液压缸的壳体，缸筒的内筒表面由于和活塞接触必须要有一定的硬度，用以对抗活塞运动的磨损。缸筒一般由无缝管制造或铸造加工成形，钢质筒内表面须镀铬珩磨，铝合金筒内表面须进行硬质阳极氧化处理。

（2）活塞杆

活塞杆是用来传递力的重要零件，要求能承受拉伸、压缩、振动等负载力，表面要光洁耐磨，不发生锈蚀。活塞杆材料一般选用 35＃或 45＃碳钢，表面镀铬及调质热处理，也可用不锈钢材料制造。

（3）活塞

液压缸活塞受压力作用产生推力并在缸筒内滑动。在往复运动过程中频繁作用于两端缸盖，因此，要求活塞具有足够的强度和良好的滑动特性。

活塞的宽度与采用密封圈的数量、导向环的形式等因素有关。一般活塞宽度越小，液压缸总长就越短。从使用上讲，活塞的活动面小容易引起早期磨损，如"咬缸"现象。一般对标准液压缸而言，活塞宽度约为缸径的 20%～25%，该值要综合考虑使用条件，由活塞与缸筒、活塞杆与导向套的间隙尺寸等因素来决定。对液压缸用的活塞主要考虑其滑动性能和耐磨性能，不允许发生"咬缸"现象。

（4）导向套

导向套用于活塞杆往复运动时的导向。因此，与对活塞的要求一样，要求导向套具有良好的滑动性能，能承受由于活塞杆受重载时引起的弯曲变形和振动冲击。同时在粉尘等杂物进入活塞杆和导向套之间的间隙时，要求活塞杆表面不被划伤，具有软硬配合特性。导向套一般采用聚四氟乙烯和其他的合成树脂材料。

3．密封

液压缸的结合部位不同，其密封条件也不同，要根据配合特点合理选择密封形式。

（1）缸盖与缸筒连接的密封：O 形密封或平面密封。

（2）活塞的密封：O 形密封或唇形密封圈或 W 形密封。

（3）活塞杆的密封：唇形圈和防尘圈或防尘组合圈。

（4）缓冲密封：有两种方法，一种是采用孔用唇形圈安装在缓冲柱塞上；另一种是采用缓冲专用密封圈，它使用橡胶和一个圆形钢圈硫化成一体结构，压配在缸盖上作为缓冲密封圈。

4．选择及使用注意事项

（1）选用液压缸时，首先需要考虑行程及安装空间，再根据系统油路的最高压力来确定液压缸的缸筒内径及活塞杆直径，从样本手册中选择符合要求的液压缸。

（2）安装液压缸之前需要仔细核对名牌上的参数是否和选用液压缸一致。安装时要做到工作可靠，检修方便。

（3）在高温环境下工作时，可以选择耐高温液压缸或者采取耐高温措施；在较恶劣的粉尘环境下使用，可考虑在液压缸外加防尘装置。

（4）液压缸接入系统时，必须先清除掉管道内的杂质，防止侵入液压缸。

（5）液压缸使用时，需要定期进行维护，检查各部位有无异常，各连接部位是否有松动等。

（6）液压缸应存放在干燥、通风良好的环境中，要防止空气凝结给液压缸工作带来不利的影响。如果活塞杆外露需要采取相应措施防止腐蚀，并进行防尘保护。久置不用时需要在液压缸内部填充相应的工作介质。

3.1.2 伸缩液压缸

伸缩缸由两个或多个活塞缸套装而成，前一级活塞缸的活塞杆内孔是后一级活塞缸的缸筒，伸出时可获得很长的工作行程，缩回时可保持很小的结构尺寸，伸缩缸被广泛用于起重运输车辆上。

伸缩缸可以是如图 3-3（a）所示的单作用式，也可以是如图 3-3（b）所示的双作用式，前者靠外力回程，后者靠液压回程。

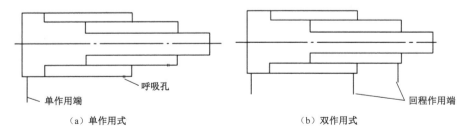

图 3-3 伸缩缸

伸缩缸的外伸动作是逐级进行的。首先是最大直径的缸筒以最低的油液压力开始外伸，当到达行程终点后，稍小直径的缸筒开始外伸，直径最小的末级最后伸出。随着工作级数变大，外伸缸筒直径越来越小，工作油液压力随之升高，工作速度变快。

3.1.3 液压增压缸

增压液压缸又称增压器,它利用活塞和柱塞有效面积的不同使液压系统中的局部区域获得高压。它有单作用和双作用两种形式,单作用增压缸的工作原理如图 3-4（a）所示,单作用增压缸在柱塞向右运动时可提供增压油液 q_2,而到终点时不能再输出高压液体 q_2,需要将活塞退回到左端位置,再向右行时才又输出高压液体,因而只能单程提供 q_2,为了克服这一缺点,可采用双作用增压缸,如图 3-4（b）所示,有左右两个高压输出端,其输出端可通过单向阀并联后,在左右运行过程中,连续向系统提供高压油 q_2。

图 3-4 增压缸

3.1.4 液压柱塞缸

如图 3-5 所示柱塞式液压缸由缸筒、柱塞、导套、密封圈和固定密封圈压盖等零件组成,柱塞和缸筒内壁不接触,因此,缸筒内孔不需要精加工,工艺性好,成本低。柱塞式液压缸是单作用的,它的回程需要借助自重或弹簧等其他外力来完成,如果要获得双向运动,可将两个柱塞式液压缸成对使用。柱塞端面 A 的大小取决于输出推力和速度。

柱塞式液压缸结构简单,制造方便,常用于工作行程较长的场合,如大型拉床、矿用液压支架等。

图 3-5 柱塞式液压缸结构

3.2 汽缸

汽缸与液压缸在结构和原理上基本相同,只是传动介质不同,工作压力不同,加工精度不同,密封方式有一定区别。汽缸将压力能转换成直线往复运动的机械能,是气动系统中主要的执行元件。在结构上也分为单作用汽缸和双作用汽缸两种。前者的压缩空气从一端进入汽缸,使活塞向前运动，靠另一端的弹簧力或自重等使活塞回到原来位置；后者汽缸活塞的往复运动均由压缩空气推动。汽缸一般用 0.5～0.7MPa 的压缩空气作为动力源，行程从数毫米到数百毫米，输出推重从数十千克到数十吨。随着应用范围的扩大，新结构形式的汽缸在不断出现，如带行程控制的汽缸、气液进给缸、气液分阶进给缸、具有往复和回转 90°两种运动方式的汽缸等，它们在机械自动化和机器人等方面得到了广泛的应用。无给油汽缸和小型轻量化汽缸也已研制成功。

3.2.1 普通汽缸

普通汽缸是指在具有前后端盖的缸筒内只有一个活塞和一根活塞杆的汽缸。

1．结构组成

普通汽缸的结构与普通液压缸的结构相同，在此不再赘述。

2．选择和使用注意事项

（1）选择

要根据汽缸的工作条件合理选择汽缸参数。汽缸的工作条件包括汽缸的工作压力范围、工作介质温度、环境条件（温度等）以及润滑条件等。

根据对汽缸的工作要求，首先选定汽缸的规格、缸径和行程。根据工作所需力的大小来确定活塞杆上的推力和拉力并有一定余量。若缸径选小了，输出力不够，汽缸不能正常工作；但缸径过大，不仅使设备笨重、成本高，同时耗气量增大，造成能源浪费。其次要考虑汽缸工作的环境条件（温度、粉尘、腐蚀性等）、安装方式、活塞杆的连接方式（内外螺纹、球铰等）及行程到位检测的方式方法等。

（2）使用注意事项

1）安装方式

在汽缸的安装方式上要做到工作可靠、检修方便。

2）安全规范

容积超过 450 升或使用的工作压力超过 1.0MPa 的汽缸，都应作为压力容器处理。汽缸使用前应检查各安装连接点有无松动。操作上应考虑安全连锁。

进行顺序控制时，应检查汽缸的工作位置。为防止发生故障应设紧急停止装置。工作结束，汽缸内部的压缩空气应予以排放。

3）工作环境

① 环境温度。通常规定汽缸的工作温度为 5～60℃。汽缸在 5℃以下使用，有时会因压缩空气中所含的水分凝结给汽缸动作带来不利影响。此时，要求空气的露点温度低于环境温度 5℃以下，防止空气中的水蒸气凝结。同时要考虑在低温下使用的密封件和润滑油。另外，在低温环境中的空气会在活塞杆上冻结。若汽缸动作频度较低时，可在活塞杆上涂上润滑脂，防止活塞杆上结冰。

在高温使用时，可选用耐高温汽缸或采取耐高温措施，同时注意高温空气对行程开关、管件及换向阀的影响。

② 润滑。汽缸通常采用油雾润滑，应选用推荐的润滑油，使密封圈不膨胀或收缩，且与空气中的水分混合不产生乳化。

③ 接管。汽缸接入管道前，必须清除管道内的脏物，防止杂物进入汽缸。

4）维护保养（常识性）

① 使用中应定期检查汽缸各部位有无异常现象，各连接部位有无松动等，轴销、耳环式安

装的汽缸活动部位要定期加润滑油。

② 汽缸检修后重新装配时，零件必须清洗干净，特别要防止密封圈剪切损坏，注意唇形密封圈的安装方向。

③ 汽缸拆下长时间不使用时，所有加工表面应涂防锈油，进、排气口加防尘堵塞。

3.2.2 开关汽缸

开关汽缸是带磁性接近开关汽缸的简称，它是一种在汽缸的活塞上设有永久磁环，利用直接安装在缸筒上的行程检测开关来检测汽缸两端活塞伸缩位置的汽缸，如图3-6所示。

（a）单活塞杆双作用开关汽缸　　　　　　　　　　（b）图形符号

1—后缸盖　2—密封圈　3—缓冲密封圈　4—活塞密封圈　5—活塞　6—缓冲柱塞　7—活塞杆
8—缸筒　9—缓冲节流阀　10—导向套　11—前缸盖　12—密封圈　13—磁铁　14—导向环

图3-6　开关汽缸

汽缸活塞伸缩位置检测的磁性开关一般采用电子舌簧式行程开关和霍尔行程开关。

3.2.3 气—液阻尼汽缸

由于气动系统的工作介质是压缩空气，汽缸的动作速度不易控制，尤其是当载荷变化较大时，容易产生"爬行"或"自走"现象；而液压传动系统的工作介质是通常认为不可压缩的液压油，液压缸的动作速度易于控制，一般不容易产生"爬行"和"自走"现象。因此把汽缸与液压缸串联组合起来构成气—液阻尼缸，利用液体不可压缩的性能及液体流量易于控制的优点使活塞杆的运动速度稳定和可调。如图3-7所示为串联型气—液阻尼缸，将两个缸筒用活塞分成两个腔体并用活塞杆串联起来形成联动活塞，两端腔体为双作用进气端，两个缸筒的内部腔体通过节流阀连通形成液压阻尼控制，使一个腔体容量的液压油在压缩空气推动活塞作用下，在两个腔体内互换。工作压力一般为0.2~1.0MPa，通过调节两个单向节流阀可实现理想速度控制。

3.2.4 气—液增压缸

利用大小汽缸的活塞面积不相等，进行合理的串联组合，根据力平衡原理，可由小活塞端输出高压气体（或高压液体）。如图3-8所示为气—液增压缸，气—液增压缸是利用液体的不可压缩性，根据力平衡原理，利用两两相连活塞面积的不等，用压缩空气驱动大活塞，而小活塞便可输出相应比例的高压液体。

应用增压缸可组装成气二液增压站，代替小型液压站。还可以组成各种专用的气—液增压缸、液—气增压缸、气—气增压缸等。

组合汽缸一般指汽缸与液压缸相组合形成的气—液阻尼缸、气—液增压缸等。

图 3-7 气—液阻尼缸

图 3-8 气—液增压缸

3.2.5 无杆汽缸

无杆汽缸是指利用活塞直接或间接连接外界执行机构，使其跟随活塞实现往复运动的汽缸。这种汽缸的最大优点是节省安装空间。

（1）磁性无杆汽缸

活塞通过磁力带动缸体外部的移动体同步移动的称磁性无杆汽缸。它是在活塞上安装一组高强磁性的永久磁环，磁力线通过薄壁缸筒与套在外面的另一组磁环作用，利用两组磁性相反的磁环产生的吸力实现活塞与磁环的同步移动。当活塞在缸筒内被气压推动时，则在磁力作用下，带动缸筒外的磁环套一起移动。汽缸活塞的推力必须与磁环的吸力相适应。

（2）机械接触式无杆汽缸

机械接触式无杆汽缸是在汽缸缸管轴向开设一条形槽，使活塞通过条形槽直接与槽外的滑块连接，实现活塞与滑块同步移动。为了保证条形槽的防尘和密闭，在开口部采用聚氨脂密封带和防尘不锈钢带固定在两端缸盖上，利用活塞架穿过槽实现密封并把活塞与滑块连成一体，从而带动固定在滑块上的执行机构，实现往复运动。

3.2.6 柱塞式汽缸

（1）柱塞式汽缸

柱塞式汽缸是一种单作用汽缸，压缩空气只能使柱塞向一个方向运动，而借助外力或重力复位。柱塞无前缸盖，柱塞的活塞可部分滑出缸外。因此"活塞"两端有端盖，"柱塞"一端有端盖。

（2）活塞式汽缸

普通汽缸等都属于活塞式汽缸，也有单作用形式，压缩空气只能使活塞向一个方向运动，而借助外力或重力复位或借助弹簧力复位。

（3）薄膜式汽缸

薄膜式汽缸是以膜片代替活塞的汽缸，即为薄膜式汽缸，属于短行程汽缸。具有单向作用和双向作用两种形式；单向作用是借助弹簧力复位，行程短、结构简单；缸体内壁不须加工，须按行程比例增大直径。双向作用形式采用压缩空气复位。

3.2.7 双活塞汽缸

如图 3-9 所示，两个汽缸对称安装，两个活塞同时向相反方向运动。

一般为双作用汽缸，两进出气端也采用并联连接。

图 3-9 双活塞气

3.2.8 真空吸盘

真空吸盘是真空系统中的执行元件，也是汽缸的唯一一种特殊工作形式和结构变形，就是将无杆腔的端盖去掉，通过软性环形密封圈形成吸盘，利用工件具有的光滑且平整的表面将其吸起并保持住。柔软又有弹性的吸盘能与工件平面紧密接触并保持密封状态，更不会损坏工件，利用吸盘和工件平面形成的内部真空，使工件在大气压的作用下与吸盘内侧形成压力差，从而保证在大气作用下的接触面承受的压力能将工件与吸盘牢牢吸引，并使工件能跟随吸盘运动。

如图 3-10 所示为吸盘结构原理图，当开口缸筒端用密封圈与平板形成密封后将活塞杆伸出，此时无杆腔与平板形成的容积内部压力低于大气压，从而与大气形成压力差，如果其压力差 F 大于平板重量 f，平板则被汽缸吸持。

通常吸盘是由橡胶材料与金属骨架压制而成的。橡胶材料有丁腈橡胶、聚胺酯和硅橡胶等，它们的工作温度范围分别为 -20～+80℃；-20～+60℃；-40～+200℃，其中硅橡胶吸盘适用于食品工业。

图 3-10 吸盘结构原理图

真空吸盘要通过空芯螺栓直接与真空发生器或真空安全阀或空心活塞杆汽缸等能产生真空的器件相连。

真空吸盘的外径称为公称直径，其吸持工件被抽空的直径称为有效直径。一般真空吸盘公称直径有 8mm、15mm、30mm、40mm、55mm、75mm、100mm 和 125mm 等规格。

应用真空吸盘技术可很方便地实现对具有平面工件的吸持、脱开、传递等搬运功能。需要指出的是，真空的形成不单单指由电动机、真空泵等一系列辅助设备所组成的真空系统，只要能利用工件与吸盘的接触面积形成大气压差来克服其工件重量和运行气流对工件的冲击力，就能将工件吸起。如图 3-11 所示为吸盘吸起工件的结构原理。

目前技术制作的真空吸盘产品的最小直径为 1mm，最大直径通常为 125mm。真空吸盘最小吸力为 1.6N，最大吸力可达 606N。

图 3-11 吸盘吸起工件原理示意图

3.3 液压摆动马达

在液压系统中,液压马达又称液马达,是一种将液压油的压力能转化为机械能,从而实现有限回转(摆动)运动的传动装置。

摆动液马达是一种在特定角度范围内(一般小于360°)进行往复摆动的液压执行元件。它将压力能转换成机械能,输出力矩使机构实现往复摆动。常用的摆动液马达的最大摆动角度通常有90°、180°、270°三种规格。

摆动液马达输出轴的承受冲击转矩的耐力小,当受到驱动物体突然停止时,由于惯性的冲击作用,马达容易损坏,因而须采用缓冲机构或安装制动器来分解冲击力。

摆动液马达按结构特点分为叶片式、齿轮齿条式、螺杆式等。其中,除叶片式外,都带有缸和转换为回转运动的传动机构。

3.3.1 叶片式摆动液马达

叶片式摆动液马达具有结构紧凑、工作效率高等特点,常用于工件的翻转、分类、夹紧等作业,也可作为液压机械手的指腕关节部分,用途十分广泛。如图 3-12 所示,叶片式摆动液马达可分为单叶片和双叶片两种。单叶片输出轴转角小于360°;双叶片输出轴转角小于180°。

(a)单叶片式　　(b)双叶片式

1—叶片　2—定子　3—挡块

图 3-12 叶片式摆动液马达

3.3.2 螺杆式摆动液马达

图 3-13 为螺杆式摆动液马达原理结构示意图,主要由筒体、端盖、轴端限位凸台的螺杆、内螺纹活塞、活塞回转限位导槽等部分组成。

图 3-13 螺杆式摆动液马达

活塞的直线运动通过螺纹传动转换成螺杆的转动。因此螺杆式液马达是利用螺杆将活塞的直线运动变为回转运动。它与叶片式相比,虽然体积稍嫌笨重,但密闭性能很好。摆动马达是依靠装在轴上的销轴来传递扭矩的,在停止回转时有很大的惯性力作用在轴心上,即使设置调节缓冲装置也不能消除这种作用,因此还需要设置外部缓冲装置。

3.3.3 齿轮齿条式摆动液马达

齿轮齿条式摆动液马达有单齿轮和双齿轮两种。图 3-14 为双齿轮结构原理示意图,由两个液压缸并联共同带动双齿条来驱动两个齿轮相向回转,使液压缸的直线运动转换成了齿轮的有限回转运动。单齿轮式摆动液马达由齿轮、齿条、活塞、缓冲装置、缸盖及缸体等组成,如图 3-15 所示。实际的摆动液马达其行程的终点位置可调。

1、4—汽缸 2—齿轮 3—齿条

图 3-14 双齿轮齿条式摆动液马达

1—缓冲节流阀 2—端盖 3—缸体 4—缓冲柱塞 5—齿轮 6—齿条 7—活塞

图 3-15 单齿轮齿条式摆动液马达

3.4 液压旋转马达

在液压系统中,旋转马达是一种将流体压力能转化为机械能,从而实现旋转运动的执行元件,也是一种传动装置。

旋转马达的轴端输出的是连续转矩，轴可以实现连续回转，旋转马达常见的有叶片式和活塞式两种。一般活塞式比叶片式转矩大，叶片式比活塞式转速高；叶片式的叶片与定子间的密封比较困难，因而低速时效率不高，叶片式液压马达一般可作为大型阀的开闭驱动机构。活塞式液压马达通过多活塞连杆机构实现曲轴的转动，进而驱动齿轮齿条来带动负荷运动。旋转液压马达通过控制驱动流体的流量就可以调节转速的高低和功率的大小，从而可以实现无级调速和过载保护功能。

3.4.1 叶片式旋转液压马达

叶片式液压马达主要由转子、定子、叶片、前后端盖等组成。如图 3-16 所示为叶片式液压马达示意图。转子安装在偏心的定子内，叶片装在转子的径向槽内，当底部装有弹簧时（实际上转子径向槽内的叶片靠离心力与定子弧面密封），就把定子和转子间的空间分隔成许多密封腔。当液压油从进油口 A 进入密封腔时，驱动转子转动，液压油从 C 口排出，泄漏油从 B 口排出。改变输入流量即可实现无级调速。通过方向控制阀可操纵液压马达正反转，升速快，通过压力和流量的控制能实现过载保护性能。液压马达可用于潮湿、高温、防爆、防火、启动频繁、满负载启动、经常变向和无级调速等场合。在叶片式液压马达轴上附加专用工具可制成各种液压工具。把液压马达用于动力头的主传动，则可进行钻孔、扩孔、铰孔、磨孔和攻丝等切削加工。在飞机、汽车、仪表制造等行业的液压组合机床上，可同时布置几十个动力头。

图 3-16　叶片式液马达

叶片式液压马达多数可双向回转，有正反转性能不同和正反转性能相同两类。

叶片式液压马达是把液体的压力能转换为旋转形式机械能的装置，安装方便，特别适用于防爆的工作场所。只要控制阀的流量和压力，就能实现无级调速和过载保护作用。

3.4.2 活塞式旋转液马达

活塞式液压马达主要由连杆、曲轴、活塞、液压缸、机体、配油阀等组成。液压油通过配油阀，依次向各液压缸供油，实现压力做功，通过连杆推动曲轴旋转。其能量主要来自于液体压力做功。

常用活塞式液压马达大多是径向连杆式的，图 3-17 为径向连杆柱塞液压马达原理结构图。

三个柱塞缸经连杆组件与互成120°的曲轴的三个曲拐连接,每个柱塞缸由柱塞和柱塞筒组成,柱塞工作时有冲程和回程两个工作周期,以曲轴的主轴径或曲轴臂逆时针旋转方向为例,每个柱塞缸在270°时柱塞处于完全缩回状态,大于270°时柱塞进入向上冲程阶段,柱塞将逐渐伸出,达到90°时柱塞伸出到最大状态,向上冲程过程结束;而大于90°时柱塞进入向下回程阶段,直至在270°时柱塞完全缩回到柱塞筒。柱塞冲程阶段柱塞缸通入液压油,此时液压油推动柱塞向上,柱塞通过连杆组件利用杠杆原理推动曲轴臂向上,从而实现曲轴的旋转。

图 3-17 径向连杆柱塞式液压马达

液压油在冲程阶段由配油阀的进油口进入柱塞缸,推动柱塞做功,实现曲轴旋转;在回程阶段利用曲轴转臂对柱塞形成的回缩作用将柱塞缸内做功后的液体经过配油阀的出口排除;通常曲轴的曲拐数量与柱塞数量相同,曲拐在曲轴圆周上均匀布置,配油阀固定在曲轴上并与曲轴同步转动,配油阀的数量与柱塞数量相同并按曲拐布置角度实现配油阀各个阀路的进油与排油的接通。压力油随着配油阀角度位置的改变依次进入不同的缸内推动冲程活塞运动,各冲程活塞及连杆带动曲轴连续运转。与此同时,柱塞缸内做功后的油液随着配油阀角度位置的改变,缸内油受被动回缩的柱塞压迫后通过配油阀出口排除。一般冲程阶段小于180°,而回程阶段大于180°,冲程阶段加回程阶段应等于360°。柱塞液压马达的每个柱塞缸只有两个状态,即油压做功柱塞冲程和被动回缩缸筒排油两个状态,各个柱塞缸工作过程相同,但动作时刻符合曲拐分布,角度具有周期性。

汽油机和柴油机以及蒸汽机等发动机的工作原理与活塞式液压马达的工作原理基本相同,是其变形结构。汽油机和柴油机是通过液体燃料雾化、点火、爆炸,产生膨胀冲击使柱塞工作。而蒸汽机是用锅炉的高压气体产生膨胀压力使柱塞工作。

目前,径向液压马达是曲轴连杆结构活塞式液压旋转马达的变形机构。

3.5 气马达

气马达和液压马达的种类及作用原理相同,因此,气马达包括旋转气马达和摆动气马达。由于马达和泵是互为可逆的作用元件,因此,液压泵和气泵的种类与液马达和气马达的种类具有相同性,而作用原理是可逆的。

3.5.1 摆动式气马达

由于摆动式气马达与摆动式液压马达的原理结构相同，因此摆动式气马达和摆动式液马达种类相同，也包括叶片式（单叶片；双叶片）、螺杆式（大于360°即大于一周；或小于360°即小于一周）、齿轮齿条式（大于360°即大于一周；或小于360°即小于一周），但驱动介质不同（无压缩性的压力"液"和可压缩性的压力"气"），表示符号不同（液用实三角"▲"；气用空三角"△"），输出转矩不同（液相"转矩大"；气相"转矩小"），如表3-1所列为摆动式液马达与气马达的图形表示。

表3-1 摆动式液马达与气马达的图形符号

序号	名称	图形符号	序号	名称	图形符号
1	摆动液马达		2	摆动气马达	

3.5.2 旋转气马达

旋转气马达和旋转液马达原理、结构相同，其种类包括齿轮式、叶片式、柱塞式。

目前汽车上的汽油发动机就是柱塞式气马达的一种变形形式，是通过喷嘴将液体汽油雾化送入汽缸，同时点火形成爆炸膨胀使汽缸推动曲轴旋转，用多个汽缸在配气阀控制下形成规律性的进气（空气进入、加氧过程）、压缩（空气压缩、汽缸升温）、做功（喷油雾化、点火爆炸、膨胀）、排气（燃烧废气排出），形成四冲程工作过程。四冲程发动机完成一个工作循环，曲轴转两圈即720°，柱塞上下往复运动四次，只有做功膨胀过程是动力输出过程，其余三个过程都是在曲轴惯性作用下的往复被动运动过程，柱塞缸的数量正比于曲轴输出的功率。二冲程发动机完成一个工作循环，曲轴转一圈即360°，柱塞上下往复运动二次，吸气和压缩是一个过程，做功和排气是一个过程。如表3-2所列为旋转气马达的图形表示。

表3-2 旋转气马达的图形符号

序号	名称	图形符号	序号	名称	图形符号
1	单向旋转液马达		3	双向旋转液马达	
2	单向旋转气马达		4	双向旋转气马达	

3.6 执行元件的应用特点

只有掌握液压与气动系统各个执行元件的特点，才能正确应用它们。

3.6.1　气动与液压执行元件的特点

① 与液压执行元件相比，气动执行元件的运动速度快，工作压力低。工作的环境温度范围较宽，一般可在-20℃～+80℃（耐高温的可达+150℃）的环境下正常工作。

② 相对机械传动来说，气动执行元件的结构简单，制造成本低，维修方便，便于调节，可以大大节省现场装配、调整时间，另一方面，由于各元件动作的直观性强，其现场操作不需要配套各种经过专门培训的技术人员。

③ 由于气体的可压缩性，气动执行元件在速度控制、抗负载影响等方面的性能劣于液压执行元件。当需要精确地控制运动速度，减小负载变化对运动影响时，常需要借助于气动一液压联合装置等来实现。

④ 气动与液压执行元件有三大类：产生直线往复运动的汽缸与液压缸，在一定角度范围内摆动的摆动气马达（也曾称摆动汽缸）与摆动液压马达以及产生连续转动的旋转气马达与旋转液压马达。

3.6.2　气动执行元件（汽缸）的故障

由于汽缸装配不当和长期使用，气动执行元件（汽缸）易发生内、外泄漏，输出力不足和动作不平稳，缓冲效果不良，活塞杆和缸盖损坏等故障现象。

① 汽缸出现内、外泄漏，一般是因活塞杆安装偏心，汽缸内有杂质及活塞杆有伤痕或润滑油供应不足等造成密封圈和密封环磨损或损坏。所以，当汽缸出现内、外泄漏时，应重新调整活塞杆的中心，以保证活塞杆与缸筒的同轴度；须经常检查油雾器工作是否可靠，以保证执行元件润滑良好；当密封圈和密封环出现磨损或损坏时，须及时更换；若汽缸内存在杂质，应及时清除；活塞杆上有伤痕时，也应及时更换。

② 汽缸的输出力不足和动作不平稳，一般是因活塞或活塞杆被卡住、润滑不良、供气量不足，或缸内有冷凝水和杂质等原因造成的。对此，应调整活塞杆的中心；检查油雾器的工作是否可靠；供气管路是否被堵塞。当汽缸内存有冷凝水和杂质时，应及时清除。

③ 汽缸的缓冲效果不良，一般是因缓冲密封圈磨损或调节螺钉损坏所致。此时，应更换密封圈和调节螺钉。

④ 汽缸的活塞杆和缸盖损坏，一般是因活塞杆安装偏心或缓冲机构不起作用而造成的。对此，应调整活塞杆的中心位置；更换缓冲密封圈或调节螺钉。

3.6.3　执行元件的应用形式

在自动控制系统中，一般执行元件分为液压与气动执行元件和电动执行元件。

1．液压与气动执行元件

液压执行元件和气动执行元件的种类、原理与结构基本相同，只是液压执行元件的工作压力高（一般在1.0MPa～20.0MPa），气动执行元件的工作压力低（一般在0.1MPa～1.0MPa）；液压执行元件的压力油通过泄放回路回油箱可重复利用，油路分高压和回油两路，气动执行元件的压缩气体在工作完成后直接放入大气，气路也只有压缩气体进气一路（单根气路）；液压执行元件的配合精度高，一般无外泄漏，气动执行元件的配合精度低，一般有少量气体外泄漏；从原理上讲，相同参数的液压执行元件可以代替气动执行元件使用，而相同参数的气动执行元件不能代替液压执行元件使用；相同形式的液压执行元件的制作成本高于气动执行元件的制作成本。

2．电动执行元件

电动执行元件包括电磁铁类和电机类。

（1）电磁铁类电动执行元件

电磁铁是电流磁效应的典型应用，与生活联系紧密，如电磁继电器、电磁起重机、磁悬浮列车等。电磁铁按使用电源的形式可以分为直流电磁铁和交流电磁铁两大类型。按用途可以分为牵引电磁铁、起重电磁铁、制动电磁铁、电器电磁系统及其他用途电磁铁等五类。

1）牵引电磁铁

主要用来牵引机械装置，开启或封闭各种阀门等。

2）起重电磁铁

用于起重装置，可以实现吊运钢锭、钢材、铁砂等铁磁性材料。

3）制动电磁铁

主要用于对电动机进行制动以达到准确停车的目标，并以断电制动和通电运行为工作形式。

4）电器电磁系统

主要指含电磁继电器和接触器等的电磁系统、含自动开关的电磁脱扣器及把持电磁铁等。

5）其他用途的电磁铁

主要指电磁振动器，机床用于加工工件的电磁吸盘等。

（2）电机类电动执行元件

电机类电动执行元件是由各种电机及减速机构构成的电动执行单元。电机是将电能转换成机械能并提供旋转驱动力矩的功率型耗能元件，电机可以按多种方式进行分类。

1）按工作电源分类

根据电机工作电源的不同，可分为直流电动机和交流电动机。

交流电动机还分为单相交流电动机和三相交流电动机；高压电动机和低压电动机。

直流电机分为转子为线圈通直流电的有刷结构电机和转子为磁极特性的无刷结构电机。

2）按结构及工作原理分类

根据电机的结构及工作原理的不同，可分为异步电动机和同步电动机。

异步电动机为感应式电动机，定子产生旋转磁场，转子线圈切割磁力线产生感生电流，感生电流受磁场力作用而使转子旋转。

同步电动机的转子具有磁极特性，按照同性相斥、异性相吸原理，转子跟随定子旋转磁场同步运行。同步电机还可分为转子为永磁铁的同步电动机、转子为凸极结构并设有反应槽和绕组的磁阻同步电动机以及转子为磁滞材料的磁滞同步电动机，磁阻同步电动机和磁滞同步电动机也属于感应式电动机。

3）按用途分类

电动机按用途可分为功率驱动用电动机和控制用电动机。功率驱动用电动机包括工具用电动机、家电用电动机、机械设备用电动机等。控制用电动机又分为能够直接将数字脉冲信号转化成为角位移的步进电动机和具有反馈调节的伺服电动机以及具有能量回馈功能的开关磁阻电动机等。

步进电机属于驱动器控制的开环系统；伺服电机属于驱动器控制的闭环系统；开关磁阻电动机属于驱动器控制的闭环节能功率型控制系统。

（3）电加热类执行元件

电加热是将电能转换为热能的过程。

1）加热方式

电加热做功的形式很多，包括利用电流的焦耳效应将电能转变成热能的电阻加热方式；利用导体处于交变电磁场中产生感应电流（涡流）的感应加热方式；利用两电极间的气体放电的电弧加热方式；利用在电场作用下高速运动的电子轰击物体表面的电子束加热方式；利用红外线辐射物体，使物体吸收红外线后，将辐射能转变为热能而被加热的红外线加热方式；利用高频电场对绝缘材料进行加热的介质（微波）加热方式等。

2）用途

① 热处理。各种金属的局部或整体淬火、退火、回火、透热。

② 热成形。整件锻打、局部锻打、热镦、热轧。

③ 焊接。各种金属制品钎焊、各种刀具刀片、锯片锯齿的焊接、钢管、铜管焊接、同种异种金属焊接等。

④ 金属熔炼。金、银、铜、铁、铝等金属的（真空）熔炼、铸造成形及蒸发镀膜。

⑤ 高频加热机。半导体单晶生长、热配合、瓶口热封、牙膏皮热封、粉末涂装、金属植入塑料等。

⑥ 流体加热。油（液压油等）、水（热水、乳化液等）、气（空气）等的加热。

只有掌握各个执行元件的工作性能，才能有效、快速地进行系统的综合选型，才能使系统做到结构合理、制造容易、控制可靠、高效、操作方便、维护简单、实用性强。

思考题

1. 什么是液压与气动系统执行元件？包括哪些形式？
2. 普通汽缸通常由哪几部分组成？
3. 气—液增压缸的原理是什么？
4. 薄膜式汽缸有哪些特点？
5. 汽缸有几种分类形式？单作用汽缸和双作用汽缸的主要区别是什么？
6. 摆动气马达和旋转气马达各有几种类型？阐述其各自的特点和区别。
7. 叶片式马达有哪些特点？

第 4 章 控制元件

 要点概述

本章第一节和第二节主要讲述了液压与气动系统中，可自动复位的二位单控电磁换向阀和具有记忆功能的二位双控电磁换向阀以及三位双控电磁换向阀，介绍了方向控制阀、单向阀、气动梭阀的结构、特点及控制要点；第三节和第四节主要讲述了具有入口稳压作用的溢流阀、有出口稳压作用的减压阀、有开关控制作用的顺序阀等压力控制元件并介绍了压力阀的控制要点；第五节和第六节主要讲述了节流阀和调速阀等流量控制元件，以及快速排气节流阀，讲述了流量阀的控制要点；第七节介绍了可用电信号连续控制压力和流量的液压比例阀、有组合型大流量开关控制作用的液压插装阀、集成一体化的叠加阀等的结构、特点及使用方法。第八节介绍了比例方向阀、压力阀和流量阀。通过本章的学习，能够掌握液压与气动控制元件的种类及工作原理和结构特点，进而能在液压与气动系统中正确应用它们。

本章教学目标：掌握液压与气动各控制元件的结构原理，能合理地对其各控制元件进行应用和控制，能准确描述其各控制元件作用和使用要点，了解各控制元件的符号、画法并能正确表示				
	重　点	难　点	教学方法	教学时间
第一节	二位单控、双控电磁换向阀和三位双控电磁换向阀的结构、原理	二位单控、双控电磁换向阀和三位双控电磁换向阀的控制特点，了解元件的符号、画法并能正确表示	讲授	0.75 课时
第二节	气动或门梭阀、与门梭阀、快速排气阀的结构特点	气动二位单控、双控及三位电磁换向阀，以及气动梭阀的控制特点，了解元件的符号、画法并能正确表示	讲授	0.5 课时
第三节	液压溢流阀、减压阀、顺序阀的结构、原理	液压溢流阀、减压阀、顺序阀的工作特点，了解元件的符号、画法并能正确表示	讲授	0.75 课时
第四节	气动安全阀、调压阀、开关阀的结构、原理	气动安全阀、调压阀、开关阀的工作特点，了解元件的符号、画法并能正确表示	讲授	0.5 课时
第五节	液压节流阀和调速阀的结构、原理	液压节流阀和调速阀的工作特点，了解元件的符号、画法并能正确表示	讲授	0.5 课时
第六节	气动节流阀、单向节流阀、排气节流阀的结构、原理	气动节流阀、单向节流阀、排气节流阀的合理使用，了解元件的符号、画法并能正确表示	讲授	0.5 课时
第七节	液压比例阀、插装阀、叠加阀等的结构、原理	液压比例阀、插装阀、叠加阀等的控制应用，了解元件的符号、画法并能正确表示	讲授	0.75 课时
第八节	气动比例方向阀、压力阀和流量阀结构	气动比例方向阀、压力阀和流量阀的控制，了解元件的符号、画法并能正确表示	讲授	0.75 课时
合计学时（min）				4.5 课时

液压与气动控制元件是控制和调节系统各部分回路中液压油或压缩空气的压力、流量、流动方向和发送信号的重要元件，主要包括方向控制阀、压力控制阀和流量控制阀。其基本

工作回路包括方向控制回路，压力控制回路和速度（流量）控制回路。液压与气动元件中的方向控制阀可以构成方向控制基本回路，用以控制系统执行元件的运动方向以及启动和停止过程。压力控制阀可以构成压力控制基本回路，实现系统特定位置的压力调节。流量控制阀可以构成流量控制基本回路，是实现执行元件速度调节的主要控制环节。液压与气动控制元件除具有特定的实现功能外，在操作形式上也可根据实际的安全要求和效率要求设置为手动、脚踏、电动、气动、液动、电气动、电液动、气液动等多种形式。在自动控制系统中以电动、电气动、电液动的应用较多。

液压与气动控制元件由于其控制对象的不同（即流体的密度、对环境的污染、回收价值、流体工作压力的不同），其控制元件的密封结构、工作形式、加工精度、制作成本等有很大区别，但基本结构理论和图形符号的基本表示形式具有相同性，为便于基础知识的学习与掌握，因此在以下的学习内容中，只介绍具有典型结构的液压与气动控制元件的工作原理和控制形式。读者应理解液压与气动的不同点，并在液压与气压的传动和控制过程中，根据液压与气动系统的传动介质、工作压力、流量参数范围、换向结构性能、控制精度、无故障工作时间等具体要求进行选型。

4.1 液压方向控制元件

液压系统的方向控制元件，主要指二位和三位电磁换向阀及单向阀，方向控制阀可以构成方向控制基本回路，是液压传动系统中通过改变液压油的流动方向和流路的通断，来控制执行元件的运动方向以及启动和停止过程的控制元件。

4.1.1 二位电磁换向阀

1. 工作原理

电磁换向阀简称电磁阀，是液压与气动控制元件中最主要的方向控制元件，品种规格繁多，结构各异。按操纵方式，有直动式和先导式两类。按结构形式分为滑柱式、截止式和同轴截止式三类。按密封形式分为间隙密封和弹性密封两类。按所用电源分为直流和交流两类。按使用环境分为普通型和防爆型等。

二位电磁换向阀是指阀芯动作后的换向固定位置有两个。

（1）直动式电磁阀

直动式电磁阀利用电磁力直接推动阀杆从而带动阀芯实现换向。根据阀芯复位的控制方式，有单电控和双电控两种。

如图4-1所示，双电控电磁阀是指阀芯两端各有一电磁推杆的吸合线圈，通过线圈带电推动阀芯移动。由于阀芯是具有密封阻力的游动形式，当线圈带电后，如果阀芯与线圈带电后的推动方向不同，则线圈铁芯推杆带动阀芯移动到运动方向的同一侧，如果方向相同，铁芯推杆没有推动力，则阀芯保持不动。因此在同一侧的阀芯位置保持时段中，线圈带电使阀芯动作后断电和线圈长期通电的效果是相同的，在同一侧阀芯具有记忆功能，线圈通断电的位置状态不改变。

图 4-1 双电控直动式电磁阀工作原理图

图 4-2 中单电控电磁阀是指阀芯一端为电磁吸合线圈，另一端为弹簧，通过线圈带电推动阀芯移动，而当线圈失电，弹簧可使阀芯复位。因此单电控电磁阀由于一侧为线圈推杆而另一侧为弹簧推杆，当线圈断电后，弹簧推杆可使阀芯恢复到通电前的断电原始位置。

直动式电磁阀结构简单、紧凑、换向频率高，只适用于小型阀。使用直动式的双电控电磁阀应特别注意的是，两侧的电磁铁不能同时通电，否则将使电磁线圈烧坏。

如果将二位换向阀的电磁控制换成液压控制就形成了二位压力换向阀，二位换向阀包括电磁、液控等控制形式，因此有二位电磁换向阀、二位液控换向阀等。二位压力换向阀的输出负载能力远远大于二位电磁换向阀的输出负载能力。

（2）先导式电磁阀

先导式电磁阀由小型直动式电磁阀和大型液控换向阀构成，又称为电控换向阀。

先导式电磁阀可分为单电控（见图 4-3）、双电控（见图 4-4）。先导式电磁阀按工作位置可分为二位和三位，每位有二通、三通、四通、五通等回路接口，阀芯工作形式有截止式和滑柱式等结构。

图 4-2 单电控直动式电磁阀工作原理图

图 4-3 先导式单电控电磁阀工作原理

图 4-4 先导式双电控电磁阀工作原理

按先导式电磁阀液控信号的来源可分为自控式（内部先导）和他控式（外部先导）两种。直接利用主阀的液压源作为控制信号的阀称为自控式电磁阀。

为了保证阀的换向性能或降低阀的工作压力,由外部供给的液压源作为主阀控制信号的阀称为他控式电磁阀。

二位换向阀中,无论是液控还是电控,单控阀由于有复位弹簧,当没有驱动控制信号时,其阀芯具有自动复位功能;双控阀由于没有复位弹簧,因此驱动控制信号能使阀芯动作,同时当驱动控制信号消失,而另一方向的驱动控制信号没有出现时,阀芯不会受到任何驱动力的作用,因此阀芯具有记忆保持功能;而对于任何形式的双控阀,其两控制端不能同时加动作控制信号,否则阀芯在双向力的作用下,其动作过程不确定,动作结果未知。

2. 电气结构

电磁阀电气结构包括电磁铁、接线座及保护电路。

(1) 电磁铁

主要由线圈、静铁芯和动铁芯构成。根据其使用的电源不同,分为交流电磁铁和直流电磁铁两种。

常用电磁铁的结构有 T 形和 I 形两种形式。如图 4-5 所示为电磁铁结构图。

1—动铁芯　2—静铁芯　3—线圈　4—弹簧　5—定位针

图 4-5　电磁铁结构图

T 形电磁铁适用于交流电磁铁,用高导磁的硅钢片层叠制成,具有铁损低、发热小的特点,但吸引行程和体积较大,主要用于行程较大的直动式电磁阀。

I 形电磁铁用圆柱形磁性材料制成,铁芯的吸合面通常制成平面状或圆锥形。I 形电磁铁吸力较小,行程也较短,适用于直流电磁铁和小型交流电磁铁,常作为小型直动式和先导式电磁阀。

在静铁芯的吸合面环形槽内压入了分磁环。分磁环一般采用电阻系数较小的金属材料(如黄铜、紫铜等)制成。分磁环的作用是用来消除交流电磁铁工作时的动铁芯振动。

目前我们所用的电磁铁大部分采用干式绝缘和散热结构,尤其是气动系统所用的电磁铁,实际上无论是直流电磁铁还是交流电磁铁,都可做成干式的、油浸式的和湿式的。

① 干式电磁铁(Dry Solenoid)。干式电磁铁的线圈、铁芯都处于空气中,不和油接触,电磁铁与阀连接时,在推杆的外周有密封圈。由于回油有可能渗入对中弹簧腔中,所以阀的回油压力不能太高。此类电磁铁一般附有手动推杆,一旦电磁铁发生故障,可使阀芯手动换位。这类电磁铁是液压与气动系统常用的形式。

② 油浸式电磁铁(Oil-immersed Solenoid)。油浸式电磁铁的线圈和铁芯都浸在无压油液中。推杆和衔铁端部都装有密封圈。油可帮助线圈散热,且可改善推杆的润滑条件,所以寿命远比干式电磁铁长。因有多处密封,此种电磁铁的灵敏性较差,造价较高。

③ 湿式电磁铁（Wetted Solenoid）。湿式电磁铁也叫耐压式电磁铁，它和油浸式电磁铁不同之处是推杆处无密封圈。线圈和衔铁都浸在有压油液中，故散热好，摩擦小。还因油液的阻尼作用而减小了切换时的冲击和噪声。所以湿式电磁铁具有噪声小、寿命长、温升低等优点，是目前应用最广的一种电磁铁。也有人将油浸式电磁铁和耐压式电磁铁都称为湿式电磁铁。

（2）接线座

用于电磁铁线圈的外部接线，有多种形式，要合理选择引出导线的接线方式。

（3）保护电路

一般对于交流电磁铁线圈要加阻容吸收回路；对于直流电磁铁线圈要加续流二极管；线圈中一般要串接限流电阻和作为工作指示灯的发光二极管。如图 4-6 所示为电磁铁线圈的保护回路形式，其电源不同，保护形式也不同。

图 4-6　电磁铁线圈的保护回路形式

3．电气性能

（1）防护等级

按设备工作环境的防尘、防湿要求确定并符合 IP 等级要求。

（2）温升与绝缘种类

一般电磁铁线圈为 B 种绝缘，最高允许温度为 130℃。

（3）电流特性

对于大型交流电磁铁类线圈，它的启动电流可达到保持电流的 10 倍以上，而对于先导式电磁阀和小型电磁阀的线圈，其启动电流约为保持电流的 2 倍左右。交流电磁阀的电流与行程有关，行程越大，启动电流越大，而直流电磁铁或电磁阀的线圈电流与行程无关。如图 4-7 所示为电磁铁线圈的行程与电流特性。

（4）吸力特性

交流电磁铁与直流电磁铁的吸力特性是相似的，当电压增加或减少时，两者的吸力都随着增加或减小；当动铁芯的行程增加或减少时，两者的吸力都随着增加或减小。但是，当动铁芯行程较大时，由于两者的电流特性不同，直流电磁铁的吸力将大幅度下降，而交流电磁铁吸力则下降缓慢。因此当电压一定时，交流或直流电磁铁的吸力与行程成反比。

图 4-7 交直流电磁铁线圈电流特性

（5）功率

交流电磁铁的功率用视在功率 UI 计算，单位为 VA；直流电磁铁用消耗功率 P 计算，单位为 W。当选择驱动电源的功率时，对于交流回路，首先要统计电磁阀或电磁铁的同时带电吸合启动的最大数量，并按启动电流×数量×电压计算启动需要的最大功率；其次统计启动后同时带电保持的最大数量，并按保持电流×数量×电压计算保持需要的最大功率；最后按启动与保持的最大功率之和酌情选取。

4．控制要求

（1）单控电磁阀的控制

在继电器和接触器的电气控制回路中，由于单控电磁阀具有断电复位功能，因此单控电磁阀用按钮、行程开关等主令电器启动时应采用自锁回路，防止因触点颤动造成阀的反复吸合，使阀线圈发热。在电气回路中，YA_1 和 YA_2 为二位单控电磁阀，与 KM_1 和 KM_2 接触器并联，当用按钮或行程开关控制时，则启动触点应加自锁，如图 4-8 所示为二位单控电磁阀电气控制自锁回路；如果采用 PLC 控制，须在梯形图中加自锁，如图 4-9 所示为二位单控电磁阀 PLC 控制自锁梯形图。

图 4-8 二位单控电磁阀电气控制自锁

（2）双控电磁阀的控制

对于二位双控电磁阀的控制，要保证两端线圈不能同时带电，但能同时断电，因此在电气控制回路中，YA_1 和 YA_2 为二位双控电磁阀，由 KM_1 和 KM_2 接触器控制时必须加互锁，以保证任何时间都只有电磁阀的一端带电或两端断电。

如图 4-10 所示为二位双控电磁阀电气控制互锁；如果采用 PLC 控制，应在梯形图中加互锁，如图 4-11 所示为二位双控电磁阀 PLC 控制互锁梯形图，也可采用如图 4-12 所示的二位双控电磁阀 PLC 控制的梯形图互锁与外部电路互锁。

图 4-9　二位单控电磁阀 PLC 控制自锁梯形图

图 4-10　二位双控电磁阀电气控制互锁

图 4-11　二位双控电磁阀 PLC 控制自锁梯形图

4.1.2　三位电磁换向阀

三位电磁换向阀是在两位双控电磁换向阀的基础上增加了对中弹簧，使双控电磁阀都断电的条件下出现了中间位置，使阀芯在阀体中具有左位、中位、右位共三个位置。因此三位电磁换向阀阀芯具有三个固定位置，同时三位电磁换向阀也属于双控电磁换向阀。由此可以看出三位换向阀将电磁控制换成液压控制或气动控制，形成了三位压力换向阀，因此三位换向阀包括电磁、液动、气动等控制形式，有三位电磁换向阀、三位液控换向阀等形式，压力阀的输出控制功率远大于电磁阀的输出控制功率。

图 4-12　二位双控电磁阀梯形图互锁和外部电路互锁

1. 结构原理

三位电磁换向阀主要由阀体、阀芯、对中弹簧、定位套、推杆、静铁芯、动铁芯（衔铁）、电磁线圈等组成。三位电磁换向阀利用阀芯在阀体的中位、左位、右位的三个固定状态，实现对其 A、B 输出端的压力变换。

（1）中位

如图 4-13 所示为三位电磁换向阀的结构原理，其状态为两线圈断电时的中间位置，压力进口 P 端和两端出口 A 和 B 被阀芯中间滑块密封，阀芯左右滑块不密封，此时 P 不通，A 和 B 与两端的回流口 T 接通。

P—压力进油口　T—回油口　A、B—出油口

图 4-13　三位电磁换向阀的结构

（2）右位

当左线圈通电时，左端动铁芯在线圈电磁力作用下右行，并带动推杆使阀芯右行，此时压力进口 P 端和出口 B 端的通道被阀芯中间滑块密封，B 和 T 接通，而 P 和 A 通，A 和 T 的通道被阀芯左滑块密封。如图 4-14 所示为左线圈带电阀芯被推杆右移后的阀体与阀芯的相对位置。

图 4-14　阀芯右移后的阀体与阀芯的相对位置

（3）左位

当右线圈通电时，右端动铁芯在线圈电磁力作用下左行，并带动推杆使阀芯左行，此时压力

进口 P 端和出口 A 端的通道被阀芯中间滑块密封，A 和 T 接通，而 P 和 B 通，B 和 T 的通道被阀芯右滑块密封。如图 4-15 所示为右线圈带电阀芯被推杆左移后的阀体与阀芯的相对位置。

图 4-15 阀芯左移后的阀体与阀芯的相对位置

（4）压力控制换向阀

如果将三位电磁换向阀的两端电磁铁去掉，并开压力控制孔，使压力作用到阀芯的两端，从而使阀芯左移或右移或在中位，则三位阀就演变成了液压或气动的压力换向阀。如图 4-16 所示为压力控制的换向阀，K_1 和 K_2 为压力控制端，K_1 有压力时阀芯右移；K_2 有压力时阀芯左移；K_1 和 K_2 无压力时，在两对中弹簧作用下，阀芯处在目前的中位状态。

图 4-16 压力控制的换向阀

2．换向阀的图形符号

换向阀的阀芯停留位置就是换向阀的工作位置，换向阀阀芯的工作位置称为阀的"位"，阀芯的停留位置数称为"位数"。而阀所要控制的主回路和液压与气动系统中回路相连通的回路接口即阀的进出口通路称为"通"，阀的主回路进出连接口数量称为"通数"。常用换向阀的结构原理与图形符号的对应表示形状要符合"GB/T786.1-1993 常用液压与气动元件图形符号"的标准要求。

如图 4-17 所示为压力换向阀的表示形式，图（a）为三位四通压力换向阀的结构图，图（b）为用符号表示三位四通压力换向阀的原理图。

（a）三位四通压力换向阀的结构图　　（b）压力换向阀图形符号

图 4-17 三位四通压力控制换向阀

（1）阀的"位"

用方框表示阀的工作"位"置，有几个方框就是几位阀，二位阀用两个方框表示，三位阀用三个方框表示。

（2）阀的"通"

在一个方框内，上下进出有几个油口，就称为几"通"。

箭头"↑"表示该"位"方框内上下两"通"是接通状态，符号"⊥"表示该"位"方框内该"通"口是堵塞状态。计算该方框中"↑"或"⊥"与其方框相交的点数之和就是通路数，有几个交点就是几通阀。箭头"↑"只表示两回路口相通，不表示流向；"⊥"表示此回路口被阀芯封闭（堵塞），处于不通流状态。

（3）阀的"常态"

三位阀中间的方框和二位阀出口"A 和 B"或"A 或 B"与执行元件直接连接的方框称为阀的常态位置，即上电初始化后未施加控制信号以前的原始位置。在液压与气动系统原理图中，换向阀的图形符号与油路或气路的连接状态，表示的就是常态位置，常态位要标出方向阀的出口代号"A 和 B"或"A 或 B"。

（4）阀的"复位"

用"W"形曲折符号表示弹簧，标注在三位阀的两侧代表对中弹簧，标注在两位单控阀一侧的代表复位弹簧。

（5）阀的"控制"

把直线中的虚线标注在三位换向阀或二位换向阀的两端，就代表该阀为三位压力换向阀或二位压力换向阀。把虚线标注在二位单控换向阀的一端，则表示其阀为单控压力换向阀。压力换向阀的阀芯是受液压或气压的压力控制的。

阀的电磁铁控制，就是把虚线换成电磁阀的符号，如图 4-18 所示，图（a）为三位四通电磁换向阀的原理图表示形式；图（b）为先导式三位四通电磁换向阀的原理图，其大型主压力阀为液压阀；图（c）为先导式三位四通电磁换向阀的原理图，其大型主压力阀为气动阀。

（a）三位四通电磁换向阀（直动式）

（b）先导式三位四通电磁换向阀（液控式）

（c）先导式三位四通电磁换向阀（气控式）

图 4-18　三位四通电磁换向阀

3. 方向控制阀的符号表示及三位方向控制阀的中位机能

以滑阀为例，如图 4-19 所示，表示其结构原理和应用场合。二位方向控制阀的阀芯：在阀体中，由于只有左和右两个位置，因此其阀也只有两个功能，只能用于回路接通和停止功能，或用于回路的正向运行和反向运行功能。

三位方向控制阀的阀芯：在阀体中，由于具有左、中、右三个位置，因此其阀除具有二位方向控制阀的功能外，还多出了中间位置，因此在回路中，利用三位方向控制阀的中间位置结构可以增加回路的功能。同时三位换向阀的常态为中位，因此，三位换向阀的中位又称为中位机能，按中位机能的滑阀结构可以设计成不同机能的三位阀，以满足不同回路对其性能的要求，从而形成不同特点的中位机能形式。

名称	结构原理	图形符号	作用与功能
二位二通			回路通断开关
二位三通			回路流动方向转换
二位四通			对双作用执行元件转向
三位四通			对双作用执行元件换向和对任意位置保持中位
二位五通			比二位四通增加一外部回流口T，少内部左右回流的连通通路与二位四通功能相同
三位五通			比三位四通增加一外部回流口T，少内部左右回流的连通通路与三位四通功能相同

图 4-19 方向控制阀的结构原理及应用场合

图 4-19 所示方向控制阀的结构原理和应用场合中，只给出了三位方向控制阀中位机能的断开保持形式，实际上中位机能有多种形式，如图 4-20 所示为滑阀中位机能的几种常见的结构形式，还可按照实际需要设计成非标准的结构形式。

中位机能一般分"O"形、"H"形、"Y"形、"M"形、"P"形共五种基本形式。"O"形为各回路口封闭，锁紧状态；"H"形为各回路口接通，A 和 B 端的执行元件浮动，P 端的泵压通过 T 端回流后形成有流量没压力的卸荷状态；"Y"形为 A 和 B 端的执行元件通过 T 端回流形成浮动状态，而 P 端的泵压被保持；"M"形为 A 和 B 端的执行元件被锁紧，P 端的泵压通过 T 端回流后形成卸荷状态；"P"形为 A 和 B 端的执行元件和 P 端连通后形成保压状态，对双杆缸具有浮动，或对于单杆缸具有差动，而 T 端被封锁。

形式	结构原理	图形符号	作用于功能
O形			各回路封闭锁紧状态
H形			各回路口接通，A、B端的执行元件浮动，P端泵压通过T端回流形成有流量没压力卸荷状态
Y形			A和B端执行元件通过T端回流形成浮动状态，P端的泵压被保持
M形			A、B端执行元件被锁紧，P端泵压通过T端回流，形成卸荷状态
P形			A、B端执行元件和P端连通形成保压状态，浮动或差动

图 4-20 滑阀的中位机能

4.1.3 液压单向阀

液压系统中常见的单向阀有普通单向阀和液控单向阀两种。

1. 普通单向阀

普通单向阀的作用是使流体油液只能沿一个方向流动，不许它反向倒流。图 4-21（a）所示是一种管式普通单向阀的结构。具有压力的流体从阀体左端的 P_1 口流入时，当流体压力作用在阀芯的端面时，其产生的作用力能克服弹簧作用在阀芯上的弹力时，就能使阀芯向右移动，打开阀口，并通过阀芯上的径向孔 a、轴向孔 b 从阀体右端的通口流出。但是当具有压力的流体从阀体右端的 P_2 口流入时，其对阀芯产生的作用力和弹簧力同向，并一起使阀芯锥面压紧在阀座上，使阀口关闭，从而使流体无法通过阀体，因此阀具有单向的压力导通性。图 4-21（b）所示是单向阀的符号表示图。

(a) 结构原理　　　　　(b) 图形符号

图 4-21　普通单向阀

2. 压力控制单向阀

如图 4-22（a）所示是压力控制单向阀的结构。当控制口 K 处无具有压力的流体通入时，它的工作机制和普通单向阀一样：具有压力的流体只能从 P_1 口流向 P_2 口，不能反向倒流。当控制口 K 有具有压力的流体时，因控制口活塞的右侧 a 腔有泄漏口，因此活塞在流体压力作用下会右移，推动顶杆顶开阀芯，使 P_1 口和 P_2 口接通，此时流体就可以在两个方向自由通流。因此 K 口无压力作用时，具有压力的流体具有单向流动性，只能从 P_1 口流向 P_2 口；而当 K 口有压力作用时，P_1 口和 P_2 口接通，两口具有双向流动性。图 4-22（b）所示是压力控制单向阀的图形符号。

(a) 结构原理　　　　　(b) 图形符号

图 4-22　压力控制单向阀

4.2　气动方向控制元件

对于气动系统而言，单向型控制阀除包括普通单向阀和气控单向阀外，还包括气动单向梭阀、或门型梭阀、与门型梭阀和快速排气阀等，液压与气动系统中的方向控制阀在各自的控制回路中，除传动介质和工作压力以及密封形式不同外，其阀的结构原理和控制方法都是相同的。气动单向梭阀是基于气动系统的空气传动介质黏度小和流动阻力低所特有的快速方向控制阀，而液压系统没有此类快速阀。在气动电磁换向阀中按润滑条件还分为不给油润滑和油雾润滑等。

4.2.1　或门型梭阀

在气压传动系统中，当两个通路 P_1 和 P_2 不允许与另一通路 A 同时导通，就要用或门型梭阀。或门型梭阀相当于两个单向阀的输出端汇合并形成腔体后引出一个输出端的组合形式。在逻辑回路中，它起到或门的作用。

如图 4-23 所示，当 P_1 进气时，将阀芯推向右边，通路 P_2 被关闭，此时气流从 P_1 进入，从 A 流出。反之，气流则由 P_2 进入 A。当 P_1、P_2 同时进气时，哪端压力高，A 就和哪端相通，另外一端就自动关闭。

图 4-23 或门型梭阀

4.2.2 与门型梭阀

与门型梭阀又称双压阀，如图 4-24 所示为与门型梭阀。如图（a）所示，P_1 有气压时，阀芯右移，压力进口 P_1 与出口 A 被阀芯截止；如图（b）所示，P_2 有气压时，阀芯左移，压力进口 P_2 与出口 A 被阀芯截止；如图（c）所示，只有当两个输入口 P_1、P_2 同时有压力气体且压力相同时，A 口才能有压力气体输出。当 P_1、P_2 口的气体压力不等时，则输出口 A 与气压低的口端导通，A 口输出压力较低的气体。图（d）为该阀的图形符号。

图 4-24 与门型梭阀

4.2.3 快速排气阀

快速排气阀又称快排阀。它能使汽缸在换向后实现快速排气和加快运动。图 4-25 所示为快速排气阀的工作原理。

图 4-25 快速排气阀

如图4-25（a）所示，当P口有压力气体进入时，将密封阀芯迅速上推，此时压力进气腔P与工作腔A相通，压力气体可由P口进入A口；当需要换向时，P口没有压力气体进入，此时A腔有压力而P口无压力，A腔和P口压差作用下，密封阀芯迅速下降，关闭P口，使A腔与O口接通，A腔压力气体可通过O口快速排气，如图4-25（b）所示，图4-25（c）为快速排气阀的图形符号。

4.2.4 方向阀的控制要点

应理解和掌握二位阀和三位阀及单向阀的控制要点。

1. 二位阀

① 二位阀中，双控电磁阀断电后具有记忆功能，可利用通电后实现断电保持的控制方式进行工作，既节电又减少电磁阀通电工作时间，更利于电磁阀的散热。
② 双控电磁阀不允许两端同时通电，双控压力阀不允许两压力控制端同时有压力。
③ 单控电磁阀断电后自动复位，单控压力阀其控制端失去压力后自动复位。

2. 三位阀

① 三位阀也属于双控阀，都有自动复位功能，没有记忆功能。
② 电磁阀不允许两端同时通电，压力阀不允许两压力控制端同时有压力。
③ 常态和复位后的状态为中位机能状态，应按中位机能设计回路的常态功能。

3. 单向阀

① 液压与气动系统都有普通单向阀和压力控制单向阀，而梭阀只有气动系统有。
② 压力控制单向阀具有单向阀的特点，只有控制端有压力时才具有双向作用，否则只具有压力的单向性。
③ 或门型梭阀为有压力端或压力高端与输出端导通，而另一端不导通。
④ 与门型梭阀为两输入端同时有压力且压力相同时，三端同时导通；否则压力低的输入端和输出端导通。
⑤ 快速排气阀其输入端有压力则与输出口接通，输入端无压力则输出口排气。

4.3 液压压力控制元件

液压系统的压力控制阀包括溢流阀、减压阀和顺序阀，都是利用直接或间接作用于阀芯上的系统压力与弹簧力的平衡作用来控制阀芯的开闭，以达到溢流稳压、阻力减压或定压开关的作用。

4.3.1 溢流阀

如图4-26（a）所示为溢流阀结构原理，该阀由阀芯、弹簧、螺丝调节手柄、阀体等组成，P为压力入口，T为溢流端或叫出口。螺丝调节手柄可调节弹簧的压力大小，阀芯在弹簧的作用下，与进口P压力保持平衡，当P压力增加时，其阀芯与阀体之间流体流通的间隙面积增加，从而流体溢流流量增加；当P压力减小时，其阀芯与阀体之间流体流通的间隙面积减小，从而流体溢流流量减小；当 P 压力小于调节的弹簧力对阀芯形成的压力时，其阀芯与阀体之间流体流通的间隙关闭，无流体溢流。图（b）为溢流阀表示图形，溢流阀一般工作在无溢流状态，溢流阀在节流调速系统中起定压溢流作用；在变量泵系统中起限压安全作用。根据调节流量的大小，一般低压小流量调节可采用直动式单阀结构，高压大流量调节采用先导阀（直动阀）与主阀（压力阀）的双阀结构。因此直动式溢流阀用于低压系统，先导式溢流阀用于中、高压系统。

（a）结构原理　　（b）直动式溢流阀图形符号　　（c）先导式溢流阀图形符号

图 4-26　溢流阀

溢流阀按照阀芯的结构分为锥阀、球阀、滑阀、带阻尼孔的滑阀、差动滑阀等多种形式，如图 4-27 所示为溢流阀阀芯的结构，A 为压力作用面积。溢流阀根据设定（弹簧）压力 p_0 与入口实际压力 p 的大小进行比较后，通过溢流方式消除多余的压力，实现入口压力调节，从而使入口压力稳定，通常状态下应将入口与溢流口之间的通道 T 调节为"不通"，即 $p \leq p_0$ 时，T 口"不通"；$p > p_0$ 时，T 口"通"。

先导式溢流阀设有一个远程压力控制口，通过它可以实现远程调压、多级压力控制和使液压泵卸荷等功能，如图 4-26（c）所示为先导式溢流阀图形符号，K 端为外部压力调节控制端。

先导式溢流阀由直动式先导阀的阀芯、弹簧、螺丝调节手柄和主阀的阀芯、弹簧以及阀体等组成；主阀的阀芯外侧有阻尼孔，阻尼孔直接与远程压力控制孔 K 和先导阀的阀芯密封阀口相通；主阀的阀芯开有中心孔，将先导阀的溢流孔与阀的回流端 T 连通。

1—阀芯　2—阀体　3—弹簧　4—螺丝调节手柄

图 4-27　溢流阀阀芯结构

如图 4-28 所示为先导式溢流阀结构原理图。

图 4-28 先导式溢流阀结构原理图

当进口 P 的压力较小时，压力流体通过阻尼口进入 K 通道，当压力大于设定压力 p_0 时，先导阀芯右移使弹簧压缩，从而达到流体压力与弹簧压力的平衡，此时 K 中压力流体通过阀口和先导阀的溢流孔以及主阀中心孔溢流到回流端 T，从而利用溢流方式消除高出的压力，使流体压力和设定弹簧压力保持平衡，进口压力值 P 等于设定压力值 p_0；当进口的压力较大时，阻尼孔会形成较大的阻力，此时压力流体直接推动主阀芯向上使主阀的弹簧压缩，从而使流体压力和主阀的弹簧压力保持平衡，此时主阀芯在进口与回流端 T 直接产生环形缝隙，同样利用溢流方式消除高出的压力，使进口压力值等于设定压力值 p_0。这就是先导式溢流阀对大小两种不同压力范围的压力流体的稳压原理。

4.3.2 减压阀

减压阀的作用是将较高的流体输入压力调到规定的输出压力，并能保持输出压力稳定，不受外部气候条件变化及流体压力源波动的影响。

减压阀的调压方式有直动式和先导式两种。减压阀实质上是一种简易压力调节器。减压阀根据流体的特点具有很强的专用性，特别是对腐蚀性液体，减压阀必须具有专用性。如图 4-29 所示，图（a）为先导式液压减压阀结构原理，图（b）为图形符号，用以说明其减压阀实现出口压力稳定的工作过程。

（a）结构图　　　　　（b）图形符号

图 4-29 先导式减压阀结构原理图（液压）

P_1 为压力入口，P_2 为压力出口，T 为溢流端。P_1 口油液经主阀芯边缘减压口 X 进入 P_2 口，P_2 口油液经主阀芯中心阻尼口进入先导阀芯 K 端，当 P_2 口油液压力小于或等于设定压力时，先导阀芯上的弹簧压力大于 P_2 口油液压力，先导阀芯不动，流到 K 端油液被阻止在先导阀口的外端，此时 P_2 口输出的压力与 P_1 口相同；当 P_2 口油液压力大于设定压力时，先导阀芯上的弹簧压力小于 P_2 口油液压力，此时先导阀芯左移，K 端油液进入先导阀口并经泄油口 T 端溢流，主阀芯上腔油液压力也被钳位到泄油口 T 端压力（0 压力），从而使得主阀芯上移，导致减压口 X 压力减小，阻力增加，P_1 口油液经减压口 X 减压后进入 P_2 口，使 P_2 口的输出压力接近设定压力，P_1 口压力大于 P_2 口压力，多余的压差降落在减压口 X，P_1 口与 P_2 口压力差越大，减压口 X 位移量越小则阻力越大且压降越大。因此减压阀是利用流体通过阀口缝隙所形成的压力损失与流量损失实现出口压力低于进口压力，并使出口压力基本不变的压力控制阀。减压阀入口与出口之间的通道处于常通状态，减压阀实现出口调节，它常用于某局部回路的压力需要低于系统主回路压力的场合。

减压阀实际上就是入口压力值与出口流体通道面积成反比且保证出口压力恒定的控制阀。如图 4-30 所示，图（a）为减压阀结构原理，图（b）为图形符号。

图 4-30 减压阀结构原理图

4.3.3 顺序阀

顺序阀与溢流阀结构相近，只是连接的位置有区别，如图 4-31 所示为先导式顺序阀的结构原理，图（a）为顺序阀结构原理，图（b）为图形符号。P_1 为压力入口，P_2 为压力出口，T 为溢流端，连通孔将主阀芯上腔压力通过先导阀芯的导通钳位到 T 端的回流压力（压力 0）。顺序阀与溢流阀的工作原理基本相同，只是顺序阀相当于一个入口压力控制的开关阀，不同于溢流阀对入口压力具有调整稳压作用，顺序阀在回路中相当于一个以流体入口压力作为信号来控制路径通断的流体开关。当进口压力高于设定压力时，进口和出口导通，反之不通，因而入口与出口之间的通道通常处于不通状态。顺序阀按照结构形式分为直动式和先导式，按照控制形式分为内控外泄式、外控外泄式、外控内泄式，如图 4-32 所示为几种顺序阀的表示图形。外控内泄式顺序阀有输入端 P_1 和溢流端 T，没有输出端 P_2，实际上是把 P_2 和 T 合二为一直接回流，因此把 P_1 直接回流，使压力为 0，成为卸荷阀。

图 4-31 顺序阀的结构原理图

图 4-32 几种顺序阀的表示图形

4.4 气动压力控制元件

气动压力控制元件和液压压力控制元件的结构原理相同,但用法上是有区别的,液压压力控制元件中,溢流阀实际上是稳压阀,减压阀用于二次压力调节,顺序阀则用于调整并联汽缸的动作压力,而在气动压力控制元件中,溢流阀的作用是用于气源最大压力的调整,因此溢流阀属于安全阀;而减压阀是作为二次的支路调压使用,属于调压阀;顺序阀则是按设定的压力控制其各执行元件的先后动作顺序,起到压力导通的开关作用,属于开关阀。

4.4.1 气动安全阀(溢流阀)

气动安全阀和液压溢流阀的工作原理是相同的,但使用的场合和作用是有区别的,见图 4-33,它主要用于锅炉、压力容器、管道,其功能是控制容器压力不超过上限值,当压力超过规定值,自动进行泄压处理或降温处理,以保证人身安全和设备安全。安全阀按结构分为弹簧式安全阀、杠杆式安全阀(杠杆和重锤的作用力)、脉冲式安全阀(先导式)。安全阀按介质排放形式不同分为全封闭安全阀(排气管排放)、半封闭安全阀(排气管与阀和杆间隙共同排放)、开放式安全阀(直接排大气)。按压力调节性可分为固定式安全阀和可调式安全阀。按温度高低可分为常温安全阀和高温安全阀。按使用场合可分为蒸汽锅炉安全阀、液体介质用安全阀、空气和其他介质用安全阀、液化石油气罐用或槽用安全阀等。

图 4-33 气动安全阀的图形符号

4.4.2 气动调压阀(减压阀)

气动调压阀是指和液压减压阀结构原理相同的气动减压阀,气动减压阀一般按使用压力、介质种类、工作温度的不同进行分类。气动减压阀包括溢流减压阀和直动减压阀,见图4-34、图4-35。

气动减压阀按结构和特点一般分为紧凑型减压阀、中等流量减压阀、常规高压减压阀、二级减压阀、低压大流量减压阀、专用减压阀(煤气减压阀、液化石油气减压阀、天然气减压阀、氧气减压阀)等。

图4-34 气动调压阀(溢流减压阀)的图形符号

图4-35 气动直动减压阀的图形符号

对于氨等腐蚀性气体的减压处理都需要用专用减压阀。常见的有氮气、空气、氢气、氨、乙炔、丙烷、水蒸气等专用减压阀。有些气体如氮气、空气、氩气等性能稳定气体,可以采用氧气减压阀实现压力调节。

一般的气体减压阀上都装有安全阀。它是保护减压阀安全使用的装置,也是减压阀出现故障的信号装置。如果由于阀门损坏或由于其他原因而导致出口压力自行上升时,当超过一定许可值时,安全阀会自动打开排气,保证系统承受的是最高安全压力。

4.4.3 气动开关阀(顺序阀)

气动顺序阀和液压顺序阀结构原理相同,其用法也基本相同,见图4-36,它可根据入口压力的变化控制其阀口的启闭。由于空气的可压缩性,气动系统的二次压力与负载阻力成正比并具有相对稳定性,因此气动单向阀与顺序阀一般配合使用,构成单向顺序阀,以控制不同的汽缸在不同的压力下能够稳定运行,见图4-37。

图4-36 气动顺序阀的图形符号   图4-37 气动单向顺序阀的图形符号

4.4.4 压力阀的控制要点

1)在液压系统中溢流阀属于稳压阀,采用入口稳压形式,入口压力端P和出口溢流端T处于常态"断开"。在气动系统中溢流阀属于安全阀,当压力大于安全阀设定压力时,安全阀将溢流排气。

2)减压阀属于出口稳定阀,只对输出压力进行稳压调节,而输入压力可能有变化,入口压力端P_1和出口压力端P_2处于常态"接通",而P_1和P_2与溢流端T处于常态"断开"。

3)顺序阀属于压力开关阀,入口压力端P_1、出口压力端P_2与溢流端T处于常态"断开"。

4)根据系统要求的工作压力、调压范围和使用流量的最大值及稳压精度来选择压力控制阀。根据系统的使用工作压力不同,减压阀输出压力可分级供给;大口径阀可用多个小口径减压阀并联代替。

5)在易爆等危险的场合,应选用远程压力控制阀,氧气用压力控制阀应严禁接触油脂,以免发生火灾事故。

6)在气动系统中要设置储气罐作为压力储能装置,以保证工作气源的压力稳定并起到延时供气的蓄能作用。

7）减压阀可水平安装或按要求垂直安装，减压阀前后应设置压力以便于压力调整。阀体上的箭头方向为流体的流动方向，安装时不能将方向搞错。为了延长减压阀的使用寿命，减压阀不用时应旋松手柄回零，以免使膜片长期受压引起塑性变形。减压阀清洗装配时，金属零件应用矿物油洗净，橡胶件用肥皂液清洗后还要用清水洗净并吹干。装配时，滑动部分的表面要涂润滑脂。

4.5 液压流量控制元件

液压流量控制元件主要指控制液压执行元件运行速度的控制元件，包括节流阀和调速阀两种。

4.5.1 液压节流阀

节流阀是通过改变流体流通截面积或流体阻力通道的长度来控制流体流量的阀门，可以认为主要是利用局部阻力的变化对流体流量进行控制的。节流阀包括普通节流阀和单向节流阀。

1. 普通节流阀

如图 4-38 所示为液压节流阀的工作原理，图（a）为节流阀结构原理，图（b）为图形符号。节流阀一般由阀体、阀芯、螺纹调节机构、固定螺母等组成，P_1 为压力流体入口，P_2 为压力流体出口，通过阀芯的上下调整，就改变了阀体与阀芯形成的通流截面积，也就改变了 P_1 与 P_2 口形成的压力差和 P_2 口流出的流体的流量 q。因此通过节流阀的流量 q 及其 P_1 与 P_2 前后压差 Δp 的关系可表示为：

$$q = KA\Delta p^m \tag{4-1}$$

式中：K 为节流系数，一般可视为常数；A 为节流阀流通截面积，与阀芯节流口的形状有关；Δp 为阀口前后压差；m 为由孔口形式决定的指数，$0.5 \leqslant m \leqslant 1$，即节流阀的流量 q 与节流阀流通截面积 A 和前后进出口的压差 Δp 成正比。

图 4-38 节流阀的工作原理

阀芯的结构决定了与阀体间形成的流通截面积和流体阻力通道的长度，因此利用阀芯的不同形式可得到不同的流量控制性能。

图 4-39 所示为节流阀的几种阀芯结构，图（a）为针阀结构，阀芯轴向移动，可改变环形节流口的流通截面；图（b）为偏心槽结构，阀芯上开有截面为三角形的偏心槽，转动阀芯，可改变流通截面的大小；图（c）为周向隙缝结构，在阀芯圆周方向开有一狭缝，狭缝在圆周上的宽度是变化的，转动阀芯，可改变流通截面的大小；图（d）为轴向三角槽结构，在阀芯端部沿圆周方向均

布开有三角槽，阀芯轴向移动，可改变环形三角槽节流口的流通截面；图（e）为轴向隙缝结构，在阀芯衬套上开有轴向缝隙，阀芯轴向移动，可改变环衬套节流口的流通截面。

图 4-39　节流阀阀芯的形式

2．单向节流阀

单向节流阀实际上是将单向阀和节流阀通过并联连接的组合阀。

如图 4-40 所示为液压单向节流阀的原理图。当流体从 A 流向 B 时，单向阀将节流阀短路，无节流效果；从 B 流向 A 时，单向阀截止，流体只能走节流阀通道，此时流体处于节流状态。因此单向节流阀只在 B 流向 A 时的单方向节流，而 A 流向 B 时相当于短路，不节流。

图 4-40　单向节流阀的工作原理

4.5.2　液压调速阀

在液压系统中，流量控制阀中的节流阀和调速阀，其控制作用虽然相同，但调速阀的控制精度更高，这是由于节流阀只对压力流体的流通截面进行调节，而当输入压力发生变化，则输入与输出间的压差发生变化，从而节流流量也会发生变化，造成节流流速会随着输入压力的变化而正比例变化的不稳定现象。调速阀则是首先对压力流体进行减压，保证压力稳定后再对其流通截面进行调节，当输入压力发生变化，输出压力不变，因此节流调节是在恒压状态下调节的。对调速阀而言，输入压力变化不会影响节流流速，可精确实现对驱动执行元件的压力流体的流量控制，从而控制缸或马达等执行元件的运动速度、延时阀的延时时间等。

1. 调速阀工作原理

如图 4-41 所示为液压调速阀的原理图,图(a)为调速阀结构,图(b)为结构图形符号,图(c)为调速阀图形符号。调速阀由减压阀阀芯、减压阀弹簧、流体通道、节流阀阀芯、节流阀弹簧等组成。P_1 为压力流体入口,P_2 为减压阀出口,P_3 为节流阀出口。当 P_1 压力升高,压力流体通过流体通道作用在减压阀阀芯上,使减压阀阀芯上移,从而造成进口 P_1 端与出口 P_2 端之间的流通面积减小,阻力增加,压降增加,使 P_1 升高的压力落在减压阀阀芯上,从而保证 P_2 端的压力稳定,节流阀出口 P_3 端的流量 q 具有稳定性,因此 P_1 与 P_2 前后压差 ΔP_{12} 是变化的,而 P_2 与 P_3 前后压差 ΔP_{23} 是恒定的,q 的流量不随进口 P_1 端的压力变化而变化。

图 4-41 调速阀的工作原理

2. 节流阀与调速阀的性能特点

如图 4-42 所示为液压调速阀与节流阀的流量与压力特性曲线。

节流阀的流量 q 随着输入压力 P_1 的增加而增加,而调速阀的流量变化分两部分,当输入压力 P_1 小于减压阀的设定输出压力 P_2 时,流量 q 随着输入压力 P_1 的增加而增加;当输入压力 P_1 大于减压阀的设定输出压力 P_2 时,流量 q 保持恒定。

图 4-42 调速阀与节流阀的流量与压力特性曲线

4.6 气动流量控制元件

气动流量控制元件主要指节流阀和单向节流阀以及排气节流阀等。气动系统所使用的节流阀和单向节流阀的原理与结构和液压系统使用的普通节流阀和单向节流阀的原理与结构相同,而排气节流阀是气动系统独有的流量控制元件。

4.6.1 气动排气节流阀

对于气动系统而言,对执行元件做功后的压缩气体,由于没有回收价值,在换向过程中直接排放,而排放速度直接影响执行元件的回程速度,因此出现了排气节流阀。排气节流阀和节流阀一样,是靠调节压力流体的流通面积来实现排放气体流量的控制,从而实现对气动执行元件回程速度的调节;由于声音是通过物体振动引起的,是通过对空气、固体、液体等介质的冲击进行传播的,因此当排放气流冲击空气时,将产生噪声,气流越大或冲击动能越大则噪声越大,因此将大气流分散成小气流,大冲击压力减缓成小冲击压力,对一点的集中释放变换成对面的多点释放,将能降低气动执行元件换向排气时的冲击噪声,从而要求排气节流阀具有消声作用,排气节流阀也叫消声排气节流阀。如图 4-43 所示为消声排气节流阀结构原理图,图(a)为结构图,图(b)为图形符号。消声排气节流阀由阀体、阀芯、消声套组成。阀芯与阀体入口间形成的节流口的大小是通过旋转手柄调节螺纹控制的,阀芯的轴向移动可使节流口发生变化,从而控制压缩气体的排放速度。消声套由多孔吸声材料制成,可增加气流排放面积、降低排放的气流压力。

图 4-43 消声排气节流阀

4.6.2 流量阀的选择与使用

(1) 根据液压与气动执行元件的进、排气口的通径来选择流量控制阀。

(2) 根据传动介质的类型(液或气)、工作压力、流量调节范围及应用场合(室内或室外等使用条件)选择流量控制阀的类型和参数。

对于气动系统而言,用流量控制的方法控制汽缸的速度,由于受空气压缩性及阻力的影响,一般汽缸的运动速度不得低于 30mm/s。在汽缸速度控制中,要注意以下几点。

① 要防止管路中的气体泄漏,包括各元件接管处的泄漏,如接管螺纹的密封不严、软管的弯曲半径过小、元件的质量欠佳等因素都会引起泄漏。

② 要注意减小汽缸的摩擦力,以保持汽缸运动的平衡。应选用高质量的汽缸,使用中要保持良好的润滑状态。要注意正确、合理地安装汽缸,超长行程的汽缸应安装导向支架。

③ 汽缸速度控制有进气节流和排气节流两种。用排气节流的方法比进气节流稳定、可靠。

④ 加在汽缸活塞杆上的载荷必须稳定。若载荷在行程中途有变化或变化不定,其速度控制相当困难,甚至不可能。在不能消除载荷变化的情况下,必须借助液压传动,如气—液阻尼缸、气—液转换器等,以达到运动平稳、无冲击。

4.7 液压比例阀、插装阀、叠加阀

在实际的液压系统中为便于系统参数的合理调整、大流量系统的可靠控制、系统元件的成套安装等,以达到缩小系统空间体积、减少系统阻力连接环节、提高系统自动化程度的目的,目前的液压系统大都把比例阀、插装阀、叠加阀作为首选元件。

4.7.1 液压比例阀

液压比例阀简称比例阀,比例阀具有直动阀和先导阀的结构特征,由比例电磁铁和液压阀构成,利用电信号可以按比例控制比例电磁铁的位移量,而电磁铁上的阀杆按位移量推动阀芯,从而实现阀芯平衡系统调定的压力、流量、方向等参数按电信号成比例变化。

普通液压阀对压力液体的压力和流量的控制都是通过预先调节的设定方式进行固定参数控制的;对于液压方向控制阀而言,由于普通电磁铁只有吸合和断开两个位置,因此,液压方向控制阀也只能进行二位或三位的换向控制,而比例阀包括压力、流量、方向等比例阀,比例阀是用比例电磁铁替代普通压力阀和普通流量阀的手动调节装置以及替代换向阀的普通电磁铁。因此,压力比例阀的压力和流量比例阀的流量以及方向比例阀的流量和方向等参数受相应比例阀电磁铁的比例调节与控制。

1. 比例电磁铁的结构

如图 4-44 所示为比例电磁铁原理图,图(a)为结构,图(b)为比例电磁铁和普通电磁铁的电磁力—位移特性曲线比较。比例电磁铁一般由推杆、衔铁、轴承环、限位片、线圈、工作气隙、隔磁环、非工作气隙、弹簧、导套等组成。衔铁的前端装有推杆,推杆直接与先导阀芯连接,按照线圈电流的大小产生电磁力,使电磁力与后端装有弹簧和调节螺钉的调零机构产生平衡作用,从而输出位移 X,实现对压力阀的参数调整。因此比例阀是利用对比例电磁铁的电流控制,实现对比例阀中先导阀的控制,从而达到对相应比例阀中压力阀的压力、流量、方向的比例控制。

图 4-44 比例电磁铁工作原理

如图 4-44 所示，由图（b）可以看出普通电磁铁衔铁的电磁吸力基本与间隙成反比。而比例电磁铁衔铁的电磁吸力具有阶段性，在 I 区衔铁的电磁吸力与间隙成反比，对应的位移为限位片的厚度，是非工作区；在 II 区衔铁的电磁吸力与间隙无关，对应的位移为工作气隙的厚度（轴向长度），是工作区；在 III 区衔铁的电磁吸力与间隙成反比，当大于工作气隙的最大长度时，此时线圈电流大于额定电流，弹簧的压缩厚度小于额定工作距离，是非工作区。因此比例电磁铁衔铁的工作位移行程为 II 区距离，在此行程内，不同的线圈电流产生对应的电磁恒吸力，与弹簧达到平衡后，使衔铁按比例产生位移，从而调节其相应的压力、流量、方向等参数。比例电磁铁是一种直流电磁铁。

2．比例电磁铁的性能要求

（1）比例电磁铁的功能

比例电磁铁的功能是将比例控制放大器输出的电信号转换成力或位移。由于比例电磁铁可以在不同的电流下得到不同的力（或行程），因此比例阀可以无级地改变压力、流量。

（2）比例电磁铁的类型

根据比例电磁铁的使用情况和控制对象及调节参数的不同，可分为力控制型、行程控制型和位置调节型等三种基本应用类型。

1）力控制型比例电磁铁

力控制型比例电磁铁直接输出电磁吸力，其工作行程较短，在工作区内，其输出力只与输入电流成比例，而与位移无关，不同的力对应不同的位移，具有水平的位移—力特性。

2）行程控制型比例电磁铁

行程控制型的比例电磁铁由力控制型比例电磁铁和负载弹簧组成。力控制型电磁铁的输出力通过弹簧转换成为输出位移，即行程控制型比例电磁铁利用电流—力—位移的线性转换，实现输出位移与输入电流成正比。

行程控制型与力控制型比例电磁铁的结构基本相同，只有使用条件有区别，二者的控制特性曲线是一致的，都具有水平的位移—力特性和线性的电流—力特性。

3）位置调节型比例电磁铁

如果比例电磁铁的衔铁位置通过位移传感器检测，构成位置反馈闭环控制系统，就形成了位置调节型比例电磁铁。只要电磁铁运行在工作区域内，其衔铁位置就保持与输入电信号成比例，而与力无关。位置调节型比例电磁铁在结构上，除了衔铁的位置具有传感器定位检测外，其余结构与力控制型、行程控制型比例电磁铁是相同的，是控制精度要求较高的比例电磁铁。

（3）对比例电磁铁的性能要求

① 要求比例电磁铁输出的机械力与电信号大小成比例，与衔铁位移无关，能把电气信号按比例地、连续地转换成机械力输出给压力阀。

② 响应速度快，滞后性小，动态性能好，输出的压力或流量达到稳定状态所需的时间即阶跃响应一般应小于 0.45s。

③ 有足够的负载输出力和行程。

④ 线性度好，灵敏度高，死区小，工作区域相对宽。

⑤ 要求比例阀在允许温升下能长期稳定工作。

⑥ 在流体压力系统的高压作用下，其抗干扰性能好。

⑦ 重复精度高，多次输入电流的最大差值与额定输入电流的百分比（即误差）越小重复精

度越好。

总之，力控制型比例电磁铁主要控制电磁输出力与线圈电信号之间的比例性，属于开环控制过程；行程控制型的比例电磁铁主要控制输出位移与力与线圈电信号之间的比例性，属于开环控制过程；位置调节型比例电磁铁主要控制衔铁输出位置的准确性或定位精度，属于闭环反馈控制过程。对于开环控制过程，通过增加相关参数的必要检测手段，可以实现系统的闭环控制。

3. 比例电磁铁的控制信号

由于比例电磁铁是一种直流电磁铁，因此其控制信号为直流模拟量形式，包括电流型和电压型两种形式。

模拟量一般是 4～20mA 的电流信号，或 0～10V 电压信号，或–5～+5V 电压信号等，实际上电压信号最终还要转换成线圈内的电流信号进行工作，因此可以说比例电磁铁的位移量 ΔX 是与电磁线圈电流 ΔI 大小成比例变化的参数量。比例电磁铁的控制应包括控制信号和与控制信号成比例的驱动电流以及要在线性工作区范围三个要素。

（1）模拟量控制

模拟量控制是指利用 4～20mA 的电流信号，或 0～10V 电压信号，或–5～+5V 电压信号，或 –10～+10V 电压信号通过驱动电路的比例放大实现对比例电磁铁的线圈控制。如图 4-45 所示为比例电磁铁模拟量控制原理框图。

图 4-45 比例电磁铁模拟量控制原理框图

① 可利用 4～20mA 的电流信号控制三极管类电流控制器件的驱动电路。

② 可利用 0～10V 的电压信号控制场效应三极管类电压控制器件的驱动电路。

③ 可利用–5～+5V 电压信号，或–10～+10V 电压信号控制三位换向阀线圈。三位换向阀的内部阀芯驱动线圈可以是一个也可以是两个，如果采用一个线圈，靠电压反相控制阀芯两边移动位置；如果采用布置在三位阀两边的两个线圈，两个线圈可以串联或并联，由一个正反向信号控制，两个线圈也可以采用分时方式单独控制。

（2）数字量控制

① 利用脉冲宽度调制（PWM）进行控制，PWM 是英文"Pulse Width Modulation"的缩写，简称脉宽调制，是利用微处理器数字输出脉冲的带宽变化来对场效应三极管模拟电路的输出电流进行控制，即用电压脉冲信号的"占空比"变化实现对比例电磁铁线圈的电流控制。如图 4-46 所示为 PWM 技术控制比例电磁铁的驱动电路，电压脉冲信号通过限流电阻 R_1，以及单向导通二极管 D_1，使场效应三极管导通；二极管 D_2 为续流二极管，R_2 为负载输出回路限流电阻，比例电磁铁一般由 24V 电压直接供电。

② 利用 PLC 等数字控制系统实现对比例电磁铁的闭环控制，如图 4-47 所示为 PLC 实现对比例电磁铁的闭环控制系统，此时，PLC 的数字输出信号通过 D/A 转换模块和驱动电路实现对比例电磁铁的线圈控制，当然也可以采用 PWM 控制形式；比例电磁铁动作后所控制的执行元件的状态参数，一般由位移传感器和压力传感器进行检测，位移检测信号和回路的压力检测信号一般均为模拟量的形式，需要通过 A/D 转换模块后送入 PLC，从而形成系统的闭环控制。如果传感器

的检测信号为数字信号,在 24V 电压的条件下,则可直接送入 PLC。

图 4-46　PWM 技术控制比例电磁铁的驱动电路

图 4-47　PLC 实现对比例电磁铁的闭环控制

4．比例阀

比例阀是一种其压力、流量、方向等参数能够被电信号连续调节并无级变化的控制阀。

（1）比例阀结构特点

1）比例压力阀

比例压力阀包括比例溢流阀、比例减压阀、比例顺序阀。

比例溢流阀包括直动型和先导型两种。直动型比例溢流阀采用比例电磁铁取代手动调节装置,而先导型比例溢流阀是用比例电磁铁取代先导型溢流阀中先导阀的手动调节装置（调压手柄）,从而可使远程压力控制和手动调节的普通先导型溢流阀,变成了溢流阀所稳定的压力可随比例电磁铁的线圈电流连续并按线性变化的比例溢流阀。如图 4-48 所示为比例溢流阀的结构原理,比例电磁铁线圈通过调节电流可以控制电磁铁的输出力 F,F 与先导阀构成平衡 $F_p=A_3 \cdot p_2$,调节稳定了由阻尼孔通道形成的压力 p_2;根据 $A_2 \cdot p_2=A_1 \cdot p_1$ 产生的平衡作用,使压力阀得到平衡,从而使压力阀开度（阀芯与阀体的缝隙大小）根据变化压力 p_1 与相对稳定压力 p_2 的平衡状态得到稳定调节,阀芯开度与 p_1 的变化趋势相同,从而使 p_1 不变化,负载得到稳定的压力 p_1。比例溢流阀一般还附有一个手动调整的（先导阀）安全阀,用以限制比例溢流阀的最高压力,以避免因电气控制装置发生故障使得"控制电流"过大而导致溢流压力超过系统允许最大压力的可能性。若输入信号连续地、按比例地或按一定程序变化,则比例溢流阀的入口端所调节的系统压力也连续地、按比例地或按一定的程序进行变化。因此比例溢流阀多用于系统的多级压力调节或实现连续的压力控制。

如果将直动型比例溢流阀作为先导阀与其他普通的压力阀的主阀配合连接,便可组成先导型比例溢流阀、比例减压阀、比例顺序阀。

图 4-48 比例溢流阀的结构原理

比例减压阀的出口压力可以跟随比例电磁铁的线圈电流连续变化，从而达到无级调节和控制。

比例顺序阀的入口开门压力可以跟随比例电磁铁的线圈电流连续变化，从而实现无级调节和控制顺序阀的开关动作压力。

如图 4-49 所示为比例溢流阀、比例减压阀、比例顺序阀的图形符号。利用比例电磁铁可以控制溢流阀的入口压力、减压阀的出口压力、顺序阀的开关导通压力。

（a）比例溢流阀　　（b）比例减压阀　　（c）比例顺序阀

图 4-49 比例压力阀图形符号

2）比例流量阀

比例流量阀包括比例节流阀和比例调速阀，是在普通流量阀的基础上，用比例电磁铁取代节流阀或调速阀的手动调节装置，实现用比例电磁铁线圈的电流输入信号控制节流口的开度，从而达到可连续地或按比例地远程控制其输出流量，实现对液压系统中执行元件的速度调节。

比例节流阀实际就是二位二通单控比例换向阀，节流阀关断位相当于比例电磁铁线圈没有电流，在节流阀导通位其流量与比例电磁铁线圈电流成正比；而比例调速阀则为先导阀结构，其流量随比例电磁铁线圈电流调节的稳定度高。如图 4-50 所示为比例节流阀和比例调速阀的图形符号。无论是比例节流阀还是比例调速阀，其节流阀芯由比例电磁铁的推杆操纵，输入的电信号不同，则电磁力不同，推杆受力不同，通过推动阀芯压缩复位弹簧实现力平衡过程后，便有不同的节流口开度以保证控制流量，因此一定的输入电流就对应一定的输出流量，不同的输入信号变化，就对应着不同的输出流量变化。

（a）比例节流阀　　　　　（b）比例调速阀

图 4-50　比例流量阀图形符号

3）比例方向阀

用比例电磁铁取代电磁换向阀中的普通电磁铁，便可以通过对比例电磁铁线圈的电流调节实现节流，而通过电压反向或电流为零实现换向，从而形成了直动型或先导型两位或三位比例方向节流阀。如图 4-51 所示为先导型三位四通比例方向节流阀图形符号，中位机能为 Y 形。当三位比例方向节流阀 a 和 b 两端比例电磁铁线圈串联或并联时，按照比例电磁铁线圈的电流变化，其所控制的阀芯行程可以连续地或按比例地跟随变化，因而连通口间的通流面积随着阀芯的移动也要连续地或按比例地跟随变化，从而实现流量调节；当比例电磁铁线圈的电流小于极限值或为零时，其电磁力不能与复位弹簧形成平衡力，则阀芯复位到中位，形成中位机能；当线圈电压极性改变使比例电磁铁线圈的电流方向改变，则阀芯在电磁力作用下向相反方向移动，从而形成换向；当换向后调节比例电磁铁线圈的电流时则同样可以控制换向后的输出流量，因此比例方向阀不仅可以通过换向来控制液压与气动系统中执行元件的运动方向，而且能通过节流控制其速度。通常比例方向阀称为比例方向节流阀，是一种既能调节流量又能控制方向并参加全过程调节的液压元件。

图 4-51　先导型三位四通比例方向节流阀图形符号

一般二位比例方向节流阀都为弹簧复位的单控阀形式，而对于三位比例方向节流阀而言，a 和 b 两端比例电磁铁线圈也可以分别控制。

（2）比例阀的发展

目前的比例阀，除了过去液压系统广泛使用的电液比例阀外，还有气动系统中应用的电气比例阀。气动比例阀是在微电子技术和计算机技术的迅速发展下，为满足现代工业化生产的自动化程度的日益提高而产生的。电气比例阀包括比例压力阀、比例流量阀、比例方向阀等。电气比例阀的出现解决了气动控制系统中只能选择动作频率相对较低的开关式（ON-OFF）换向阀来控制气路通断；靠减压阀等压力阀来调节气动执行元件所需要的压力；靠节流阀来调节气动执行元件所需要的流量等问题。电气比例阀一般为先导阀结构，由比例电磁铁和气动阀组成，比例电磁铁取代了压力阀与流量阀的单一调节装置和方向阀的普通电磁铁。电气比例阀通过改变阀内比例电磁铁输入电压或电流控制信号使其比例电磁铁产生相应移动，并使先导阀芯产生位移、阀口尺寸发生改变并通过平衡装置完成与输入电压或电流成比例的输出压力或流量或方向的控制，从而通过对电压或电流的控制实现对气体压力或流量或方向的输出调节。控制方式和电液比例阀相同，只是控制对象不同，由于气体介质比液体介质黏度低的原因，因此相对而言电气比例阀动作更快。

（3）比例阀与电液伺服阀

阀对流量的控制可以分为两种方式。一种是非连续的开关控制方式，其阀芯只能停留在行程的两个极限位，使得阀口要么全开，要么全关，造成控制流量要么最大，要么最小，没有中间状态，如普通的电磁换向阀、电液换向阀。另一种是连续控制方式，其阀芯可以在行程中任何位置停留，则阀口可以根据需要打开任意一个开度，从而使流量的大小能得到连续控制，这类阀有手动控制的，如节流阀；也有电控的，如比例阀、电液伺服阀等。

电液伺服阀是伺服阀的一种，伺服阀是液压伺服系统中最重要、最基本的组成部分，它起着信号转换、功率放大及反馈等控制作用。伺服阀可从不同的角度加以分类。按原理结构可分为滑阀、射流管阀和喷嘴挡板阀等。按控制信号形式可分为机液阀、电液伺服阀、气液伺服阀。按输出形式可分为位置伺服系统、速度或流量伺服系统、作用力或压力伺服系统，而电液伺服阀与电液比例阀具有电气控制过程的相似性和可比性。

1）伺服阀与比例阀的区别

目前伺服阀与比例阀之间的参数性能差别越来越小，这是因为比例阀的精度控制性能越来越好，逐渐靠近伺服阀。比例阀和伺服阀的区别主要体现在以下几个方面。

① 驱动装置不同。比例阀的驱动装置是比例电磁铁；伺服阀的驱动装置是力马达或力矩马达。

② 控制结构不同。伺服阀的控制器属于闭环反馈控制系统，伺服就是指具有反馈、调节、跟随的控制过程；而比例阀的控制器大部分为开环控制系统，也有闭环控制系统，比例代表的就是调节、跟随的控制过程。

③ 控制信号的精度不同。伺服阀中位没有死区，比例阀中位有死区。同时伺服阀的响应频率高于比例阀，可以达到200Hz左右，比例阀一般最高几十赫兹。

④ 阀芯结构及加工精度以及价格不同。比例阀采用阀芯+阀体结构，阀体兼为阀套。伺服阀采用阀芯+阀套的结构，加工精度也要求更高些。一般伺服阀的价格是相同流量的比例阀价格的5～10倍。

⑤ 对油液要求不同。伺服阀有过滤网，对液压油液需要精过滤，否则容易堵塞，而比例阀则相对要求较低。

⑥ 中位机能种类不同。比例换向阀具有与普通换向阀相似的中位机能，而伺服阀中位机能只有O形。

⑦ 控制信号的方式不同。比例阀大部分为直流单向调节控制信号，线圈为单作用形式；而伺服阀为交流双向调节控制信号，线圈为双作用形式。

2）伺服阀的图形符号

如图4-52所示为三位四通伺服阀图形符号，中位机能为O形。

图4-52 三位四通"O"形中位机能的伺服阀

4.7.2 插装阀

插装阀又称为插装式锥阀,是一种通流能力大,液阻小,密封性能好,动作灵敏,结构简单,标准化、通用化程度高,在液压回路中可实现回路通断功能的新型逻辑控制阀,它的通流量可达每分钟 1000 升,通流直径可达 200～250mm。由于它的功能比较单一,只有与普通液压控制阀组合使用时,才能实现对系统油液方向、压力、流量的控制,因此根据用途的不同,可组合成各种不同的方向阀组件、压力阀组件、流量阀组件。主要用于流量较大的系统或对密封性要求较高的系统。

1. 插装阀原理

如图 4-53 所示为插装阀原理图,(a)为结构原理图,(b)为图形符号。组件由阀体、阀芯、阀套、弹簧和密封圈组成。组件均有两个主油口 A 和 B 及一个控制口 C,A 口对阀芯作用面积为 S_A,压力 p_A,作用力 $S_A p_A$;B 口对阀芯作用面积为 S_B,压力 p_B,作用力 $S_B p_B$;C 口对阀芯作用面积为 S_C,压力 p_C,与 A 口和 B 口形成的平衡控制作用力为 $S_C p_C$ 与弹簧力 F_C;当 $S_C p_C + F_C > S_A p_A + S_B p_B$ 时阀口关闭;当 $S_C p_C + F_C \leqslant S_A p_A + S_B p_B$ 时阀口开启。

(a)结构原理　　　　(b)图形符号

图 4-53　插装阀的工作原理

2. 插装阀特点

(1)组合型

不同功能的阀可采用同一规格阀腔进行配合,组装成各种阀,如电磁换向阀、单向阀、溢流阀、减压阀、流量控制阀、顺序阀等,由于其装配过程的通用性、阀孔规格的通用性、互换性的特点,使用插装阀完全可以实现完善的设计配置,从而使插装阀广泛地应用于各种液压机械。

(2)体积小、成本低

由于插装阀的组合装配性和成套性,使其可实现批量生产,可减少采用插装阀的整套控制系统的制造工时,使必须安装的元件和连接的管路大大减少,实现了减少安装时间、减少泄漏点、减少易污染源、减少维修时间(因为插装阀不用取下管接头配件即可更换)、减少占用空间的特点,使高效、方便、占用空间小的优势在插装阀形成的系统中得到了充分体现。

（3）功能全、应用广泛

由于插装阀具有提高生产力和竞争力的优势，使得插装阀的应用在不断推进，目前已经广泛应用于多种工程机械、物料搬运机械和农业机械等。

利用开关特性，插装阀可作为闸阀、截止阀、旋塞阀、球阀、蝶阀和隔膜阀等截断阀使用，实现对管路中的介质进行接通或截断；也可作为止回阀（又称单向阀或逆止阀）使用，防止管路中的介质倒流可作为安全阀使用，防止管路或装置中的介质，压力超过规定数值，从而达到安全保护的目的；也可作为节流阀和减压阀等调节阀使用，实现对系统中流体介质的压力、流量等参数的控制；也可作为各种分配阀和疏水阀等分流阀使用，实现对管路中介质的分配、分离或混合。

3．插装阀的应用

（1）作为方向控制阀

如图 4-54 所示为采用二通插装阀作为单向阀，(a)为 A 端和 C 端连接形成 B→A 单向阀。(b)为 B 端和 C 端连接形成 A→B 单向阀。(c)为用二位三通液动阀控制 C 端压力，形成液控单向阀，液动阀左位工作时 A→B；液动阀右位工作时 AB 双向。

图 4-54　用二通插装阀做单向阀

如图 4-55 所示为采用二通插装阀作为换向阀。(a)为二位三通电磁换向阀控制 C 端压力，电磁换向阀左位工作时 A→B；电磁换向阀右位工作时 AB 双向，形成二位二通先导式电磁换向阀。(b)为二个二通插装阀的 C 端由二位四通电磁换向阀控制，电磁换向阀左位工作时 P→A，电磁换向阀右位工作时 A→T，形成二位三通先导式电磁换向阀。(c)为四个二通插装阀的 C 端由二位四通电磁换向阀控制，电磁换向阀左位工作时 P→A，B→T；电磁换向阀右位工作时 A→T，P→B，形成二位三通电磁换向阀。

图 4-55　用二通插装阀作为换向阀

(c) 作为二位四通换向阀

图 4-55 用二通插装阀做换向阀（续）

（2）作为压力控制阀

如图 4-56 所示用二通插装阀作为压力控制阀。(a) 为用压力阀控制 C 端压力，形成先导式压力阀。(b) 为用二位二通电磁换向阀控制 C 端压力，A、C 端用阻尼孔连通，电磁换向阀上位工作时构成先导式卸荷阀；电磁换向阀下位工作时构成先导式溢流阀。(c) 为在先导式溢流阀基础上，将 B 端作为输出端，构成顺序阀。

（3）作为流量控制阀

如图 4-57 所示为用二通插装阀作为流量控制阀。(a) 为改变阀口通流面积形成节流阀。(b) 为节流阀前串接减压阀构成调速阀。

(a) 结构原理　　(b) 作为溢流阀和卸荷阀　　(c) 作为顺序阀

图 4-56 用二通插装阀作为压力控制阀

(a) 作为节流阀　　(b) 作为调速阀

图 4-57 用二通插装阀作为流量控制阀

4.7.3 叠加阀

叠加式液压阀简称叠加阀，是以积木叠加的方式连接的液压阀。其阀体本身既是元件又是具有油路通道的连接体，阀体的上、下两面制成连接面，使每个叠加阀不仅具有某种控制功能，同时还起着油路通道的作用。它安装在换向阀和底板块之间，按一定次序叠加后，由螺栓将其串联固定为一体，从而将起压力、流量和方向控制作用的各个叠加阀组合成一体，形成各种典型液压回路系统。

一般来说，同一规格系列的叠加阀的油口和螺钉孔的位置、大小、数量都与相同规格的标准换向阀相同。因此应选择同一通径系列的叠加阀，按功能要求叠合在一起并用螺栓紧固，组成所需的液压传动系统。

1．叠加阀种类

叠加阀按功能可分为方向控制阀、压力控制阀、流量控制阀三类。其中方向控制阀仅有单向阀，最上层的换向阀不属于叠加阀。

2．叠加阀规格

叠加阀常见的标准通径规格有 6mm，10 mm，16 mm，20 mm，32 mm 共五个系列，基本上与传统板式液压阀相同，可适用于不同流量工作环境的场合。

叠加阀的额定压力为 20MPa。

叠加阀的额定流量范围为 10～200 l/min。

3．叠加阀的图形符号

如图 4-58 所示为叠加式溢流阀的图形符号。（a）为 Y1-F-10D-P/T，（b）为 Y1-F-10D-P1/T。Y 表示溢流阀，F 表示压力等级，10 表示通径尺寸为 10mm，D 表示叠加阀，P/T 表示进油口为 P，回油口为 T。

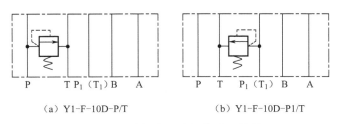

(a) Y1-F-10D-P/T　　(b) Y1-F-10D-P1/T

图 4-58　叠加式溢流阀的图形符号

4．叠加阀的组装

叠加阀的组装要求与传统板式单向阀大体相同，但叠加阀自成体系。要特别注意各阀体的安装面位置是否配合对应，以避免出现泄漏。组装步骤如下。

① 根据液压回路要求选择同一通径系列的叠加阀互相叠加，首先叠放叠加阀与电磁换向阀，并将叠加阀带 O 形圈的一面朝向底板（基础板）。

② 在叠加阀插进螺栓之前，确认叠加阀的油孔位置正确无误，对齐叠加阀螺丝安装孔。

③ 插进叠加阀专用安装螺丝，确保每个螺丝均用规定扭力拧紧。

5．叠加式液压系统的特点

① 结构紧凑、体积小、质量轻，安装及装配周期短。

②　便于通过增减叠加阀实现液压系统的变化，系统重新组装方便、迅速。
③　元件之间无管连接，消除了因管件、油路、管接头等连接引起的泄漏、振动和噪声。
④　系统配置灵活，外形整齐，使用安全、可靠，维护、保养容易。
⑤　标准化、通用化、集成化程度高。

6．叠加阀的缺点

因为叠加阀的安装特点，所以同一组叠加阀只能够选用相同通径进行安装，选型灵活性相对不如传统板式液压阀。

由叠加阀形成的液压系统，其结构原理的直观性差。

一套叠加阀一般只能实现一个简单系统，但叠加阀的配套使用就可以实现复杂回路了，因而一个阀块上出现很多排叠加阀的情况是很常见的。

4.8　气动比例阀

气动比例阀与液压比例阀结构原理相同，也是由比例电磁铁控制阀芯的位移从而控制其系统执行元件所承受的二次压力、运行速度以及暂停或换向的运动变化，因此气动比例阀包括气动比例减压阀（调压阀）、气动比例流量阀、气动比例方向阀。在传统的气动控制系统中，如果某一执行元件要想要有多个输出力和多个运动速度，就需要用多个减压阀、节流阀并通过换向阀的切换实现，而利用比例阀（压力、流量、方向）并通过控制比例电磁铁线圈的不同的电流参数（例如用 PLC 在不同时刻输出不同参数的模拟电流），就能使同一个执行元件输出作用力的大小和运行速度及方向有不同的参数指标。

包括气动比例阀在内的气动电磁阀（方向、压力、流量）中，应关注最高响应（动作或换向）频率与设备的环境使用温度这两个重要参数指标。

最高响应频率指电磁阀所能反复切换的最高次数，其单位是赫兹，电磁阀最高换向频率不仅取决于开关速度，还与电磁铁温升、阀的构造和工作寿命等因素有关。通常，小型直动式电磁阀约为 10～20Hz，大型先导阀约为 10Hz 左右，高频电磁阀可达 30 Hz。

通常电磁阀的工作环境温度为 5～50℃，温度下限是指由排气时绝热膨胀引起的温度下降不会使空气中的水分结冰的温度。温度上限是由电磁阀材料本身耐温范围所决定的。当排气产生结冰或温度过高破坏电磁阀绝缘时，将导致电磁阀工作不可靠或故障。

4.8.1　气动比例减压阀（调压阀）

气动比例减压阀主要应用于气动系统二次压力的调整，也叫比例调压阀，如图 4-59 所示为气动比例溢流减压阀图形符号，具有减压和调压的作用。

传统的气动比例调压阀是利用电流或电压信号通过比例放大器控制比例电磁铁驱动阀芯移动，从而实现对输出口的开度控制，并通过毛细管的气路反馈，达到其弹簧压力的平衡，实现对输出压力的稳定调节，属于开环控制结构。而现在的新型气动比例调压阀，可以实现闭环控制，即由压力传感器实现电气反馈，从而达到压力的精确控制，实现输入电流或电压与输出流体压力的同步比例变化。这种新型气动比例调压阀简称气动比例伺服调压阀，其性能介于比例阀和伺服阀之间，结构上具有比例阀的简洁和伺服阀的反馈特点。

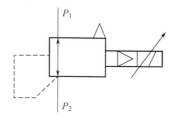

图 4-59　气动比例溢流减压阀图形符号

气动比例减压阀主要参数包括工作介质（应按气体种类如氧气、天然气、空气等选择调压阀），供气压力（系统能承受的最高气体压力），温度范围（气体温度和使用的环境温度），电源（外接工作电源），控制信号（指控制信号形式，电压 0～10V；电流 4～20mA），输出信号（故障报警），接线方式（插座或端子分布），功耗（消耗的功率）等。可以通过 PLC 等主控单元输出不同的控制给定信号（电流或电压）值，进而调节其气动系统输出的二次压力值，与比例电磁铁的控制方式相同。

4.8.2　气动比例流量阀

气动比例流量阀一般指气动比例节流阀和气动单向比例节流阀。如图 4-60 和图 4-61 所示分别为气动比例节流阀和气动单向比例节流阀的图形符号。传统的气动比例流量（节流）阀，是利用电流或电压信号通过比例放大器控制比例电磁铁驱动阀芯移动，从而实现对输出口的开度控制，调节其流量，属于开环控制结构，而现在的新型气动比例流量阀，可以实现闭环控制，即由位置传感器实现电气反馈，从而达到开度的精确定位，实现输入电流或电压与输出流体通道截面积的同步比例变化，属于气动比例伺服流量阀，性能参数介于比例阀与伺服阀之间。

图 4-60　气动比例节流阀图形符号　　图 4-61　气动单向比例节流阀图形符号

4.8.3　气动比例方向阀

气动比例方向阀和液压比例方向阀原理、结构相同，控制形式相同，只是图形符号有区别。因此气动比例方向阀包括二位阀和三位阀，大部分二位阀的基本功能一是反向短路或正向断路，即实现反向直通与正向阻断，二是正向的节流调节作用，用于流量控制，可以说二位阀具有通断换向和单向节流功能。而三位阀的基本功能则包括实现换向、正向节流与反向节流、中位机能等，可以说三位阀具有换向与双向节流功能和中位机能。气动比例方向阀既有换向功能也有节流调速功能。如图 4-62 所示为三位四通气动比例方向阀结构图，由比例电磁铁控制推杆的动作量，其动作变量 Δx 的大小与比例电磁铁线圈的电流大小成正比，而不是只有（额定电流）通和断，其阀芯移动量 Δx 与阀芯的通流截面积成正比，因此比例电磁铁线圈的电流大小（电流 4～20mA；或承受电压 0～10V）与阀的通流截面积（0～最大值）成正比。

(a) 结构图

(b) 图形符号

图 4-62 三位四通气动比例方向阀

思考题

1. 换向阀在液压系统中起什么作用？有哪些类型？
2. 简述液控单向阀的工作原理。
3. 三位换向阀的中位机能指的是什么？
4. 液压压力控制阀有哪几种形式？它们的共同点是什么？
5. 溢流阀的作用有哪些？
6. 流量控制阀有哪几种形式？
7. 影响节流小孔流量稳定性的因素有哪些？
8. 画出下列元件的图形符号：
（1）单向阀；
（2）三位四通"H"形中位机能的带弹簧复位的电磁换向阀；
（3）直动式溢流阀；
（4）内控外泄式顺序阀；
（5）单向节流阀；
（6）调速阀。
9. 插装阀有哪些特点？
10. 简述叠加式系统的优缺点。

第5章 常用检测元件

本章第一节介绍了能够在磁性材料作用下导通的干簧管及霍尔元件等磁性传感器组成的检测开关。第二节介绍了电感式接近开关、电容式接近开关。第三节介绍了利用光反射和光敏效应形成的光电式编码器及旋转编码器等检测器件的结构、特点及使用方法。第四节介绍了压力开关及超声波开关以及单一型传感器的形式。第五节主要介绍了模拟量与数字量之间信号传递与转换电路的结构原理。通过本章的学习，要求学生能够掌握自动控制检测元件的种类及各个器件的工作原理和方法，进而组成自动控制系统。

本章教学目标：掌握各类传感器的结构原理，结合液压与气动系统的控制形式能合理选择传感器的种类，能理解各控制信号之间的转换关系				
	重　点	难　点	教学方法	教学时间
第一节	磁性传感器的作用、原理	磁性开关的种类和检测对象	讲授	0.5 课时
第二节	电感式、电容式接近开关的作用、原理	电感式、电容式接近开关的检测对象	讲授	0.5 课时
第三节	光电式及旋转编码器等检测器件的结构、原理	光电式及旋转编码器等检测器件的种类及正确使用方法	讲授	0.75 课时
第四节	专用型传感器的种类	各类传感器的选型	讲授	0.25 课时
第五节	传感器信号的传递过程	各信号之间的转换关系	讲授	0.5 课时
合计学时（min）				2.5 课时

在液压与气动控制系统中，沿直线运动的汽缸和液压缸以及进行旋转运动的气液摆动马达和旋转马达，其运动行程和运动趋势要通过对相关参数的检测才能被方向、压力、流量等控制元件进行合理控制和准确定位。一般直线运动的行程检测主要通过气液缸带动掷子或磁块运动进而触压行程开关、感应接近开关、遮挡或反射光电开关发出的光或触发磁块磁化干簧管开关及霍尔开关等方式，达到利用传感器实现对定位点的检测目的，而旋转运动的转角或周长检测主要通过马达同轴带动码盘或旋转编码器，并在码盘上设置均匀分布的金属、磁块、孔等，利用金属体触发接近开关、磁块触发干簧管开关及霍尔开关、旋转孔瞬间导通光电开关等手段记录导通次数，实现对低转速运动行程的检测；通过编码器实现对高转速运动行程的检测。对气液缸活塞杆输出压力的检测和马达输出轴旋转压力的检测，除可借助溢流阀和顺序阀间接检测外，还可借助压力开关直接进行检测。

目前在精度测量方面，直线距离测量采用光栅尺或磁栅尺，旋转弧度距离或角度测量采用旋转编码器，其感应控制原理相同。

工程上常用的检测器件称为传感器，传感器是一种能把物理量或化学量转变成便于利用的电信号的器件。总之传感器是可以实现状态测量与检测的反馈元件。

传感器是测量装置和控制系统的首要环节。传感器能够对原始参数进行精确可靠的测量，传感器在信号转换、信息处理、最佳数据的显示和控制等方面应用广泛。因此，没有精确可靠的传感器，就没有精确可靠的自动检测控制系统。

传感器主要用于对各种工艺变量（如温度、液位、压力、流量等）、电子特性参数（如电流、电压等）和物理量（如运动强度、速度、负载力等），以及物体的接近与定位等的测量，其应用领域涉及机械制造、工业过程控制、汽车电子产品、通信电子产品等各个方面。

目前应用广泛的传感器包括压力传感器、光电传感器、位移传感器、超声波传感器、温度传感器、湿度传感器、光纤传感器等。

光纤传感器中的光纤是光导纤维的简写，是一种利用光在玻璃或塑料制成的纤维中的全反射现象而实现的光传导工具。

5.1 磁性传感器

磁性传感器是指能对磁性元件进行检查的器件。

5.1.1 磁性开关

电子舌簧式行程开关是将舌簧片、保护电路和指示灯等用合成树脂封装在一个模块（盒子）内。当行程开关进入磁场时，由于磁场对触点的磁化作用，使得触点快速闭合，行程开关接通并能输出一个电控信号。

如图 5-1 所示为舌簧式磁性开关动作原理，图（a）为开关汽缸的结构，图（b）为舌簧开关在磁块作用下形成了动作区域。

（a）开关气缸的结构　　　　（b）舌簧开关在磁块作用下形成了动作区域

1—动作指示灯 2—保护电路 3—开关外壳 4—导线 5—活塞 6—磁环 7—缸筒 8—舌簧开关

图 5-1 舌簧式磁性开关的工作原理

将舌簧开关用合成树脂固定于盒内形成磁性开关块，带有磁环的汽缸活塞向右运动到 A 位置，舌簧开关进入磁场内，两簧片被磁化而相互吸引，触点闭合，发出一电信号；活塞运动到 B 位置时，舌簧开关离开磁场，簧片失磁，触点自动脱开。（A-B）区间称为磁性开关的动作范围。同样，活塞向左反向运动时，簧片动作触点闭合范围是（C-D）区间。有触点式磁性开关的动作范围一般在 5~14mm。（B-C）区间和（D-A）区间称为磁滞区间，此区间通常小于 2mm。扣除两侧磁滞区间的动作范围，（A-C）范围为最可靠动作区域，磁性开关块对汽缸活塞的定位点应确定在此区间，其中间位置称为最高灵敏度位置。若磁环停止在磁滞位置，则开关动作不稳定，易受外界干扰。

5.1.2 霍尔式传感器

以霍尔接近开关为例说明霍尔式传感器的工作原理。

1. 霍尔效应

霍尔接近开关的工作原理基于霍尔效应。所谓霍尔效应是指金属或半导体薄片置于磁感应强度为 B 的磁场中，磁场方向垂直于薄片，当有电流流过薄片时，在垂直于电流和磁场的方向上将产生电动势 U，这种现象称为霍尔效应（Hall Effect）。其表达式为 $U=K \cdot I \cdot B/d$，其中 K 为霍尔系数，I 为薄片中通过的电流，B 为外加磁场（洛伦兹力）的磁感应强度，d 是薄片的厚度。由此可见，霍尔效应的灵敏度高低与外加磁场的磁感应强度成正比。

2. 霍尔开关

霍尔开关的输入端是以磁感应强度 B 来表征的，当 B 值达到一定的程度时，霍尔开关内部的触发器翻转，霍尔开关的输出电平状态也随之翻转。输出端一般采用晶体管输出，和接近开关类似，有 NPN、PNP、常开型、常闭型、锁存型（双极性）、双信号输出等形式之分。霍尔接近开关一般是将霍尔元件、稳压电路、放大器、施密特触发器、门电路等集成在同一个芯片上形成霍尔集成电路，当有外磁场作用时，霍尔集成电路有电压输出，如图 5-2 所示为霍尔式接近开关的工作原理示意图，无论是哪种结构，当磁力线穿过芯片时，霍尔开关都动作，有输出。

霍尔开关具有无触点、低功耗、使用寿命长、响应频率高等特点，内部采用环氧树脂封灌成一体化结构，所以能在各类恶劣环境下可靠工作。霍尔开关可应用于接近开关、压力开关、里程表等的控制中，作为一种新型的磁控电气配件，具有寿命长、响应快、无磨损的特点。但安装时要注意磁铁的极性，如果磁铁极性装反，开关将无法工作。

（a）轴向接近式　　　　（b）滑过式　　　　（c）分流翼片式

1—霍尔元件　2—磁铁　3—运动部件　4—软铁分流翼片

图 5-2 霍尔式接近开关工作原理

5.2 接近传感器

接近传感器是指检测元件对物体的检测采用非接触的形式，利用被检测物在一定的距离范围内，对检测物形成的原有环境进行了改变，从而影响了检测物的输出状态，实现了对该类被检测物的有无检测。

5.2.1 电感式传感器

以电感式接近开关工作过程说明电感式传感器的工作原理。电感式接近开关属于一种开关量输出的位置传感器，它由 LC 高频振荡器和放大处理电路组成，利用金属物体与磁性感应头接近时，造成传感器内部电路感应头线圈的电感量参数发生变化，由此识别出有无金属物体接近，进而用参数变化产生的电信号控制开关的通或断。这种接近开关所能检测的物体必须是金属物体。

具体检测过程为：被检测金属物的位移变化→转变为电感量变化→形成电路的电压或电流变化→实现开关通或断。

1．结构特点

① 传感器的感应头能检测所有穿过或停留在高频磁场中的金属物体。
② 传感器的感应头与被测金属物体是非接触式的，即感应头与被测物体不直接接触。
③ 传感器的感应头无需配专门的机械装置如滚轮、机械手柄等作为接触媒介。
④ 传感器靠感应头与内部电子电路装置接收检测信号，便于信号处理。

2．电感式接近开关的基本工作原理

外界的金属物体对传感器的高频振荡器产生非接触式感应作用。振荡器是由缠绕在铁氧体磁芯上的线圈构成的 LC 振荡电路。振荡器通过传感器的感应面，在其检测位置产生一个高频交变的电磁场。当外界的金属导电物体接近这一磁场，并到达有效感应区时，在金属物体内产生涡流效应（阻尼现象）。这一振荡的变化，会被开关的后置电路放大处理并转换为一个确定的输出信号，触发开关驱动控制器件，从而达到非接触式目标检测的目的，其原理结构如图 5-3 所示。

图 5-3　电感式接近开关工作原理

电感式接近开关对不同金属材料额定检测距离是不同的，使用时必须进行检测距离修正。

5.2.2 电容式传感器

以电容式接近开关为例说明电容式传感器的工作原理。它和电感式接近开关的工作原理基本相同，也由 LC 高频振荡器和放大处理电路组成，只不过是利用电容量参数发生变化，由此识别出有无被检测物体接近，进而用参数变化产生的电信号控制开关的通或断。

1．结构形式

电容式接近开关的感应面由两个同轴金属电极构成，很像"打开的"电容器的两个电极。电容器的两个电极连接在高频振荡的回路中。当无测试目标时电路维持稳态。当测试目标接近传感器表面时,它就进入了由这两个电极构成的电场,引起两个电极之间的耦合电容增加,电路开始振荡。每次振荡的振幅均由数据分析电路进行检测,当要检测的物体达到设定的距离时就形成开关信号。

2. 原理分析

电容式接近开关既能被导体目标感应,也能被非导体目标感应。以导体为材料的检测目标对传感器的感应面形成一个反电极,使电容量增加,电容量的增加取决于被测物体在电场中的介电常数,所以金属测试目标可获得最大开关的检测距离。在使用电容式传感器时不必像使用电感式传感器那样,对不同金属采用不同的校正系数。在检测具有较低介电常数的物体时,可以通过调节回路中的多圈电位器来增加感应灵敏度。与电感式传感器相比,由于检测参数不同的缘故,电容式传感器除检测头结构各异外,其余部分原理相同,如图5-4所示。

图 5-4 电容式接近开关工作原理

5.3 光电式传感器

以光电开关为例说明光电传感器的工作原理。光电开关是用来检测物体的靠近、通过等状态的光电传感器。从原理上讲,光电开关是由红外发射元件与光敏接收元件组成的检测元件,其检测距离可达数十米。

5.3.1 工作原理

光电检测的原理是被检测的物体可阻断或部分反射发射器发出的光束,而接收器是光敏元件,可通过光照变化产生输出控制信号,最终根据被检测物阻断或反射光照结果来控制开关的通断状态。

当接收器接收到光线时,光电开关有输出,被称为"亮态操作";当光线被阻断或亮度低于一定数值时,光电开关有输出,被称为"暗态操作"。光电开关动作的阈值是由许多因素决定的,包括检测目标的反射能力及光电开关的灵敏度。所有光电开关都采用调制光,以便有效地消除环境光的影响。

5.3.2 光电开关的结构和分类

如图 5-5 所示为光电开关类型及应用,光电开关可分为遮断型和反射型两类。
遮断型的发射器和接收器相对安放,轴线严格对准。
反射型分为反射镜反射型及被测物体反射型(简称散射型)两种结构。

反射镜反射型传感器单侧安装，需要调整反射镜的角度来取得最佳的反射效果，它的检测距离不如遮断型。

图 5-5 光电开关类型及应用

散射型安装最为方便，并且可以根据被检测物上的黑白标记来检测，但散射型的检测距离较小，一般只有几百毫米。

光电开关中的红外光发射器一般采用功率较大的红外发光二极管（红外 LED），而接收器可采用光敏三极管、光敏达林顿三极管或光电池。为了防止日光灯的干扰，可在光敏元件表面加红外滤光透镜。

如图 5-6 所示，光电模块传感器相当于集成电路，它是把光电二极管、放大器、施密特电路及稳压电源合成一个模块。当有光照射时，输出端 OUT 输出低电平，即模块内部晶体管导通；反之，模块内部晶体管截止。

图 5-6 光电传感器内部结构

5.3.3 光电编码器

1. 光电编码器工作原理

光电编码器是一种通过光电转换将输出轴上的机械几何位移量转换成脉冲或数字量的传感器。电源的工作电压一般为+5～+24V 直流电源。光电编码器是利用旋转的光栅盘或码盘的转速与栅孔透光形成的脉冲数或成正比的原理、实现用脉冲数统计转数或转速的计数检测装置。光栅盘是在一定直径的圆板上等分地开通若干个长方形孔，并安装在发光源和光接收器之间，码盘孔与二者同轴于码盘同心圆上，当孔与发光源和光接收器成一条直线时，光接收器感光，而非孔处光接收器不感光。由于光电码盘与电动机同轴，电动机旋转时，光栅盘与电动机同速旋转，经发光二极管和光敏三极管等电子元件组成的检测装置能输出与电机转数成比例的若干脉冲信号，脉冲的数量等于电机转数与码盘上孔数的乘积，其光电编码器结构原理如图 5-7 所示。

旋转轴与光栅板同轴旋转，发光二极管发出的光经棱镜散射成束状平行光，经光栅板上的栅孔和防散射光照射的固定光栅的定向通道，实现对光敏三极管的照射，并通过放大电路后输出高电平信号；当光被光栅板遮挡时，放大电路输出低电平信号；每经过光栅板上的一个栅孔，放大电路就输出一个脉冲信号。通过计算每秒光电编码器输出脉冲的个数就能反映当前电动机的转速。此外，为判断旋转方向，码盘还可提供相位相差 90º 的两路输出脉冲信号。信号 1 和信号 2 的组成电路相同，只是光照位置滞后偏移，使信号 1 输出脉冲 A 和信号 2 输出脉冲 B 的相位相差 90º。

图 5-7　光电编码器

脉冲形成过程如图 5-8 所示。

图 5-8　光电编码器脉冲形成原理示意图

当光电编码器的轴转动时，A、B 两根线都产生脉冲输出且相差 90º 相位角，由此利用逻辑变换电路，可测出光电编码器转动方向与电机转速。如果 A 相脉冲比 B 相脉冲超前则光电编码器为正转，否则为反转。A 组用来测量脉冲个数，B 组与 A 组配合可测量出转动方向。

对于一个自控系统而言，当光电编码器由反馈信号测出的脉冲个数与计算出的给定信号的标准值有偏差时，可根据电压与脉冲个数的对应关系计算出输出给伺服系统的增量电压 ΔU，经过 D/A 转换，再计算出增量脉冲个数。

图 5-9　光电编码器逻辑变换结构

如图 5-9 所示为光电编码器逻辑变换结构原理图，利用 D 触发器对 A 组脉冲和 B 组脉冲进行逻辑变换，由于 D 触发器的 CLK 脉冲上升沿触发，触发时 Q 端（W1 端）要与 D 端状态一致，

OUT-L 端可以是 A 脉冲或 B 脉冲或独立的基础脉冲。

2. 编码器的分类

根据检测原理，编码器可分为光学式、磁式、感应式和电容式，根据其刻度方法及信号输出形式，可分为增量式、绝对式以及混合式三种。

（1）增量式编码器

增量式编码器是直接利用光电转换原理输出三组方波脉冲 A、B 和 Z 相；A、B 两组脉冲相位差 90°，从而可方便地判断出旋转方向；而 Z 相用于基准点定位。

（2）绝对式编码器

绝对式编码器是直接输出数字的传感器，在它的圆形码盘上沿径向有若干同心码盘，每组同心码盘都由透光和不透光的扇形区相间组成，径向相邻码盘上码道的扇区数目是双倍关系，码盘上的码道数是它的二进制数码的位数，即按 2^n 位数（2、4、8、16）进位排列，在码盘的一侧是光源，另一侧对应每一码道有一光敏元件，当码盘处于不同位置时，各光敏元件根据受光照与否转换输出相应的电平信号，直接形成二进制读数。对应于每一个角度的位置，都是由机械结构决定的唯一性位置，在检测角度小于 360°时选用单圈绝对式编码器，在检测角度大于 360°时选用多圈绝对式编码器。

（3）混合式绝对编码器

混合式绝对编码器一般可输出两组信息，一组为绝对信息；而另一组具有增量式编码器的输出信息。

3. 光电编码器的应用

（1）角度测量

直接利用步距角脉冲的产生和计数统计进行角度测量，可以实现汽车方向盘的助力控制、扭转角度仪显示输出等。

（2）长度测量

利用滚轮周长来测量线形物体的长度和距离，从而实现"计米器"功能。对于拉线位移传感器，则可利用收卷轮周长计量长度。如果与实现直线位移的动力装置的主轴联轴，并通过输出脉冲数的计量和运算，就能实现长度的联轴直测。目前加工设备上的长度精密测量主要采用磁栅尺和光栅尺，都是利用感应原理产生脉冲并计数实现对长度的测量统计。

（3）速度测量

利用角度和时间的关系，可实现线速度和角速度的测量。

（4）位置测量

在电梯、提升机、切断型机床等控制方面，可以检测和记忆设备运行到达的位置，从而实现自动化控制。

（5）同步控制

通过角速度或线速度的测量，可实现对多个传动环节的步进角反馈，并进行同步控制，以实现转速、转矩等的同步控制。

4. 接近开关的应用

接近开关的种类很多，在工业中主要用于产品计数、测速、确定物体位置并控制其运动状态以及自动安全保护等。

（1）接近开关应用过程中应注意的问题
① 自感式及差动变压器式接近开关只能检测导磁物体。
② 电涡流式接近开关只能检测导电良好的金属物体。
③ 电容式接近开关对接地的金属及地电位的导电物体以及非金属等都能检测。
④ 磁性干簧开关（也叫干簧管）属于磁性开关，只能检测磁性较强的物体。
⑤ 霍尔式接近开关也属于磁性开关，只能检测磁性物体。

从广义上讲，大多数非接触式传感器均能用于接近开关。例如光电传感器、微波和超声波传感器等，它们的检测距离一般可达数米甚至数十米，是电子类开关器件。

（2）接近开关与传统机械开关相比所具有的特点
① 非接触检测，不影响被测物体的运行工况。
② 不产生机械磨损和疲劳损伤，工作寿命长。
③ 响应快，一般响应时间可达几毫秒或几十毫秒。
④ 采用全密封结构，防潮、防尘性能较好，工作可靠性强。
⑤ 无触点、无火花、无噪声，适用于要求防爆的场合（防爆型）。
⑥ 输出信号强，可与计算机或 PLC 等接口连接。
⑦ 体积小，安装、调整方便。

5.4 其他类型传感器件

主要指特殊用途传感器。

5.4.1 压力开关

压力开关是一种当输入压力达到某一给定值时，电气开关接通，并发出电信号的装置，常用于需要压力控制和保护的场合。

压力开关由感受压力变化的压力敏感元件、调整给定压力大小的压力调整装置和电气开关三部分构成。

压力敏感元件一般采用膜片、膜盒、波纹管和波登管（弹簧管）等弹性元件，也有用活塞的。

压力敏感元件的作用是感受压力大小，将压力转换为位移量。常采用压敏元件、压阻元件，其体积小，精度高，能直接将压力转换成电信号输出。

力传感器（荷重传感器、拉力传感器、扭矩传感器）、压力传感器（表压传感器、绝压传感器、密封压力传感器）、差压传感器、液位传感器等都是由敏感元件构成的传感器。

5.4.2 超声波接近开关

由发射器发射出来的超声波脉冲作用到一个声反射物体上并被反射，当反射的声波（回声）回到发射器位置的反射器上时，这段发射波或反射波单程经过的时间周期与该超声波速度的乘积就是由波源到被检测物的距离，因此可以利用计时产生的开关信号来检测被测物的距离或位置。

当被检测物对波源的距离发生改变时，接收到的波的频率会发生偏移，这种现象称为多普勒效应。声呐和雷达就是利用这个原理制成的。利用多普勒效应可制成超声波接近开关、微波接近开关等。当有物体移近时，接近开关接收到的反射信号会产生多普勒频移，由此可以识别出有无物体接近。

5.4.3 单一性专用传感器件

大部分传感器都属于敏感元件类传感器，敏感元件类传感器是由某类敏感材料构成的单一功能的检测元件。

敏感元件是指能敏锐地感受某种物理、化学、生物的信息并将其转变为电信息的特种电子元件。这种元件通常是利用材料的某种敏感效应制成的。敏感元件可以按输入的物理量来命名，如热敏（热敏电阻器）、光敏、（电）压敏、（压）力敏、磁敏、气敏、湿敏元件。在电子设备中采用敏感元件来感知外界的信息，可以达到或超过人类感觉器官的功能。敏感元件是传感器的核心元件。随着电子计算机和信息技术的迅速发展，敏感元件的重要性日益增大。

敏感元件按输入与输出关系特性可归纳为两类，一类是缓变型，另一类是突变型，如图 5-10 所示。

缓变型的输出信号在一较宽的范围内随输入信号的增大而逐渐增加或减小（图 5-10 曲线 1 和 2），突变型在输入信号的某个很窄的范围内有突变反应，而在此范围外变化较小（图 5-10 曲线 3 和 4）。

对敏感元件的基本要求是：灵敏度、稳定性和可靠性高，互换性和过程重复性好，在某些情况下还要求有高的响应速率。

常用的敏感元件主要有：热敏电阻、压敏电阻、磁敏元件、光敏元件和湿敏元件等。

1．压电效应传感器

压电效应可分为正压电效应和逆压电效应。正压电效应是指在晶体受到某固定方向外力的作用时，内部就产生电极化现象，同时在晶体的两个表面上产生符号相反的电荷；当外力撤去后，晶体又恢复到不带电的状态；当外力作用方向改变时，电荷的极性也随之改变；晶体受力所产生的电荷量与外力的大小成正比。

逆压电效应是指对晶体施加交变电场引起晶体机械变形的现象，又称电致伸缩效应。用逆压电效应制造的变送器可用于电声（电声音乐）和超声工程。压电敏感元件的受力变形有厚度变形型、长度变形型、体积变形型、厚度切变型、平面切变型这 5 种基本形式。压电晶体是各向异性的，并非所有晶体都能在这 5 种状态下产生压电效应。例如石英晶体就没有体积变形压电效应，但具有良好的厚度变形和长度变形压电效应。

切变一般指方向相反的对称变化。

基于压电效应的压电材料，可分为压电单晶、压电多晶和有机压电材料。

用压电材料可以生产压电效应传感器，压电效应传感器大多是利用正压电效应制成的。

2．光敏电阻器

光敏电阻器是由光敏材料构成的电阻敏感元件，元件电阻值随入射光（一般指可见光）强弱而变化。通常入射光增强时，电阻值下降。光敏电阻器对入射光的响应与光的波长和所用材料性质有关。制造光敏电阻器的材料主要是镉的化合物，如硫化镉、硒化镉和两者的共晶体——硫硒化镉。其次还有锗、硅、硫化锌等。光敏电阻器一般用于光强控制和光电自动控制系统中的亮度检测。光电开关、光电计数、光电安全保护和烟雾报警器等方面的检测元件都由光敏电阻器构成。

3．力敏元件

力敏元件指电参数随外界压力改变而变化的敏感元件。力敏元件种类繁多，如电阻式、电容式、压电式等。最常见的是金属应变计和半导体应变计。金属应变计通过受外力的作用使金属箔和金属丝伸长或缩短，从而使电阻值发生变化来完成信息的转换功能。应变材料多采用铜、镍等金属和合金。半导体应变计是利用半导体材料的压阻效应制成的。图 5-11 表示 N 型硅的电阻值随压强的变化曲线。

图 5-10 敏感元件的典型特性曲线

图 5-11 N 型硅的电阻值与静压强的关系

由图 5-11 可见，在压强在某一固定值以下时，N 型硅的电阻值随压强的变化为线性。利用这一线性段可制成半导体应变计。半导体应变计又可分为体型（单一晶体）和扩散型（掺杂）两种。扩散型半导体应变计利用半导体平面工艺制成，性能优良，具有很大的发展前途。

力敏元件的基本参数为灵敏度，即电阻值的相对变化量与应变量的比值。金属应变计的灵敏系数为 2～3，而半导体应变计的灵敏系数为 20～200。力敏元件可用来测量压力、位移、扭矩、加速度、气压、气体流量等物理量。

4. 磁敏元件

磁敏元件是一种磁电转换元件，包括霍尔元件、磁阻元件、磁敏二极管、磁敏晶体管等。霍尔元件也称为霍尔发生器，是利用霍尔效应制成的半导体器件。霍尔元件的磁灵敏度用某一给定控制电流条件下的霍尔电压与磁感应强度的比值来衡量。磁阻元件是利用半导体材料的磁阻效应工作的。它的磁灵敏度称为磁阻系数，即磁阻元件在某一磁场强度下的电阻值与零磁场时电阻值之比。利用磁场为媒介，磁敏元件可用于测量位移、振动频率、压力、角度、转数、速度、加速度、流量、电流、电功率等物理量。

5. 气敏元件

气敏元件是指电参数随外界气体种类和浓度变化而变化的敏感元件。气敏元件的气敏效应机理尚处于探索阶段。一般认为，气体的吸附和解吸会导致半导体表面能带结构的畸变，使宏观电阻值发生变化。半导体气敏元件灵敏度高、结构简单、使用方便、价格低廉。许多氧化物材料如 ZnO、SnO_2、Fe_2O_3、Cr_2O_3、MgO、NiO 等都有气敏效应。最常用的气敏材料有 SnO_2 和 ZnO，它们的检测灵敏度和温度有关。气敏元件主要应用在防灾报警、防止公害、检测计量等领域。

6. 湿敏元件

湿敏元件是指电参数随环境湿度变化而变化的敏感元件。湿敏元件包括电解质湿敏元件、有机高分子膜湿敏元件、金属氧化物湿敏元件和陶瓷湿敏元件等。湿敏电阻器的灵敏度以相对湿度变化 1%时的电阻值变化率来表示。多数湿敏电阻器的电阻值随湿度增加而减小，这类湿敏电阻器称为负特性湿敏电阻器。也有少数湿敏电阻器的电阻值随湿度增加而增加。湿敏元件主要用于湿度测量和控制，按测湿范围可分为高湿型、低湿型、全湿型三类。它在气象、食品、纺织、轻工、空调、仓库设施中获得广泛的应用。

7．热释电式接近开关

用能感知温度变化的敏感元件做成的开关叫热释电式接近开关。这种开关是将热释电器件安装在开关的检测面上，当有与环境温度不同的物体接近时，热释电器件的输出便变化，由此便可检测出有物体接近。热释电式接近开关经常使用在楼道及室内外公共活动场所进行照明及电气控制等。

5.5 检测信号的传递与转换

随着电子技术的发展，特别是微电子技术的发展，使得检测技术、计算机技术得到了广泛的使用。数字化的显示系统、数字化的控制系统、智能化仪表、智能化调节器等都是由数字化的集成电路构成的模块化逻辑功能控制系统。模拟信号调节控制电路已被数字信号逻辑控制电路所取代。数字电路主要利用逻辑功能的特点实现系统的核心控制，同时也由于数字信号的优势，使得数字控制得到了快速发展。

目前模拟电路主要用于传感检测系统的前级信号放大、执行机构系统的后级功率驱动放大以及不同电压等级和信号模式的转换等，从而出现了不同形式的转换电路。

5.5.1 现场信号的传递过程

图 5-12 所示的是一个通用数字控制系统的信号采集和控制的传递转换过程。

现场设备的非电量参数经传感器等一次仪表检测后转换成电信号，一次仪表生成的这个电模拟信号一般要经变送器等二次仪表的模拟放大和输出，这个模拟输出信号首先要通过模数转换电路生成相应的数字量信号，数字量信号就能被计算机等数字化控制系统所接收，并经过相应的数字比较、逻辑运算、参数调整等过程，生成新的偏差调节过程参数，这个过程参数作为现场设备执行元件的控制信号，还要经过数模转换电路生成模拟控制信号，再进行功率放大后就可驱动和控制现场设备的执行元件，执行元件通过回转运动、直线运动、电磁吸合、高温加热等实现对现场设备的操作。因此数字电路的输入信号部分和输出信号部分都要有不同形式和功能的转换电路，而数字电路的发展是由于数字信号的优势得到了人们的认识。数字信号传递的优势包括以下几个方面：

① 数字信号便于存储，例如"1"代表高电平或有磁或有压力等，而"0"代表低电平或无磁或无压力等，总之"1"和"0"可以用对立的两个形态代表。

② 由于信号采用高低电平的脉冲数字形式，"1"电平和"0"电平有高度差和脉冲宽度的限制，因此短距离传送具有很好的抗噪和抗干扰特性，尤其在远距离传送时，可采用中继接收方式，各个中继站能够完整地将所收到的数字信号再生出来，能从根本上消除传输过程中的噪声和干扰，从而在各中继站之间，信号传输过程中所混入的干扰就不会产生积累和放大。

③ 对于信号的加载调制和恢复解调电路都采用数字电路，可以利用逻辑集成电路的专用模块化结构，因此其可靠性和稳定性都很高。

图 5-12 通用数字信号系统的信号传递控制过程

④ 数字信号传输的信号频带较宽。

⑤ 模拟信号的信号形式、幅值大小、频率高低等参数变化大，而数字信号的幅值、脉冲宽度、频率等参数变化小。

按照上述模拟信号和数字信号相关的参数特点，通常涉及到的转换电路的形式应包括电流电压变换电路、电压电流变换电路、电平转换电路、模数转换电路、数模转换电路等。

5.5.2 数字式智能仪表

数字式智能仪表是指由单片机控制的集参数设置、传感检测、测量数据的储存和记忆、数据结果的统计和逻辑判断及程序处理、数据结果的显示和信号输出、输入输出信号转换于一体的检测单元。如图 5-13 所示为数字式智能仪表的结构原理。

图 5-13 数字式智能仪表的结构原理

1. 输入电路

在检测输入电路中，被测量通过传感器、放大器等组成的输入电路经 A/D 模数转换，以脉冲方式送入单片机系统。

2. 补偿环节

在信号非线性补偿环节中，还要采用模拟式非线性补偿法、非线性模/数转换补偿法或数字式非线性补偿法等对采集参数进行非线性补偿，以免由于检测误差造成控制误差；如果检侧元件或变送器的输入输出线性关系很好，或是对显示控制的精度要求不高，非线性补偿环节也可省略，或通过分段选择不同规格检测元件的线性范围等保证测量的准确度。

3．人机联络

在人机指令交互信息环节中，通过键盘实现人机数据设置和程序输入，程序按照控制精度的要求和输出显示方式及输出信号形式以及打印、通信、数据存储格式的要求进行设计并保存在程序存储器 REPROM 和数据存储器 RAM 中。

4．打印接口

在输出打印环节，智能仪表一般可通过打印机接口支持微型打印机定时输出打印。

5．通信接口

在各主控单元的通信环节中，智能仪表的通信接口一般通过设置可以满足 GPIB 通用接口总线、USB、RS232、RS422、RS485 等协议要求。

6．显示电路

在智能仪表的显示电路或接口中，通过计数器对所接收的脉冲信号进行计数，再经译码器等环节将测量结果用十进制数显示出来，根据显示输出要求可驱动 CRT 阴极射线显像管、LED 发光二极管、LCD 液晶显示器等显示设备，以便操作人员能直接精确地读取所需的数据，由于人眼反应时间在 0.5s 左右，因此显示输出刷新周期应小于 0.5s。

7．信号输出

在智能仪表的信号输出接口，可将传感器的测量结果以比例的关系通过 D/A 数模转换后，用 0～10V 电压信号，或 4～20mA 电流信号的形式输出，当然也可以直接输出数字信号。

8．标度变换

标度变换的实质就是量程变换，通过它可输出信号和显示设备所表征的温度、压力、流量或液位等被测参数的工程量。因为测量值与工程值之间往往存在一定的比例关系，如 10V 或 20mA 代表着最大值可能是 1000℃、5000Pa、100m^3、500mm 等单位，其工程值是测量值乘上某一常数，才能被智能仪表直接输出和显示。而这种标度变换可以在模拟部分的输入/输出环节中接入，也可以在数字部分的输入/输出加入。在 PLC 控制系统中，最简单的标度变换就是利用乘、除系数和传送指令实现不同数据的转换。

思考题

1. 光电传感器有几种感应形式？各种感应形式的特点是什么？
2. 光电编码器一般由几部分构成？阐述其各种形式和工作特点。
3. 光电开关有哪几种类型？
4. 目前广泛应用的传感器有哪些？
5. 数字式智能仪表指的是什么？
6. 简述现场检测信号的传递过程。
7. 敏感元件包括哪几种？

第6章 动力源

要点概述

本章第一节主要介绍了液压源的结构组成和主要性能指标,并介绍了齿轮泵、叶片泵、柱塞泵、螺杆泵等动力元件的结构和工作原理以及蓄能器、油箱、滤油器等辅助元件的结构和工作原理;第二节主要介绍了气压源(简称气源)的结构组成和主要性能指标,并对空气压缩机及后冷却器、油水分离器、储气罐、干燥器、气动三联件等气源净化设备的结构和工作原理进行了介绍;第三节详细讲述了间隙密封、O形密封圈、唇形密封圈、组合式密封装置、回转轴用密封装置等密封件的结构和原理;第四节讲述了管路中输送管、管接头的种类和结构以及管道系统的选择要求。

本章教学目标:掌握液压与气动动力源的结构原理,熟悉动力源各组成部分的功能和应用,理解各功能元件的符号画法并能正确表示,能准确描述不同种类密封元件的性能,能合理选择连接管路				
	重　　点	难　　点	教学方法	教学时间
第一节	液压源的作用、原理、结构、特点、组成	液压源各组成部分的功能和应用,理解各元件的符号画法并能正确表示	讲授	1.75课时
第二节	气源的作用、原理、结构、特点、组成	气源各组成部分的功能和应用,理解各元件的符号画法并能正确表示	讲授	0.75课时
第三节	液压与气动系统密封元件的结构和种类	不同种类密封元件的性能	讲授	1.75课时
第四节	液压与气动系统管路连接的形式	管路的正确选用	讲授	0.75课时
合计学时(min)				5课时

动力源主要指能为系统提供能源动力的装置,是一种能量源。自然界中太阳产生的光能、电磁能;高低温差的作用使气流运动产生的风能;河水的流动产生的水动能;物体自由落体运动产生的动能;煤炭、煤气、汽油、柴油、天然气、木材等的燃烧产生的热能;水加热形成蒸汽产生压力能等都属于不同形式的动力源。自然界的能量存在形式从宏观上可分为固态、液态、气态三类,自然界的一切物质也都具有能量,运动形式不同其能量形式也不同,如机械运动的结果是产生动能和势能,物体分子热运动的结果是产生内能,电磁转换运动的结果是产生电磁能,化学反应的结果是产生化学能等,同时,这些运动形式可以用特定的状态参量来表示。当运动形式发生变化或运动量发生转移时,能量也从一种形式转化为另一种形式,从一个系统传递给另一个系统;在转化和传递中总能量始终不变,这就是能量转化和守恒原理,适用于人间万物。只要有能量转换,就一定服从能量守恒的规律;能量守恒定律反映了自然界的普遍联系,各种自然现象都不是孤立的,而是相互联系的。在人和各个生物体的生命活动过程中也都需要消耗能量和转化能量,这些能量来自生物体内糖类、酯类和蛋白质等有机物的氧化分解。生物体内的有机物在细胞内经过一系列的氧化分解,最终生成二氧化碳或其他产物,并且释放出(运动)能量,这个生物氧化过程一般是通过生物体的呼吸作用实现的。

在液压与气动控制系统中其动力源包括电源、气源、液压源。采用电机可将电源的电能转化成机械能，再利用齿轮泵、叶片泵、柱塞泵、空气压缩机等动力元件将机械能转化成液压源和气压源。

气源与液压源是自动控制系统应用广泛的动力源，气源一般工作压力相对较低，常用于压力小于 1MPa 的低压系统，适合于远距离传输，系统各个工作元件相对于液压元件加工工艺简单，制作成本较低，同时气动控制系统是一个对环境无污染、传动介质不回收、传动介质可压缩、只有动力单回路输出的传动控制系统。而液压源一般应用于工作压力大于 1MPa 的中高压传动控制系统，液压控制系统是一个工作平稳、反应快、冲击小、可频繁实现启动制动过程、输出较大的力和转矩、其传动介质具有不可压缩性并形成高压输出和低压回流的循环回路，是密闭的传动控制系统。

6.1 液压源的结构组成

液压源是将常压液体转换成压力液体的装置，提供的是液压能。

如图 6-1 所示，液压源主要由液压泵、压力表、溢流阀、回油过滤器、冷却器、吸油过滤器、出口单向阀、油温检测、空气过滤器、加热器、液位检测、油箱等组成。

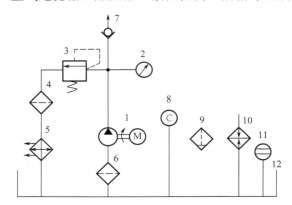

1—液压泵 2—压力表 3—溢流阀 4—回油过滤器 5—冷却器 6—吸油过滤器
7—单向阀 8—温度检测 9—空气过滤器 10—加热器 11—液位检测 12—油箱
图 6-1　液压源的组成

液压源的主要指标是压力液体的压力、流量、温度。在选择液压源时，要求液压源的压力和流量大于设备系统工作时所需要的最高压力和瞬时最大流量。应按照系统要求对液压源的液压泵进行合理配置和选择，根据运行工况、功率大小和工作性能首先确定液压泵的类型，然后按系统所要求的压力、流量大小确定其规格型号。温度是传递介质的重要指标，当温度超过 60℃时液压油会加速老化变质，容易造成液压管路结垢或堵塞，影响系统正常工作，一般液压源的介质工作温度应控制在 50℃以下，超过 50℃时应加装冷却器。

6.1.1　液压泵的分类

在液压控制系统中，液压泵可将电动机或内燃机等原动机输出的机械能转换为系统工作液体的压力能，是液压源中的动力元件，主要提供符合系统流量和压力等工作要求的油、水、乳化液等液体压力介质,是系统不可缺少的核心元件。

液压泵必须具有周期变化的密封容积和压力单向配流装置才能正常工作。只要具备这两个条件就能形成具有液体压力差输入输出端的各种泵。对液压泵来说,原动机带动泵旋转,使泵的密封容积发生变化,并用配流装置使密封容积压缩腔产生高压液、低压吸液腔轮流与压力液输出管、回流液箱单向导通。对动力元件而言,最重要的结构参数是压力和排量。不同类型的泵具有不同的额定压力和输出流量。在运转过程中,泵的工作压力和流量是随外界负载变化的。

液压泵的分类方式很多,它可按压力的大小分为低压泵、中压泵和高压泵;也可按流量是否可调节分为定量泵和变量泵;还可按泵的结构分为齿轮泵、叶片泵、柱塞泵和螺杆泵。其中,螺杆泵用于低压系统,齿轮泵和叶片泵多用于中、低压系统,柱塞泵多用于高压系统。

6.1.2 液压泵的主要性能和参数

液压泵的性能主要围绕输出压力和流量的状态进行评价。

1. 压力

(1) 工作压力

液压泵实际工作时的输出压力称为工作压力。工作压力的大小与外接负载的大小和输液管路上压力损失的大小有关,而与液压泵的流量无关。

(2) 额定压力

液压泵在正常工作条件下,按试验标准规定(额定负载条件下)可连续运转的最高压力称为液压泵的额定压力。

(3) 最高允许压力

在超过额定压力的条件下,根据试验标准规定,允许液压泵短暂运行的最高压力值,称为液压泵的最高允许压力。

2. 排量和流量

(1) 排量 V

液压泵每转一周,按其密封容积几何尺寸变化量的计算而得到排出液体的容积量,称为液压泵的排量。排量可调节的液压泵称为变量泵;排量为常数的液压泵则称为定量泵。

(2) 理论流量 q_i

理论流量是指在不考虑液压泵的泄漏流量情况下,其单位时间内所排出的液体容积的平均值。如果液压泵的排量为 V,其主轴转速为 n,则该液压泵的理论流量 q_i 为

$$q_i = Vn \qquad (6-1)$$

式中:V 为泵的排量(l/r);n 为转速(r/min)。

(3) 实际流量 q

液压泵在某一额定具体工况下,单位时间内所排出的液体体积称为实际流量,它等于理论流量 q_i 减去泄漏流量 Δq,即:

$$q = q_i - \Delta q \qquad (6-2)$$

(4) 额定流量 q_n

液压泵在额定正常工作条件下,按试验标准规定(额定压力和额定转速条件下)必须保证的输出流量。

3. 功率和效率

（1）液压泵的功率损失

液压泵的功率损失包括容积损失和机械损失两部分。

1）容积损失

容积损失是指液压泵流量上的损失，液压泵的实际输出流量总是小于其理论流量，主要是由于液压泵内部高压腔的泄漏、在液体压缩过程中的压缩阻力大、在吸油过程中的吸油阻力大、温度低等造成油液黏度大，以及液压泵转速太高等原因而导致油液不能全部充满密封工作腔，最终导致输出流量减少。液压泵的容积损失用容积效率来表示，它等于液压泵的实际输出流量 q 与其理论流量 q_i 之比，即：

$$\eta_i = \frac{q}{q_i} = \frac{q_i - \Delta q}{q_i} = 1 - \frac{\Delta q}{q_i} \tag{6-3}$$

因此液压泵的实际输出流量 q 为：

$$q = q_i \eta_i = V n \eta_i \tag{6-4}$$

式中：V 为液压泵的排量（l/r）；n 为液压泵的转速（r/min）。

液压泵的容积效率与液压泵的结构类型有关，泵结构不同其容积效率各异，随着液压泵工作压力的增大而增大，但始终小于1。

2）机械损失

机械损失是指液压泵在转矩上的损失。液压泵的实际输入转矩 T_o 总是大于理论上所需要的转矩 T_i，其主要原因是由于液压泵体内各相对运动部件之间会因机械摩擦而引起摩擦转矩损失，同时液体的黏性也会引起摩擦损失。液压泵的机械损失用机械效率表示，它等于液压泵的理论转矩 T_i 与实际输入转矩 T_o 之比，设转矩损失为 ΔT，则液压泵的机械效率为：

$$\eta_m = \frac{T_i}{T_o} = \frac{1}{1 + \frac{\Delta T}{T_i}} \tag{6-5}$$

（2）液压泵的功率

1）输入功率 P_i

液压泵的输入功率是指作用在液压泵主轴上的机械功率，当输入转矩为 T_o，角速度为 ω 时，有：

$$P_i = T_o \omega \tag{6-6}$$

2）输出功率 P_o

液压泵的输出功率是指液压泵在工作过程中的实际吸、压油口间的压差 Δp 和输出流量 q 的乘积，即：

$$P_o = \Delta p q \tag{6-7}$$

式中：Δp 为液压泵吸、压油口之间的压力差（N/m²）；q 为液压泵的实际输出流量（m³/s）；P_o 为液压泵的输出功率（N·m/s 或 W）。

在实际系统的计算中，若油箱与大气连通，液压泵吸、压油的压力差为液压泵出口压力 p。

（3）液压泵的总效率

液压泵的总效率是指液压泵的实际输出功率与其输入功率的比值，即：

$$\eta = P/P_i = \eta_i \eta_m \tag{6-8}$$

由上式可知，液压泵的总效率等于其容积效率与机械效率的乘积，所以液压泵的输入功率也可写成：

$$P_i = \Delta p q / \eta \tag{6-9}$$

如图 6-2 所示为液压泵各主要参数相关曲线图。

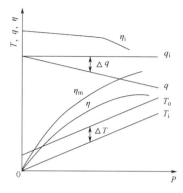

图 6-2 液压泵各主要参数相关曲线

使用时要注意泵的各种效率。其中容积效率反映泄漏的影响，机械效率反映摩擦损失的影响，而总效率则为这两个效率的乘积。容积效率影响泵的实际流量，机械效率影响泵的输入转矩。效率是输出和输入之比。

6.1.3 齿轮泵

齿轮泵是液压系统中广泛采用的一种液压泵，一般做成流量恒定的定量泵，按传动结构的不同，齿轮泵分为两齿轮旋转运动方向相反的外啮合齿轮泵和两齿轮旋转运动方向相同的内啮合齿轮泵。由于外啮合齿轮泵具有结构简单、紧凑、容易制造、成本低、对油液污染不敏感、工作可靠、维护方便、寿命长等优点，外啮合齿轮泵广泛应用于各种低压系统中，是应用最广的液压泵。随着制造业的发展和齿轮泵结构上的不断完善，中、高压齿轮泵得到了发展和应用。目前高压齿轮泵的工作压力可达 14~21MPa。

1．齿轮泵的工作原理

（1）工作原理

齿轮泵的工作原理如图 6-3 所示。它由壳体、对齿轮、齿轮轴、两侧端盖、进出口等组成，对齿轮两侧由端盖罩住，壳体、端盖和齿轮的各个齿间槽组成了许多密封工作腔。其工作过程包括吸油和压油两个环节。

图 6-3 外啮合齿轮泵工作原理

1) 吸油

如图 6-3 所示，当齿轮按图中标示方向旋转时，在右侧进口的吸油腔由于相互啮合的齿轮逐渐脱开，两齿根部的齿尖密封工作容积逐渐增大，形成部分真空，当齿尖打开会使该侧的压力降低，因此油箱中的油液在外界大气压的作用下，经吸油管进入吸油腔，将齿间槽充满，并随着两齿轮旋转，在壳体和两侧端盖的密封作用下，使脱离进口的各个齿间形成独立的密封载液空间，齿间把油液带到左侧的压油腔。

2) 压油

在出口的压油区一侧，由于齿轮在这里逐渐进入啮合，密封工作腔容积不断减小，油液便被挤出去，从压油腔通过出口输送到压油管路中去。

在啮合点处的齿面接触线一直起着隔离出口和进口两高低压油腔的作用。

（2）外啮合齿轮泵运转时的泄漏

1) 原因

在外啮合齿轮泵隔离进出口高低压油腔的两个齿轮的中间啮合处、齿顶与齿轮壳内壁之间，以及两齿轮端面与两边侧板之间这三个密封部位，由于存在配合精度和运动间隙，因此运动过程中会有泄漏。当泵体内部的工作压力增加时，其两边侧板的挠度会增加，两齿轮端面与两边侧板之间的间隙增加，使泄漏随压力增加而严重，这也是外啮合齿轮泵不适合作为高压泵的主要原因。

2) 改善泄漏方法

为解决外啮合齿轮泵的内泄漏问题，以提高其压力，可减小轴向间隙和提高侧板强度以及改善浮动侧板结构，使固定侧板式齿轮泵的最高工作压力长期为 7~10MPa；而浮动侧板式齿轮泵由于其侧板在高压时被往内推，减少了高压时的内漏，使最高工作压力在 14~17MPa 范围。

（3）困油现象

压力液体在渐开线齿轮泵运转过程中，因齿轮相交处的封闭体积随时间而变化，同时油液也具有一定黏度，因此常有一部分油液被封闭在齿间，我们称之为困油现象。如图 6-4 所示。

图 6-4 困油现象

（4）噪声问题

因为液体的不可压缩性，使外接齿轮泵在运转过程中会产生极大的振动和噪声，因此在侧板上必须开设卸荷槽，使侧向有油液泄放循环通道，以减小其挤压冲击压力，从而可以抑制相对较大的振动和噪声现象。

2. 齿轮泵的结构和种类

齿轮泵的种类很多，按啮合形式可分为外啮合式和内啮合式；按齿形曲线可分为渐开线式和摆线式；按接触齿面可分为直齿式、斜齿式、人字齿式。按内部结构可分为无侧板式，浮动侧板式和浮动轴套式。不同种类的齿轮泵，在外形上大致相同，而内部结构各异。

以如图 6-5 所示的无侧板式（CB-B 式）齿轮泵为例，说明其结构。它是分离三片式结构，三片是指泵体 7 和泵盖 4、8，结构简单，不能承受较高的压力。泵体内装有一对齿数相等又相互啮合的齿轮 6，长轴（主动）10 与短轴（从动）1 通过键与齿轮 6 相连接，两根轴借助滚针轴承 2 支撑在前后泵盖 4、8 中。前后盖与泵体用两个定位销 11 定位，用 6 个螺钉 5 连接并压紧。为了使齿轮能灵活地转动，同时又要使泄漏最小，在齿轮端面和泵盖之间应有适量间隙。为了防止泵内油液外泄同时减轻螺钉的拉力，在泵体的两端面开有封油卸荷槽 d，此槽与吸油口相通，泄漏油由此槽流回吸油口。另外，在前后端盖中的轴承处也钻有泄漏油孔，使轴承处泄漏油液经短轴中心通孔 b 及通道 c 流回吸油腔。

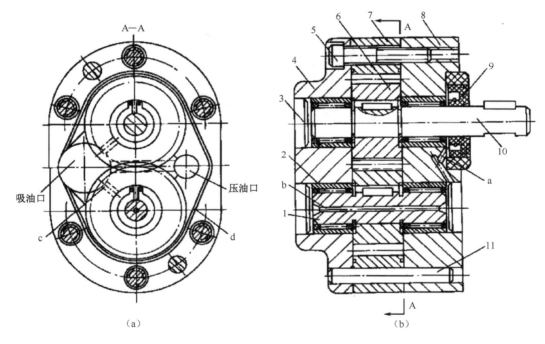

1—短轴 2—滚针轴承 3—油堵 4、8—前、后泵盖 5—螺钉 6—齿轮
7—泵体 9—密封圈 10—长轴 11—定位销

图 6-5 外啮合齿轮泵

6.1.4 叶片泵

叶片泵主要有单作用叶片泵和双作用叶片泵两种。

1. 单作用叶片泵

（1）工作原理

如图 6-6 所示为单作用叶片泵的结构原理。单作用叶片泵由转子 1、定子 2、叶片 3 和两侧端盖等组成。定子具有圆柱形内表面，定子和转子间有一定的偏心距。叶片装在转子槽中，并可在槽内滑动，当转子回转时，由于离心力的作用，使叶片紧靠在定子内壁，这样在定子、转子、叶片和两侧配油盘间就形成若干个密封的工作空间。当转子按图示的方向回转时，按象限划分，在图的右部 I 和 IV 象限为吸油侧，在图的左部 II 和 III 象限为压油侧，当叶片由 IV 象限逆时针向 I 象限旋转时，叶片逐渐伸出，叶片间的工作空间逐渐增大，由于真空的作用使该侧压力降低,则从吸油口吸油。在图的左部,叶片被定子内壁逐渐压进槽内,工作空间逐渐缩小,将油液从压油口压出。配油盘的作用是将低压油液引入吸油侧而将压油侧的高压油液排出,且在吸油腔和压油腔之间设有一段封油区,把吸油腔和压油腔隔开。当转子每转一周,叶片间的每个工作空间完成一次吸油和压油,因此称为单作用叶片泵。转子不停地旋转,泵就不断地吸油和压油。

1—转子 2—定子 3—叶片

图 6-6 单作用叶片泵工作原理

当改变转子与定子间的偏心距,即可增加叶片的出槽长度,从而改变泵的流量,偏心距越大,流量越大,若调成几乎是同心的,则流量接近于零。因此单作用叶片泵大多为变量泵。

（2）单作用叶片泵的特点与要求

① 改变定子和转子之间的偏心距便可改变流量。偏心反向时,吸油压油方向也相反。

② 处在压油腔的叶片顶部受到压力油的作用,该作用要把叶片推入转子槽内,为了使叶片顶部可靠地和定子内表面相接触,压油腔一侧的叶片底部要通过特殊的沟槽和压油腔相通。吸油腔一侧的叶片底部要和吸油腔相通,这里的叶片仅靠离心力的作用顶在定子内表面上。为了更有利于叶片在惯性力作用下向外伸出,而使叶片有一个与旋转方向相反的倾斜角,称后倾角,一般为24°,因此转子叶槽倾斜,叶片有倒角。叶片在叶槽中的间隙要加工合理,太大会使泄漏增加,太小则叶片不能自由伸缩,会导致工作失常。

③ 叶片泵的轴向间隙对容积效率 η_i 影响很大。一般小型泵在-0.015～0.03mm;中型泵-0.02～0.045mm。

④ 泵转向改变,则其吸排油液的方向也改变,叶片泵都有规定的转向,不允许反向。而可逆转的叶片泵必须专门设计。

⑤ 配油盘与定子用定位销正确定位,叶片、转子、配油盘都不得装反,定子内表面吸入区部分最易磨损,必要时可将其翻转安装,以使原吸入区变为排出区而继续使用。

⑥ 油液的温度一般不宜超过55℃,黏度要求在17～37mm^2/s 之间。黏度太大则吸油困难;黏度太小则泄漏严重。

⑦ 由于转子受到不平衡的径向液压作用力,所以这种泵一般不宜用于高压。适于作为中低压变量泵,还可采用限压保护方式,当负荷小时,泵输出流量大,负载可快速移动;当负荷增加时,泵输出流量变少,输出压力增加,负载速度降低。如此可减少能量消耗,避免油温上升。

⑧ 叶片泵具有和叶片马达相同的基本结构及工作原理，叶片泵输出的是压力介质，泵出口是高压区，转子转速高、扭矩小，属于动力元件；而叶片马达输出的是转矩，入口是高压区，转子转速低、扭矩大，属于执行元件。两者的润滑方式和轴结构等都有一定的区别。

2．双作用叶片泵

（1）工作原理

如图 6-7 所示为双作用叶片泵的结构原理，泵也是由转子 1、定子 2、叶片 3 和配油盘（图中未画出）等组成。转子和定子中心重合，定子内表面近似为椭圆柱形，该椭圆柱形由两段长半径、两段短半径和四段过渡曲线所组成，如图 6-8 所示为双作用叶片泵定子的过渡曲线。

当转子按图 6-7 所示方向运转时，叶片在离心力和根部压力油（通过减压后的底部特殊的沟槽）的作用下，在转子槽内沿径向移动而压向定子内表面，使叶片、定子内表面、转子外表面和两侧配油盘之间形成若干个密封空间，这是和单作用叶片泵相同的结构作用方式。旋转过程中，在小圆弧上的密封空间经过渡曲线而运动到大圆弧的过程中，叶片逐渐外伸，使密封空间的容积逐渐增大，由于真空作用，其压力降低，从而吸入油液；在大圆弧上的密封空间经过渡曲线运动到小圆弧的过程中，叶片被定子内壁逐渐压进槽内，密封空间容积变小，将油液从压油口压出，因而，当转子每转一周，每个工作空间要完成两次吸油和压油，因此称为双作用叶片泵。由于双作用叶片泵具有两个吸油腔和两个压油腔，且各自的中心夹角是对称的，所以作用在转子上的油液压力相互平衡，因此双作用叶片泵又称为卸荷式叶片泵，为了使径向力完全平衡，密封空间数（即叶片数）应当是双数（对称）。

图 6-7　双作用叶片泵工作原理

（2）双作用叶片泵的特点

1）配油盘

双作用叶片泵的配油盘如图 6-7 所示，经进液通道 5 与盘上两个吸油窗口 A 和 C 连通，经出液通道 4 与盘上两个压油窗口 B 和 D 连通；窗口之间为封油区，通常封油区对应的中心角稍大于或等于两个叶片之间的夹角，否则会使吸油腔和压油腔连通，造成泄漏；当两个叶片间密封油液从吸油区过渡到封油区时，其压力基本上与吸油压力相同，但当转子再继续旋转一个微小角度时，该密封腔突然与压油腔相通，使油液压力突然升高，油液的容积突然收缩，此时，压油腔中的油会倒流进该腔，使液压泵的瞬时流量突然减小，引起液压泵的流量脉动、压力脉动和噪声，为此在配油盘的压油窗口靠叶片从封油区进入压油区的一边开有一个截面形状为三角形的三角槽（又称眉毛槽），使两叶片之间封闭的油液在未进入压油区之前就通过该三角槽与压力油相连，其压力逐渐上升，因而减少了流量和压力脉动，并降低了噪声。转子叶片底部有沟槽，在相应区域分别与吸油腔和压油腔连通。

2）定子曲线

定子曲线是由四段圆弧和四段过渡曲线组成的。过渡曲线应保证叶片贴紧在定子内表面上，保证叶片在转子槽中径向运动时速度和加速度的变化均匀，使叶片对定子的内表面的冲击尽可能小。

过渡曲线如采用阿基米德螺旋线，则叶片泵的流量理论上没有脉动，但由于叶片在大、小圆弧和过渡曲线的连接点处产生很大的径向加速度，因此对定子产生冲击，造成连接点处磨损严重，并引发噪声。这就需要在连接点处用小圆弧进行修正，以改善这种情况，新型泵一般采用"等加速—等减速"曲线进行过渡，如图6-8所示。

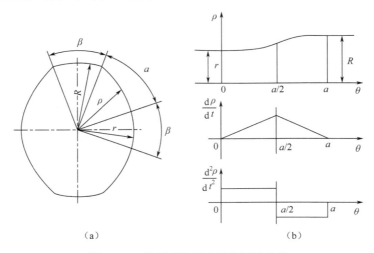

图6-8 双作用叶片泵定子的过渡曲线

图（a）为定子内壁椭圆弧，图（b）从上到下分别为圆弧和过渡曲线连接点的平滑过渡曲线形式、径向"等加速—等减速"曲线形式、径向"加速度—减速度"曲线形式的示意图。根据有关资料介绍，这种曲线的极坐标方程为下式（仅供参考）：

$$\rho = r + \frac{2(R-r)}{a^2}\theta^2 \qquad 0 < \theta < a/2 \qquad (6\text{-}10)$$

$$\rho = 2r - R + \frac{4(R-r)}{a^2}\left(\theta - \frac{\theta^2}{2a}\right) \qquad a/2 < \theta < a \qquad (6\text{-}11)$$

由上式可求出叶片的径向速度 $d\rho/dt$ 和径向加速度 $d^2\rho/dt^2$，可知：当 $0<\theta<a/2$ 时，叶片的径向加速度为等加速度，当 $a/2<\theta<a$ 时等减速。由于叶片的速度变化均匀，认为不会对定子内表面产生很大的冲击，但是，在 $\theta=0$、$\theta=a/2$ 和 $\theta=a$ 处，叶片的径向加速度仍有突变，还会产生一些冲击。

3）叶片的倾角

叶片在工作过程中，受离心力和叶片根部压力油液的作用，使叶片和定子紧密接触。当叶片转至压油区时，定子内表面会将叶片推向转子中心，它的工作情况和凸轮相似，叶片与定子内表面接触形成一压力角，且大小是变化的，其变化规律与叶片径向速度变化规律相同，即从零逐渐增加到最大，又从最大逐渐减小到零，因而在双作用叶片泵中，将叶片顺着转子回转方向前倾一个角度，以减小所受的侧向力，一般双作用叶片泵叶片倾角为 $10°\sim14°$。

6.1.5 柱塞泵

柱塞泵通过柱塞在液压缸内往复运动来实现吸油和压油。与齿轮泵和叶片泵相比，柱塞泵能以最小的尺寸和最小的重量提供相对最大的压力介质，是一种高效率液压泵，主要用于高压、大流量、大功率的场合。柱塞泵包括径向式和轴向式。

1. 径向式柱塞泵

径向式柱塞泵包括阀配流式和轴配流式两种，如图 6-9 所示为阀配流式径向柱塞泵结构原理图。主要由缸体、柱塞、弹簧、偏心轮、吸油单向阀和排油单向阀组成，利用偏心轮 1 或凸轮偏心半径的径向行程变化和作用实现缸体和柱塞的往复运动，其工作原理包括吸油过程和压油过程。

1—偏心轮 2—柱塞 3—缸体 4—弹簧 5、6—单向阀

图 6-9 液压柱塞泵的工作原理

（1）吸油过程

柱塞 2 装在缸体 3 中形成一个密封腔 a，柱塞在弹簧 4 的作用下始终压紧在偏心轮 1 上。原动机驱动偏心轮 1 旋转使柱塞 2 往复运动，进而使密封腔 a 的大小发生周期性的交替变化。当 a 的容积由小变大时，由于腔内形成真空，使油箱中油液在大气压作用下，经吸油管顶开单向阀 6 进入腔 a 中，实现吸油过程。

（2）压油过程

当腔 a 的容积由大变小时，腔 a 中吸满的油液在压力作用下，顶开单向阀 5 并作为动力源而流入系统，实现压油过程。

原动机驱动偏心轮不断旋转，液压泵就会不断地吸油和压油，这样液压泵就将原动机输入的机械能转换成液体的压力能，压力介质驱动系统做功，做功后的介质经换向回流到油箱成为低压介质，从而形成循环工作过程。由于这种泵依靠泵的密封工作腔的容积变化来实现吸油和压油过程，因此称为容积式泵。

如图 6-10 所示为轴配流式径向柱塞泵结构原理图。主要由定子、转子、柱塞、配流轴等组成。当转子转动时，由于转子和定子偏心安装，在离心力的作用下柱塞会紧贴定子内壁并在一周内呈现一个往复运动行程。当转子顺时针转动时，在上半周柱塞逐渐伸出，柱塞与转子形成的径向容积在真空的作用下通过轴进油孔及上腔实现吸油；在下半周伸出的柱塞被定子内壁逐渐压进，径向容积中的油在柱塞压力的作用下通过轴压油孔及下腔实现压力油输出。配流轴静止不动。改变转子旋转方向或偏心量方向，其泵的吸、压油方向改变。轴配流式径向柱塞泵可做成单向或双向变量泵。流量与偏心距有关。

图 6-10　轴配流式径向柱塞泵结构原理图

2. 轴向柱塞泵

轴向柱塞泵包括直轴式轴向柱塞泵和斜盘式轴向柱塞泵。

如图 6-11 所示为直轴式（斜盘式）结构原理图。斜盘式柱塞泵主要由缸体 1、配油盘 2、柱塞 3 和斜盘 4 等组成。柱塞沿圆周均匀分布在缸体内。斜盘轴线与缸体轴线倾斜一角度，柱塞靠机械装置或在低压油作用下压紧在斜盘上（图中为弹簧），配油盘 2 和斜盘 4 固定不转，当原动机通过传动轴使缸体转动时，由于斜盘的作用，迫使柱塞在缸体内往复运动，并通过配油盘的配油窗口进行吸油和压油。

如图 6-11 所示回转方向中，当缸体转角在 $(\pi/2 \sim -\pi/2)$ 范围内，柱塞向外伸出，柱塞底部缸孔的密封工作容积增大，通过配油盘的吸油窗口吸油；在 $(-\pi/2 \sim \pi/2)$ 范围内，柱塞被斜盘推入缸体，使缸孔容积减小，通过配油盘的压油窗口压油。缸体每转一周，每个柱塞各完成吸、压油一次，如改变斜盘倾角，就能改变柱塞行程的长度，即改变液压泵的排量，改变斜盘倾角方向，就能改变吸油和压油的方向，成为双向变量泵。

由于柱塞泵是依靠泵的密封工作腔的容积变化来实现吸油和压油的，因而称之为容积式泵。容积式泵的流量大小取决于密封工作腔容积变化的大小和次数。若不计泄漏，则流量与压力无关。

3. 容积式液压泵的特点

① 具有若干个密封且又可以周期性变化空间，其液压泵输出流量与此空间的容积变化量和单位时间内的变化次数成正比，与其他因素无关。

② 油箱内液体的绝对压力必须恒等于或大于大气压力。这是容积式液压泵能够吸入油液的外部条件。因此，油箱必须与大气相通，或采用密闭的充压油箱。

③ 不同结构原理（种类）的容积泵具有相应的配流机构，要将吸油腔和排油腔隔开，保证液压泵有规律地、连续地吸排液体。

④ 容积式液压泵中吸油腔的压力取决于吸油高度和吸油管路的阻力，吸油高度过高或吸油管路阻力太大，会使吸油腔真空度过高而影响液压泵的输出能力。压油腔的压力则取决于外负载和排油管路的压力损失，从理论上讲排油压力与液压泵的流量无关。

⑤ 容积式液压泵排油的理论流量取决于液压泵的有关几何尺寸和转速，而与排油压力无关。但排油压力会影响泵的内泄漏和油液的压缩量，从而影响泵的实际输出流量，所以液压泵的实际输出流量随排油压力的升高而降低。

1—缸体 2—配油盘 3—柱塞 4—斜盘 5—传动轴 6—弹簧

图 6-11 轴向式柱塞泵工作原理

6.1.6 螺杆泵

螺杆泵是一种依靠泵体与螺杆所形成的啮合空间容积变化和移动来输送液体或使之增压的回转泵。螺杆泵按螺杆数目分为单螺杆泵、双螺杆泵和三螺杆泵等。

1. 螺杆泵工作原理

如图 6-12 所示为双螺杆泵结构原理，两螺杆中间啮合部位为密封结构，因此螺杆中间密封、螺杆、泵体可形成密封腔，当主动螺杆转动时，带动与其啮合的从动螺杆一起转动，油液吸入口一端的螺杆啮合空间容积逐渐增大，由于真空作用其压力降低，实现吸油。而另一端则啮合空间容积逐渐减小，实现对油液增压，成为压力液体的排出口。因此油液在压差作用下进入啮合空间，当容积增至最大而形成一个密封腔时，液体就在一个个密封腔内连续地沿轴向移动，直至另一端的排出腔。螺杆泵的工作原理与齿轮泵相似，只是在结构上用螺杆取代了齿轮。

图 6-12 双螺杆泵结构原理

螺杆泵的流量和压力脉冲很小，噪声和振动也相对较小，有自吸能力。螺杆泵因转速变化可实现变量输送，方向变化（进出口可逆转），并能输送含固体颗粒的液体，因此在污水处理厂中，广泛地被使用在输送水、湿污泥和絮凝剂药液方面。

2. 液压泵的图形符号

如图6-13所示为液压泵的图形符号。

（a）单向定量液压泵　（b）单向变量液压泵　（c）双向定量液压泵　（d）双向变量液压泵

图6-13　液压泵的图形符号

6.1.7　液压泵类型及电动机参数的选择

液压泵是为液压系统提供一定流量和压力的油液动力元件，它是每个液压系统不可缺少的核心元件，合理选择液压泵对于降低液压系统的能耗、提高系统的效率、减小噪声、改善工作性能和保证系统可靠工作是十分重要的。

1. 液压泵的选型原则

液压泵要根据主机工况、功率大小和系统对工作性能的要求进行选择，首先确定液压泵的类型，然后按系统所要求的压力、流量大小确定其规格型号。表6-1列出了液压系统中常用液压泵的主要性能，也是定性选型原则。

表6-1　液压系统中常用液压泵的性能比较

性　　能	外啮合齿轮泵	双作用叶片泵	限压式变量叶片泵	径向柱塞泵	轴向柱塞泵	螺杆泵
输出压力	低压	中压	中压	高压	高压	低压
流量调节	不能	不能	能	能	能	不能
效率	低	较高	较高	高	高	较高
输出流量脉动	很大	很小	一般	一般	一般	最小
自吸特性	好	较差	较差	差	差	好
对油的污染敏感性	不敏感	较敏感	较敏感	很敏感	很敏感	不敏感
噪声	大	小	较大	大	大	最小

每种泵都有它的特点和合理的使用范围，必须根据具体要求，全面权衡利弊来选择。一般在机床液压系统中，往往选用双作用叶片泵和限压式变量叶片泵；而在筑路机械、港口机械以及小型工程机械中往往选抗污染能力较强的齿轮泵；在负载大、功率大的场合往往选择柱塞泵。

2. 液压泵的规格确定

液压泵的选择通常是先根据液压泵的性能要求来选定液压泵的类型，再根据液压泵所应保证的压力和流量来确定它的具体规格。

液压泵的工作压力是根据执行元件的最大工作压力来决定的，考虑到各种压力损失，泵的最

大工作压力 $p_{泵}$ 应按下式确定：

$$p_{泵} \geq k_{压} \times p_{缸} \tag{6-12}$$

式中：$p_{泵}$ 表示液压泵所需要提供的最大工作压力（Pa）；$k_{压}$ 表示系统中压力损失系数，一般取 1.3～1.5；$p_{缸}$ 表示液压缸中所需的最大工作压力（Pa）。

液压泵的输出流量取决于系统所需最大流量及泄漏量，即有：

$$q_{泵} \geq k_{流} \times q_{缸} \tag{6-13}$$

式中：$q_{泵}$ 表示液压泵所需输出的流量（m³/min）；$k_{流}$ 表示系统的泄漏系数，一般取 1.1～1.3；$q_{缸}$ 表示液压缸所需提供的最大流量（m³/min）。若为多液压缸同时动作，$q_{缸}$ 应为同时动作的几个液压缸所需的最大流量之和。

在 $p_{泵}$、$q_{泵}$ 求出以后，就可具体选择液压泵的规格。选择时应使实际选用泵的额定压力大于所求出的 $p_{泵}$ 值，通常可放大 25%。泵的额定流量一般选择略大于或等于所求出的 $q_{泵}$ 值即可。

3. 电动机参数的选择

液压泵是由电动机驱动的，可根据液压泵的功率计算出电动机所需要的功率，再考虑液压泵的转速，然后从样本中合理地选择标准的电动机。

驱动液压泵所需的电动机功率可按下式进行计算和选择：

$$p_M = p_{泵} \times q_{泵} / 60\eta \text{（kW）} \tag{6-14}$$

式中：p_M 表示电动机所需的功率（kW）；$p_{泵}$ 表示泵所需的最大工作压力（MPa）；$q_{泵}$ 表示泵所需的最大流量（l/min）；η 表示泵的总效率。

各种泵的总效率：
① 齿轮泵效率在 0.6～0.7 范围。
② 叶片泵效率在 0.6～0.75 范围。
③ 柱塞泵效率在 0.8～0.85 范围。

6.1.8 蓄能器

蓄能器是液压系统中的储能元件，它能储存多余的液压油液，并在需要时向系统进行释放。

1. 蓄能器的类型和结构

蓄能器有重力式、弹簧式和充气式三类，常用的是充气式，它又可分为活塞式、气囊式和隔膜式等三种。

1）活塞式蓄能器

如图 6-14 中（a）所示为活塞式蓄能器结构原理。利用在缸筒 2 中浮动的活塞 1 把缸分成液压油腔和气体腔。这种蓄能器的活塞上装有密封圈，活塞的凹部面向气体腔，压力油液口 4 与系统连接，气体口 3 与储气罐连接。当系统压力升高，则下部压力油液进入时，活塞上移，气体压缩；当系统压力降低时，压缩气体膨胀，活塞下移，油液顶入系统。这种蓄能器的结构简单，易安装，维修方便；但是活塞的密封问题不能完全解决，有压气体容易漏入液压系统中，而且由于活塞的惯性和密封件的摩擦力，使活塞动作不灵敏；最高工作压力一般为 17MPa，总容量在 1～39 升范围，温度适用范围为 -4℃～+80℃。

活塞上的气体可以换成重物或弹簧。

如果把活塞换成隔膜并固定在缸体上，则油液进入后导致弹性隔膜的向上充涨，使进入的油液始终处在隔膜的弹性压力下，并具有压力降低就释放的特点。

（a）活塞式蓄能器　　　　（b）气囊式蓄能器　　　　（c）图形符号

图 6-14　充气式蓄能器

2）气囊式蓄能器

如图 6-14（b）所示为气囊式蓄能器。它由壳体 1、气囊 2、充气阀 3、限位阀 4 等组成。工作前，从充气阀向气囊充进一定压力的气体，然后将充气阀关闭，使气体封闭在皮囊内；当油液从壳体底部限位阀处进入到皮囊外腔，使皮囊内气体被压缩而储存液压能。气囊式蓄能器的优点是惯性小，反应灵敏，且结构小、重量轻，一次充气后能长时间保存气体，充气也较为方便，故在液压系统中得到广泛应用。工作压力为 3.5～35MPa，容量为 0.6～200 升，温度适用范围为 –10℃～+65℃。它和压力给水箱结构相同。

2. 蓄能器的功能

① 作为辅助动力源。

② 保压和补充泄漏。

③ 缓和冲击，吸收压力脉动。

3. 蓄能器的安装

蓄能器在液压回路中的安放位置一般按功能作用的要求设置。当对液压冲击或压力脉动进行吸收时，应设置在冲击源或脉动源近旁为宜；当用于补油保压时宜尽可能接近有关的执行元件。因此使用蓄能器须注意如下几点：

① 充气式蓄能器中应使用化学性质稳定的气体（一般为氮气），允许工作压力视蓄能器结构形式而定，例如，气囊式为 3.5～35MPa。

② 不同的蓄能器各有其适用的工作范围，例如，气囊式蓄能器的气囊强度不高，不能承受很大的压力波动，且只能在 –10～65℃ 的温度范围内工作。

③ 气囊式蓄能器原则上应垂直安装（油口向下），只有在空间位置受限制时才允许倾斜或水平安装。

④ 装在管路上的蓄能器须用支板或支架固定。

⑤ 蓄能器与管路系统之间应安装截止阀，供充气或检修时使用。蓄能器与液压泵之间应安装单向阀，防止液压泵停车时蓄能器内储存的压力油液倒流。

6.1.9 油箱

油箱主要用于为液压系统提供符合工作要求的低压油液，并对工作过程中的回流油液进行工作前的简单处理，避免油液因杂质、油温等因素影响系统工作。

1. 功能

油箱的功用主要是储存油液，并对系统开始工作前的油液进行恒温（低温加热，高温散热）处理；对做功后的升温回流油液进行降温处理，利用油液的降温降压过程释放出混在油液中的气体，利用油液的相对静止过程沉淀油液中的杂质等污染物质。

2. 结构

如图 6-15 所示为油箱的典型结构。油箱内部用隔板 7、9 将吸油管 1 与回油管 4 隔开，吸油管入口应加装滤油器以防止异物进入。顶部注油器盖 3 的油液进口的下部装有滤油网 2，液位计 6 设在侧部以利于观察油液高度，放油阀 8 设在底部最低位置便于对污油的排放。液压泵及其驱动电机应固定在油箱顶面的盖板 5 上，盖板 5 应采用分体结构以便于拆装检修，盖板应压合紧密，防止灰尘和异物的进入。

油箱还可与主机进行整体式设计，但要具备以上功能。近年又出现了充气式的封闭油箱，它不同于图 6-15 所示的分离式油箱结构。油箱是全封闭结构，顶部有一充气管，可送入 0.05～0.07MPa 的纯净压缩空气。空气或者直接与油液接触，或者被输入到蓄能器的气囊内，不与油液接触。这种油箱的优点是改善了液压泵的吸油条件，但它要求系统中的回油管、泄油管承受背压。油箱本身还须配置安全阀、电接点压力表等元件以稳定充气压力，因此它只应用在特殊场合。

1—吸油管 2—滤油网 3—注油器盖 4—回油管 5—上盖 6—油位计 7、9—隔板 8—放油阀

图 6-15 油箱

3. 设计油箱时的注意事项

（1）油箱的有效容积

油箱的有效容积应为油面高度在油箱高度 80%时的容积，应根据液压系统发热和散热平衡的原则来计算。一般油箱的有效容积可以按液压泵的额定流量 q_p（l/min）进行估算。例如适用于机床或其他一些固定式机械的估算公式为：

$$V = \xi q_p \tag{6-15}$$

式中：V 为油箱的有效容积（升）；ξ 为与系统压力有关的经验数字：低压系统 $\xi=2\sim4$，中压系统 $\xi=5\sim7$，高压系统 $\xi=10\sim12$。

（2）吸油管和回油管

吸油管吸入的油液应为洁净液体，因此吸油管入口加装滤油器，且滤油器距箱底应大于 20mm，防止吸入底部混浊液体，并防止油面最低时滤油器露出液面而吸入空气或油液表面漂浮的气泡。吸油管和回油管之间要用隔板隔开形成两个相对独立的空间，隔板高度最好为箱内油面高度的 3/4，防止回油管回流液体时对吸油管周围液体造成扰动；回油管的管出口端应斜切 45°，且斜切口面对箱壁而不能面对隔板，以增加两管之间的油液通道距离，增大出油口截面积，减慢出口处油液流速，这有利于油液散热、杂质沉淀、气泡浮出，使气、液、固三态得到较好分离。当回油管的回油量很大时，宜使管出口处高出油面，并向一个带孔或不带孔的斜槽（倾角为 5°～15°）排放，油液沿槽散开，从而减慢液体流向油箱的流速并减缓了回油过程对内部液体形成的冲击搅拌作用，同时快速释放油液内部压力并排走油液中空气。回油管考虑清洗过程中滤油器的连接时，可采用短接连接结构。

（3）密封

为了防止油液污染，油箱上各盖板、管等接口处都要妥善密封。注油器上要加滤油网。防止油箱出现负压而设置的通气孔上须装空气滤清器。空气滤清器的容量至少应为液压泵额定流量的 2 倍。

（4）恒温

要根据实际使用环境，在油箱中安装热交换器以及测温和温控等设施，避免温度低使油液黏度高，温度高使设备发热而使油液老化变质加速。

（5）污油排放

按 GB3766-83 规定，油箱底部离地至少应在 150mm 以上。箱底应适当倾斜，在最低部位处设置堵塞或放油阀，箱体上注油口的近旁必须设置液位计。滤油器应便于装拆。箱内各处应便于清洗。油箱的安装位置应易于散热和便于搬移及维护保养。

（6）油箱制作

油箱一般用 2.5～4mm 厚钢板焊成。箱壁越薄，散热越快，一般 100 升容量的油箱箱壁厚度取 2.5mm，400 升以下的取 3mm，400 升以上的取 6mm，箱底厚度大于箱壁，箱盖厚度应为箱壁的 4 倍。大尺寸油箱要加焊角板、筋条，以增加刚性。当液压泵及其驱动电机和其他液压件都要装在油箱上时，油箱顶盖要相应地加厚。

（7）涂装防腐

油箱内壁应涂上耐油防锈涂料。外壁涂辐射冷却效果好的黑漆（不超过 0.025mm 厚度）。铸造的油箱内壁一般只进行喷砂处理，不涂漆。

6.1.10 滤油器

滤油器的作用是对进入液压系统中的油液进行过滤，降低进入系统油液的污染度，防止油液中的杂质造成内部油液通路的堵塞而影响系统正常工作。

1. 过滤精度

滤油器的过滤精度是指滤芯能够滤除的最小杂质颗粒的大小，按直径 d 划分，其精度可分为粗滤油器（$d<100\mu m$），普通滤油器（$d<10\mu m$），精滤油器（$d<5\mu m$），特精滤油器（$d<1\mu m$）等。一般滤油器应能满足液压系统对过滤精度要求，阻挡一定尺寸的杂质进入系统；滤芯应有足够强度，不会因压力而损坏；滤芯抗腐蚀性能要好，能在规定的温度下持久地工作；通流能力要大，压力损失要小；要易于清洗或更换滤芯。

2. 滤油器的种类

滤油器按其滤芯材料的过滤机制来分，有表面型滤油器、深度型滤油器和吸附型滤油器三种。

（1）表面型滤油器

整个过滤作用是由一个几何面来实现的。滤下的污染杂质被截留在滤芯元件靠油液上游的一面。滤芯材料具有均匀的标定小孔，可以滤除比小孔尺寸大的杂质。由于污染杂质积聚在滤芯表面，因此它很容易被阻塞，要定期清洗和更换。

1）编网式滤油器

滤芯以铜网为过滤材料，在周围开有很多孔的塑料或金属筒形骨架上，包着一层或两层铜丝网，其过滤精度取决于铜网层数和网孔的大小。这种滤油器结构简单，通流能力大，清洗方便，但过滤精度低，一般用于液压泵的吸油口。

压力损失一般小于 0.004MPa。

2）线隙式滤油器

线隙式滤油器用铜线或铝线密绕在筒形骨架的外部来组成滤芯，依靠丝间的微小间隙滤除混入液体中的杂质。其结构简单，通流能力大，过滤精度比网式滤油器高，但不易清洗，多为回油滤油器。

压力损失一般在 0.03～0.06MPa 范围。

（2）深度型滤油器

滤芯材料为多孔可透性材料，内部具有曲折迂回的通道。大于表面孔径的杂质直接被截留在外表面，较小的污染杂质进入滤材内部，撞到通道壁上，由于吸附作用也能得到滤除。滤材内部曲折的通道有利于污染杂质的沉积。使用纸芯、毛毡、烧结金属、陶瓷和各种纤维制品等滤芯材料的滤油器都属于这种类型。

1）纸质滤油器

纸质滤油器滤芯为平纹或波纹的酚醛树脂或木浆微孔滤纸制成的纸芯，将纸芯围绕在带孔的镀锡铁做成的骨架上，以增大强度。为增加过滤面积，纸芯一般做成折叠形。其过滤精度较高，一般用于油液的精过滤，但堵塞后无法清洗，须经常更换滤芯。

压力损失一般在 0.01～0.04MPa 范围。

2）烧结式滤油器

烧结式滤油器滤芯采用金属粉末烧结而成，利用颗粒间的微孔来挡住油液中的杂质。其滤芯能承受高压，抗腐蚀性好，过滤精度高，适用于要求精过滤的高压、高温液压系统。

压力损失一般在 0.03～0.2MPa 范围。

(3) 吸附型滤油器

这种滤油器的滤芯材料能把油液中的相关杂质吸附在其表面上，主要指磁性滤油器。当含有杂质颗粒的油液经过磁性滤芯时，磁性杂质颗粒能被磁性滤芯吸附在表面上，而流出的油液则变得较清洁。

3．滤油器的选用和安装

滤油器应根据液压系统的技术要求，按过滤精度、通流能力、工作压力、油液黏度、工作温度等条件选定其型号。

（1）液压元件对油液污染物的颗粒度（直径 d）要求

不同的液压元件对油液中污染颗粒大小的适应能力不同，见表6-2。

表6-2 液压元件对油液污染物的颗粒度（直径 d）要求

序号	液压元件名称	过滤精度（μm）	选用滤油器
1	齿轮泵及马达	30～50	粗或普通
2	叶片泵及马达	20～30	粗或普通
3	柱塞泵及马达	15～25	普通
4	高压柱塞泵及马达	10～15	普通
5	中低压液压阀	15～25	普通
6	高压液压阀	10～15	普通
7	高速阀、比例阀	5～10	精
8	伺服阀	3～5	精
9	精密伺服阀	≤3	特精

（2）选用和安装

滤油器在液压系统中的安装位置通常有以下几种。

1）安装在泵的吸油口

泵的吸油口一般都安装有表面型滤油器，目的是滤除较大的杂质微粒以保护液压泵，一般选用粗精度的滤油器，此时滤油器的过滤能力应按泵流量的两倍以上选取，压力损失应控制在0.01～0.035MPa 范围，当大于 0.02MPa 时应进行清洗。

2）安装在泵的出油口

此处安装滤油器的目的是用来滤除可能侵入阀类等元件的污染物。如过滤精度要求为 10～15μm，一般选用普通精度的滤油器，且能承受油路上的工作压力和冲击压力，压力降应小于0.35MPa，同时应安装安全阀以防泵过载和滤芯损坏。

3）安装在系统的回油通路

这种安装起间接过滤作用，可在油液流入油箱以前滤去污染物。因回油路压力很低，可采用滤芯强度不高的精滤油器，并允许滤油器有较大的压力降。一般与过滤器并联安装一背压阀，当过滤器堵塞达到一定压力值时，背压阀打开。

4）安装在分支油路或单独过滤元件之前

液压系统中除了整个系统所需的滤油器外，还常常在一些分支油路或伺服阀、精密节流阀等重要元件前面单独安装一个专用的精滤油器以确保其正常工作。同时应注意一般滤油器只能单向使用，即进、出口不可互换。

6.2 气源的结构组成

气源是将常压气体转换成压缩气体的装置，提供的是压缩能。主要由空气压缩机、冷却器、分水过滤器、储气罐等组成，如图6-16所示。空气过滤器、减压阀、油雾器是气源三联体，主要用于调整输出压力能的压力和流量。

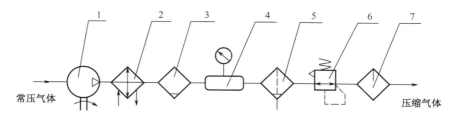

1—空气压缩机 2—冷却器 3—分水过滤器 4—储气罐 5—空气过滤器 6—减压阀 7—油雾器

图6-16 气源的组成

气源的主要指标是压力气体的压力、流量、温度。选择压缩气源时，一定要注意压缩气源的平均输出压力和流量要高于设备所需的压力和流量，这样才能保证气源满足使用设备的要求，当使用设备瞬时需要的压缩气体的流量较大时，要适当增大气源的输出功率，同时增大储气罐的容积或数量。储气罐可以在气源处集中增加，也可以在每个设备使用现场分散增加，分散增加的各个储气罐要满足各自现场设备对压缩气体的瞬时流量需求。气体温度关系到器件工作时是否会结露，也关系到器件的加热与散热问题，从而影响系统工作的可靠性。

气源的储气罐要设置安全阀，以限定系统的最高安全工作压力，一般要求各个储气罐上的安全阀压力相等。

6.2.1 空气压缩机

空气压缩机简称空压机，是气源装置的动力元件，用以将原动机输出的机械能转化为气体的压力能。

1. 空气压缩机的分类

空气压缩机的种类很多，按工作原理主要分为容积式和速度式两类。

（1）容积式空压机

容积式空压机中气体压力的提高是由于空压机内部的工作容积被缩小，使单位体积内气体的分子密度增加而形成的。按结构可分为活塞式、膜片式和螺杆式等。

（2）速度式空压机

速度式空压机的工作原理：气体压力的提高是由于气体分子在高速流动时突然受阻而停滞下来，使动能转化为压力能。按结构可分为离心式和轴流式等。

2. 空气压缩机的工作原理

活塞式空压机是通过曲柄连杆机构使活塞往复运动而实现吸气和压气的过程,从而达到提高气体压力的目的。如图6-17所示为活塞式空气压缩机结构原理。

1—排气阀 2—汽缸 3—活塞 4—活塞杆 5、6—十字头与滑道
7—连杆 8—曲柄 9—吸气阀 10—弹簧

图6-17 活塞式空气压缩机

(1) 吸气过程

活塞3向右运动时,由于左腔容积增加,压力下降,而当压力低于大气压力时,排气阀1在压力作用下关闭,吸气阀9打开,气体进入汽缸2内,实现吸气过程。

(2) 压缩过程

当活塞向左运动时,吸气阀9在压力作用下关闭,缸内气体被压缩,压力升高后通过排气单向阀1压出,实现气体压缩过程。

当电动机带动曲柄进行回转运动时,通过连杆、滑块、活塞杆推动活塞进行往复运动,并通过单向阀的作用,使空气压缩机的缸体容积减小时压缩气体,而增大时缸体充气,连续往复就能连续排出高压气体。

3. 空气压缩机的选择和使用

选择空气压缩机要依据气动系统所需的工作压力、流量和一些特殊的工作要求。气动系统常用压力范围为0.1~0.8MPa,可直接选用额定压力为1MPa的低压空气压缩机,特殊需要时也可选用中、高压的空气压缩机。空气压缩机使用时应注意以下事项:

① 空气压缩机所用的润滑油应具有不易氧化和不易变质的特点,并定期更换,防止油变质,出现"油泥"。

② 空气压缩机的周围环境必须清洁,确保粉尘少、湿度低、通风好,以保证吸入的空气质量。同时进口加空气过滤器,并定期检查过滤器的阻塞情况。

③ 空气压缩机在启动前后应把储气罐中的冷凝水排放掉。

4. 压缩气体的净化

直接由空气压缩机排出的压缩空气,还要进行净化处理,如果不除去混在压缩空气中的水分、油分等杂质是不能为气动装置使用的。因此必须设置一些除油、除水、除尘等环节以提高压缩空气质量,这就需要气源净化处理的辅助设备。

压缩空气净化设备一般包括:后冷却器、油水分离器、储气罐和干燥器。

6.2.2 后冷却器

后冷却器安装在空气压缩机的出口管道上,空气压缩机排出的压缩空气具有140~170℃的温

度，必须经过后冷却器降温至 40~50℃才能输出使用，否则会引起相关设备发热。这样，会使压缩空气中油雾和水汽达到饱合状态，且其大部分在储气罐中进行凝结而析出。后冷却器的结构形式有蛇形管式、列管式、散热片式和套管式等，冷却方式有水冷和气冷两种形式。如图 6-18 所示为蛇形管式和列管式后冷却器。

(a) 蛇形管式　　　　　　　(b) 列管式　　　　　　(c) 图形符号

图 6-18　后冷却器

6.2.3　油水分离器

油水分离器安装在后冷却器后的管道上，作用是分离压缩空气中所含的水分、油等杂质，使压缩空气得到初步净化。油水分离器的结构形式有环形回转式、撞击折回式、离心旋转式、水浴式等多种。以上形式可单独使用也可组合使用。油水分离器主要利用离心回转、撞击、水浴等方法使水滴、油滴及其他杂质颗粒从压缩空气中分离出来。

撞击折回式油水分离器如图 6-19 所示。由于后冷却器的冷却降温作用，其排出的为含冷凝油和水的混合气体，当气体进入分离器后，经撞击挡板使气体向下，继而又折返向上，形成旋流，实现气液离心分离过程，同时使混合气体进一步冷却，使油水冷凝液滴沿挡板壁和壳体壁向下流入分离器底部，并由底部放水口流出，而经油水分离后的气体由出口排出，一般出口排出的压缩空气要送入储气罐储存。

6.2.4　储气罐

储气罐的结构形式如图 6-20 所示。由于冷凝液沉积在储气罐底部，因此储气罐底部应加疏水器或放水阀。

储气罐的主要作用是储存一定数量的压缩空气，利用气体的可压缩性，形成蓄能器的作用；同时减少气源在输出过程中产生的气流脉动现象，增加气压稳定性和气流连续性，减弱空气压缩机排出的脉动气流引起的管道振动；利用储气缓冲输出过程的静置和罐体的冷却散热作用，进一步分离压缩空气中的水分和油分。

(a)结构原理　　　　　（b）图形符号　　　　　　　　（a）结构原理　　（b）图形符号

　　图 6-19　撞击折回式油水分离器　　　　　　　图 6-20　储气罐

6.2.5　干燥器

在某些不允许结露的条件下，其储气罐提供的压缩气体必须经干燥器进一步脱水后才能使用，而干燥器本身还应有相关的配套设备。

1．干燥器

干燥器的作用是进一步除去压缩空气中含有的水分、油分和颗粒杂质等，使压缩空气干燥。干燥器接在储气罐的出口，一般经干燥器提供的压缩空气，主要用于对气源质量要求较高的气动装置、气动仪表等方面。压缩空气干燥主要采用吸附、离心、机械降水及冷冻等方法。如图 6-21 所示为吸附式干燥器。

对于吸附式干燥器，在使用过程中，为保证连续性，一般设置两个干燥器交替使用，采用通热空气的方法实现干燥器的复用。因此与吸附式干燥器配套的设备包括再生设备（加热器）和转换通道四通阀。

2．空气加热器

空气加热器可将空气加热，使热空气吹入闲置的干燥器中，将吸附剂中的水分蒸发并通过出口排出，从而对使用工作后的吸附剂进行再生处理，采用两干燥器（再生准备+过滤吸附）交替使用方式实现系统连续工作。一般空气加热器的种类很多，根据空气加热量的不同可选择多种加热形式，如直接加热或间接加热，电加热或燃料加热等。

3．四通阀

四通阀是通道连接的转换器，用于转换两个干燥器的工作状态，当一个干燥器处于工作状态时，另一个则处于再生状态。

1—湿空气进气管；
2—顶盖；
3、5、10—法兰；
4、6—再生空气排气管；
7—再生空气进气管；
8—干燥空气输出管；
9—排水管；
11、22—密封垫；
12、15、20—钢丝过滤网；
13—毛毡；
14—下栅板；
16、21—吸附剂层；
17—支撑板；
18—筒体；
19—上栅板

(a) 结构图　　(b) 图形符号

图 6-21　干燥器

6.2.6　气动三联件

空气过滤器、减压阀和油雾器一起称为气动三大件，三大件依次无管化连接而成的组件称为三联件，是气动设备必不可少的压缩气源过滤、调压、润滑装置。大多数情况下，三大件组合使用，其安装次序依进气方向为空气过滤器、减压阀和油雾器。三大件应安装在用气设备的就近处，便于调节和观测。

1．空气过滤器

如图 6-22 所示为空气过滤器。

(a) 结构原理　　(b) 图形符号

图 6-22　空气过滤器

空气过滤器又名分水滤气器、空气滤清器,它的作用是滤除压缩空气中的水分、油滴及杂质,以达到气动系统所要求的净化程度,是气源经压力输送管道进入气动系统前的过滤器,大多与减压阀、油雾器一起构成气动三联件,安装在气动系统的入口处,是对气源的第二次过滤。

2. 油雾器

油雾器是一种特殊的注油装置,它以压缩空气为动力,将润滑油利用局部压差作用吸入,并在压差作用下喷射成雾状且混合于压缩空气中,使压缩空气具有润滑气动元件的能力。如图6-23所示为油雾器。

图 6-23 油雾器

3. 减压阀

气动三大件中所用的减压阀,起减压和稳压作用,工作原理与液压系统减压阀相同。

4. 气动三大件的安装次序

气动系统中气动三大件的安装次序如图6-24所示。目前新结构的三大件插装在同一支架上,形成无管化连接。用以进一步过滤压缩空气中的灰尘、杂质颗粒、调节和稳定出口工作压力、润滑后续气动元件。

图 6-24 气动三联件的安装次序

6.3 密封装置

密封是解决液压与气动系统泄漏问题最重要、最有效的手段。尤其对液压系统而言,其系统压力一般运行在 1~32MPa 范围，如果密封不良，会出现油液外漏的问题，外漏的油液将会污染周围环境；当某些液压件的腔体处在负压吸油状态时，空气会通过缝隙进入腔体通道，使内部油液成为具有可压缩性的气液混合体，影响液压泵的工作性能和液压执行元件运动的平稳性，压力会波动，运行会颤动（爬行）；泄漏严重时，系统容积效率过低，甚至工作压力达不到要求值。若密封过度，虽可防止泄漏，但会造成密封部分的严重磨损，缩短密封件的使用寿命，增大液压元件内部的运动摩擦阻力，降低系统的机械效率。这些问题同样也会对运行压力小于 1MPa 的气动系统有不同程度的影响，因此，合理地选用和设计密封装置在液压与气动系统的设计中十分重要。

1. 对密封装置的要求

①在工作压力和工作温度范围的条件下，其密封结构应具有良好的密封性能，并随着压力的增加能自动提高密封性能。

②密封装置和运动件之间的密封结构合理，摩擦系数要稳定，摩擦力要小。

③密封装置的抗腐蚀能力强，不易老化，工作寿命长，耐磨性（弹性和强度）好，磨损后在一定程度上能自动补偿。

④密封件结构简单，制作、使用、维护方便，价格低廉。

2. 密封装置的类型和特点

密封按其工作原理可分为非接触式密封和接触式密封。前者主要指间隙密封，后者指密封件密封。

6.3.1 间隙密封

间隙密封是靠相对运动件配合面之间的微小间隙来进行密封的，利用间隙通道中的多道槽结构，使油液利用通道截面变化产生的局部阻力和增加流动距离产生的行程阻力减小其油液的溢流、外漏，常用于柱塞、活塞或阀的圆柱配合副中，一般在阀芯的外表面开有几条等距离的均压槽，其主要作用是使径向压力分布均匀，减少液压卡紧力，同时使阀芯在孔中的对中性好，并用减小间隙的方法来减少泄漏。

均压槽一般宽为 0.3~0.5mm，深为 0.5~1.0mm。圆柱面的配合间隙与直径大小有关，对于阀芯与阀孔一般取 0.005~0.017mm。

这种密封的优点是摩擦力小，缺点是磨损后不能自动补偿，主要用于直径较小的圆柱面之间的密封，如液压泵内的柱塞与缸体之间，滑阀的阀芯与阀孔之间。

6.3.2 O 形密封圈

O 形密封圈一般用耐油橡胶制成，其横截面呈圆形，它具有良好的密封性能，内外侧和端面都能起密封作用，结构紧凑，运动件的摩擦阻力小，制造容易，装拆方便，成本低，且高低压均可以用，在液压系统中应用广泛。

如图 6-25 所示为 O 形密封圈的结构和工作情况。

图 6-25（a）为其外形图，（b）为装入密封沟槽的情况，δ_1、δ_2 为 O 形圈装配后的预压缩量，通常用压缩率 W 表示，即 $W = [(d_0-h)/d_0] \times 100\%$。固定密封压缩率一般在 15%~20%；往复运动密封压缩率一般在 10%~20%；回转运动密封压缩率一般在 5%~10%。当油液工作压力超过 10MPa 时，O 形圈在往复运动中容易被油液压力挤入间隙而提早损坏，如图 6-25 中（c）图所示，为此要

在它的侧面安放 1.2～1.5mm 厚的聚四氟乙烯挡圈，单向受力时要在受力侧的对面安放一个挡圈，如图 6-25 中（d）图所示；双向受力时则在两侧各放一个挡圈，如图 6-25 中（e）图所示。

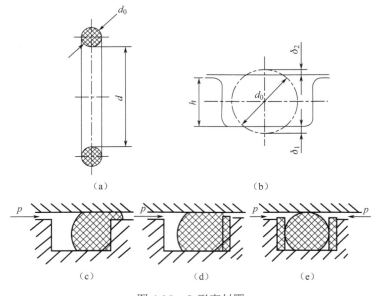

图 6-25　O 形密封圈

O 形密封圈的安装沟槽，除矩形外，也有 V 形、燕尾形、半圆形、三角形等，实际应用中可查阅有关手册及国家标准。

6.3.3　唇形密封圈

唇形密封圈根据截面的形状可分为 Y 形、V 形、U 形、L 形等。如图 6-26 所示为其结构及工作原理，（a）为其外形图；（b）为密封工作状况。流体介质的压力将密封圈的两唇边（h_1）压向形成间隙的两个零件的表面，从而形成密封。这种密封作用的特点是能随着系统内部工作压力的变化自动调整密封性能，压力越高则唇边被压得越紧，密封性越好；当压力降低时唇边压紧程度也随之降低，从而减少了摩擦阻力和功率消耗，自动补偿了唇边的磨损，保持密封性能的可靠性。

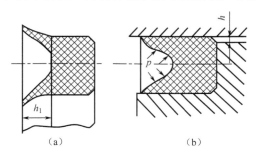

图 6-26　唇形密封圈的结构及工作原理

1. 小 Y 形密封圈

如图 6-27 所示为小 Y 形密封圈，常作为液压缸中活塞和活塞杆的密封元件。其中图（a）所示为轴用密封圈，图（b）所示为孔用密封圈。这种小 Y 形密封圈的特点是断面宽度和高度的比值大，增加了底部支撑宽度，可以避免摩擦力造成的密封圈翻转和扭曲。

图 6-27 小 Y 形密封圈

2. V 形密封圈

当压力大于 25MPa 时，一般选用如图 6-28 所示的 V 形密封圈，V 形密封圈由多层涂胶织物压制而成，通常由压环、密封环和支撑环三个圈叠在一起使用，以保证良好的密封性，当压力更高时，可以增加中间密封环的数量，这种密封圈在安装时要进行预压紧，所以摩擦阻力较大。可以应用在高压和超高压的场合。

唇形密封圈安装时应使其唇边开口面对压力油，这样能在流体介质压力的作用下使两唇张开，分别贴紧在机件的表面，达到密封效果。

（a）支撑环　　（b）密封环　　（c）压环

图 6-28 V 形密封圈

6.3.4 组合式密封装置

组合式密封装置是指由两个及以上元件组成的密封装置，包括密封圈。如图 6-29 所示为组合式密封装置。图（a）为 O 形密封圈与截面为矩形的聚四氟乙烯塑料滑环组成的组合密封装置。滑环紧贴密封面，O 形圈为滑环提供弹性预压力，由于密封间隙靠滑环，而不是 O 形圈，因此摩擦阻力小且稳定，可以用于 40MPa 高压系统的密封。这种组合密封结构应用于往复运动密封时，速度可达 15m/s；应用于往复摆动与螺旋运动密封时，速度可达 5m/s。矩形滑环组合密封的缺点是抗侧倾能力稍差，且在高低压力交变的场合下工作时容易漏油。图（b）为支持环和 O 形圈组成的轴用组合密封，由于支持环与被密封件之间为线密封，其工作原理类似唇边密封。支持环一般采用经特别处理的化合物，具有耐磨性、低摩擦和不变形的特点，避免了橡胶密封低速时易产生"爬行"的问题，工作压力可达 80MPa。

图 6-29 组合式密封装置

组合式密封装置由于采用了橡胶密封圈和滑环（支持环）的组合结构，因此具有二者的结构和材料优点，同时具有工作可靠、摩擦力低、使用寿命长的特点。

6.3.5 回转轴用密封装置

回转轴使用的密封装置形式很多，如图 6-30 所示为耐油橡胶制成的回转轴用密封圈，它的内部有直角形圆环铁骨架支撑，在密封圈的内边围着一条螺旋弹簧，用弹簧力可以把内边收紧在轴上，从而实现密封。这种密封圈主要用于液压泵、液压马达和回转式液压缸的伸出轴的密封，但其工作压力一般不超过 0.1MPa，在有润滑条件下工作时其最大线速度的允许范围为 4～8m/s。

图 6-30 回转轴用密封

6.4 管路

管路应包括输送管和连接用管接头（当然也应包括管道支架和管箍）。管路应根据使用场合的压力、流量、介质条件和现场条件（户内、户外、腐蚀、粉尘、振动）来选择相关的输送管和管接头材质的型号和规格。

6.4.1 输送管

液压与气动系统中常用的管道有硬管和软管。硬管以钢管和紫铜管为主，常用于高温高压和固定不动的部件之间连接。软管有各种塑料管、尼龙管和橡胶管等，其特点是经济、拆装方便、密封性好，但应避免在高温、高压和有辐射的场合使用。

由于输送管的种类很多，有钢管、紫铜管、尼龙管、塑料管、橡胶管等，须按照安装位置、工作环境和工作压力来正确选用。各种管的特点及其适用范围如表 6-3 所示。

表 6-3 液压与气动系统中使用的输送管

种类		特点和适用场合
硬管	钢管	能承受高压，价格低廉，耐油，抗腐蚀，刚性好，但装配时不能任意弯曲；常在装拆方便处作为压力管道。种类包括中、高压用无缝管，低压用焊接管等。直径应按流量要求选取
	紫铜管	易弯曲成各种形状，但承压能力一般不超过 6.5～10MPa，抗振能力较弱，易使油液氧化；通常在液压装置内不便之处用于配接使用
软管	尼龙管	乳白色半透明，加热后可以随意弯曲成形或扩口，冷却后又能定形不变，承压能力因材质而异，在 2.5～8MPa 的承压范围内
	塑料管	质轻耐油，价格便宜，装配方便，但承压能力低，长期使用会变质老化，只用于压力低于 0.5MPa 的回油管、泄油管等场合
	橡胶管	高压管由耐油橡胶夹几层钢丝编织网制成，钢丝网层数越多，耐压越高，价昂，用于中、高压系统中两个相对运动件之间的压力通道，低压管由耐油橡胶夹帆布制成，可作为回油管道

油管的规格尺寸(管道内径和壁厚)可由下式算出,d、δ 算出后,通过查阅有关的标准进行选定。

$$d = 2\sqrt{\frac{q}{\pi v}} \tag{6-16}$$

式中:d 为油管内径;q 为管内流量;v 为管中油液的流速,吸油管取 0.5~1.5m/s,高压管取 2.5~5m/s,压力高的取大值,低的取小值,例如:压力在 6MPa 以上的取 5m/s,在 3~6MPa 之间的取 4m/s,在 3MPa 以下的取 2.5~3m/s;管道较长的取小值,较短的取大值;油液黏度大时取小值,回油管取 1.5~2.5m/s,短管及局部收缩处取 5~7m/s。

$$\delta = pdn/2\sigma_b \tag{6-17}$$

式中:δ 为油管壁厚;p 为管内工作压力;n 为安全系数,对钢管来说,$p<7$MPa 时取 $n=8$,7MPa$<p<$17.5MPa 时取 $n=6$,$p>$17.5MPa 时取 $n=4$;σ_b 为管道材料的抗拉强度。

输送管的管径不宜选得过大,以免使液压装置的结构庞大;但也不能选得过小,以免使管内液体流速加大,系统压力损失增加或产生振动和噪声,影响正常工作。

在保证强度的情况下,管壁可尽量选得薄些。薄壁易于弯曲,规格较多,装接较易,采用它可减少管接头数目,有助于解决系统泄漏问题。

6.4.2 管接头

管接头是输送管连接、固定所必需的辅件,分为硬管接头和软管接头两类。硬管接头有螺纹连接及薄壁管扩口式卡套连接,对于通径较大的输送管,其接头可采用法兰连接。

管接头是管与管、管与件(液压与气动元件)之间的可拆式连接件,它必须具有装拆方便、连接牢固、密封可靠、外形尺寸小、通流能力大、压降小、工艺性好等各项条件。

管接头的种类很多,其规格品种可查阅有关手册。液压系统中油管与管接头的常见连接方式如图 6-31 所示。管路旋入端用的连接螺纹采用国家标准米制锥螺纹(ZM)和普通细牙螺纹(M)两种形式。

1—扩口薄管,2—管套,3—螺母,4—接头体,5—钢管,6—管套,
7—密封垫,8—橡胶胶管,9—组合密封垫,10—夹套

图 6-31 管接头

锥螺纹依靠自身的锥体旋紧和采用聚四氟乙烯等进行密封，广泛用于中、低压液压系统；细牙螺纹密封性好，常用于高压系统，但要采用组合垫圈或 O 形圈进行端面密封，也可用紫铜垫圈密封。

图 6-31（a）为扩口式薄壁管接头，适用于铜管或薄壁钢管的连接，也可用来连接尼龙管和塑料管，一般应用于压力不高的机床液压系统。

图 6-31（b）为焊接式钢管接头，用来连接管壁较厚的钢管，用在压力较高的液压系统中。

图 6-31（c）为夹套式管接头，当旋紧管接头的螺母时，利用夹套两端的锥面使夹套产生弹性变形来夹紧油管。这种管接头装拆方便，适用于高压系统的钢管连接，但制造工艺要求高，对油管要求严格。

图 6-31（d）为高压软管接头，多用于中、低压系统的橡胶软管的连接。

6.4.3 管道系统的选择

液压与气动系统管道的管径大小是根据流体的最大流量和允许的最大压力损失决定的，因此首先应确定管道的输送长度、弯道数量、管件形式等，并按最大流量估算各部分的压力损失，根据满足的流量和预留量计算和选择管径。

思考题

1. 液压动力源由哪几部分组成？
2. 容积式液压泵有哪几种？
3. 外啮合式齿轮泵的泄漏途径有哪几个？
4. 什么是单作用式叶片泵？什么是双作用式叶片泵？
5. 柱塞式液压泵有哪几种形式？
6. 如何选择液压泵？
7. 蓄能器的功能有哪些？
8. 油箱的功能有哪些？
9. 滤油器的功能是什么？一般安装在什么位置？
10. 气源由哪些元件组成？
11. 气动三联件指的是什么？安装次序如何？

第三篇 液压与气动基本回路

　　液压与气动系统基本控制回路是由液压与气动系统基础元件构成的具有特定功能的基本独立回路,是构成液压与气动系统工作回路的最小单元,包括方向控制回路、压力控制回路和流量控制回路。

　　方向控制回路是指在液压与气动系统中对执行元件的运动方向或管道中的流体方向和状态,如正向到反向、运动到停止、停止到运动等进行控制的回路。

　　压力控制回路是指在液压与气动系统中对执行元件产生的输出力或管道中的流体作用力大小等状态进行控制的回路。

　　流量控制回路是指在液压与气动系统中对执行元件运动速度或管道中的流体容积大小,如速度快慢或流量大小等状态进行控制的回路。

第7章 方向控制回路

要点概述

液压与气动系统的方向控制基本回路是由方向控制基础元件及相关基础控制元件等构成的最小功能系统,是实现对执行元件的运动方向进行换向或动作的启、停控制的基本回路。它包括换向回路和锁紧回路等。本章主要通过对换向回路、锁紧回路、往复控制回路、定位控制回路等模块的实际应用,使读者达到在性能、原理、选型、安装、调试等方面对方向基础元件和方向控制基本回路的掌握。

本章教学目标:掌握液压与气动各方向控制功能模块的结构原理,能合理对其各功能模块进行连接与调试,能准确描述各功能模块所用基础元件的作用、原理和使用要点,理解各基础元件的符号画法并能在系统回路中划分出相应的功能模块,同时具有举一反三设计液压与气动功能模块的能力				
	重　点	难　点	教学方法	教学时间
第一节	液压各换向回路的模块结构形式和工作原理,熟悉模块所用各基础元件的作用、原理、符号画法	液压各换向模块的连接与调试,能够在系统图中找出并划分相应换向模块,分析其在系统中的工作过程	项目实践	1.2课时
第二节	气动换向回路的模块结构形式和工作原理,熟悉模块所用各基础元件的作用、原理、符号画法	气动各换向模块的连接与调试,并能举一反三设计功能相近的气动换向模块,能够在系统图中找出并划分相应换向模块,分析其在系统中的工作过程	项目实践	1.2课时
第三节	液压各锁紧回路的模块结构形式和工作原理,熟悉所用各基础元件的作用、原理、符号画法	液压各锁紧模块的连接与调试,能够在系统图中找出并划分相应锁紧模块,分析其在系统中的工作过程	项目实践	1.2课时
第四节	气动锁紧回路的模块结构形式和工作原理,熟悉模块所用各基础元件的作用、原理、符号画法	气动各锁紧模块的连接与调试,并能举一反三设计功能相近的气动锁紧模块,能够在系统图中找出并划分相应锁紧模块,分析其在系统中的工作过程	项目实践	1.2课时
第五节	液压各往复控制回路的模块结构形式和工作原理,熟悉所用各基础元件的作用、原理、符号画法	液压各往复控制回路模块的连接与调试,能够在系统图中找出并划分相应模块,分析其在系统中的工作过程	项目实践	1.2课时
第六节	气动往复控制回路的模块结构形式和工作原理,熟悉所用各基础元件的作用、原理、符号画法	气动各往复控制回路模块的连接与调试,并能举一反三设计功能相近的气动模块,能够在系统图中找出并划分相应模块,分析其在系统中的工作过程	项目实践	1.2课时
第七节	液压缸各定位控制回路的模块结构形式和工作原理,熟悉所用各基础元件的作用、原理、符号画法	液压缸各定位控制回路模块的连接与调试,能够在系统图中找出并划分相应模块,分析其在系统中的工作过程	项目实践	1.2课时

	重 点	难 点	教学方法	教学时间
第八节	气动定位控制回路的模块结构形式和工作原理,熟悉所用各基础元件的作用、原理、符号画法	气动各定位控制回路模块的连接与调试,并能举一反三设计功能相近的气动模块,能够在系统图中找出并划分相应模块,分析其在系统中的工作过程	项目实践	1.2 课时
合计学时(min)				9.6 课时

1. 知识目标

① 理解方向控制回路中相关模块的作用原理、结构组成、工作过程。同时应对组成基本回路模块中的相关基础元件的功能、特点、表示符号、控制要求、参数整定方法等有明确的认识和掌握。

② 能够按照基本要求,用方向控制模块和相关基础元件设计液压与气动执行元件的换向控制回路。

③ 了解并掌握继电器/接触器及 PLC 系统对方向控制元件及方向控制模块实现控制的设计方法。

2. 能力目标

① 能够根据实际要求设计简单的液压与气动执行元件的换向回路,并按照流量要求进行相关元件的选型,掌握一般液压与气动基本换向回路的设计方法。

② 能够根据液压与气动方向控制模块和电气控制回路进行设备的连接、调试、运行。

③ 能在较复杂的液压与气动回路中,分辨并划分出相关的方向控制模块和方向控制基础元件,同时理解其在回路中的作用、原理、特点。

3. 操作要求

① 完成设备连接并检查和确认其正确性。

② 根据连接好的设备,分析作用原理、操作过程、相关参数整定方法以及回路故障的处置方案,通过模拟的操作与处置过程,达到对模块和相关基础元件的熟练应用。

③ 在设备的准备、储备、存放过程中,应注意设备的防尘和防潮问题。

④ 在设备的安装、连接、调试过程中,应注意管路的整洁、设备的安装方式和方向、设备参数的配套预设值设置方法和要求。

⑤ 液压与气动设备的电磁阀、比例阀等和电气控制系统接线时,应注意电磁阀的互锁问题、比例阀的配套性、系统的安全接地问题等。

7.1 液压换向回路

换向回路主要指用二位阀和三位阀实现对液压系统执行元件(缸、马达)的运动方向进行往复控制的回路。

7.1.1 (任务一)用二位二通换向阀实现液压系统控制

1. 任务引入

二位即表示阀芯工作在两种状态下,二通的意思是阀有两个接口(一进一出),因此一位是接口通,一位是接口断,通过位置的变换来切换阀的通与断,主要起关断/接通管路的作用的是一个截止阀。一般可以采用手动、电磁或行程控制的形式直接控制单作用液压缸等，或作为通道的旁路控制或实现液压泵的卸荷控制。

如图 7-1 所示为二位二通换向阀的液压系统控制回路，用三个电磁换向阀分别完成不同的功能。油液通过滤油器 1 进入电动机驱动的单向液压泵 2，液压泵输出的压力油经单向阀 3 后，其压力值由压力表 4 显示，压力油可以通过节流阀 5 和二位二通换向阀 6 组成的旁路调速环节控制单作用液压缸 7 对重物 W 的抬升速度；压力油的输出压力可以通过由溢流阀 8 和溢流阀 9 及二位二通换向阀 10 组成的并联压力控制环节进行调节，从而控制液压缸 7 的输出压力；液压泵可以通过二位二通换向阀 11 卸荷。

2．任务分析

如图 7-1 所示的二位二通换向阀的控制回路中，包含了旁路调速环节、并联压力控制环节和卸荷环节三种基本功能模块。任何液压控制系统都是由不同功能的模块组合而成的，在对任何液压系统的回路进行分析时，应首先按模块进行功能划分，并通过不同模块的操作过程，实现系统的功能。

3．任务实施

（1）卸荷控制

如图 7-1 所示液压泵的卸荷环节中，利用二位二通单控电磁换向阀 11 的左位工作，油路接通，使液压泵输出口的油液直接回到油箱 12 中，形成液压泵的有流量运转而无压力输出的零压力循环状态，这也是液压泵的不做功节能运行状态；而当二位二通单控电磁换向阀 11 在右位工作，油路截止，液压泵不能被卸荷，液压源有压力输出。有压力输出液压缸顶起重物，无压力输出液压缸在重物 W 作用下返回。利用压力的有无直接控制液压缸的升降状态。

1—滤油器 2—液压泵 3—单向阀 4—压力表 5—节流阀
6、10、11—二位二通电磁换向阀 7—双作用液压缸 8、9—溢流阀

图 7-1 二位二通换向阀液压控制回路

（2）压力控制

如图 7-1 所示并联压力控制环节中，利用两个溢流阀的不同的溢流调节压力，实现不同的压力稳定。当二位二通单控电磁换向阀 10 处在左位工作时，油路接通，系统压力由溢流阀 9 稳定；当二位二通单控电磁换向阀 10 处在右位工作时，油路截止，系统压力由溢流阀 8 稳定。这是由于溢流阀 9 的溢流稳压值低于溢流阀 8。因此两个溢流阀并联，溢流稳压值低的起调节作用，而高的被关闭。

（3）速度控制

如图 7-1 所示旁路调速环节中，当二位二通单控电磁换向阀 6 处在右位工作时，油路截止（右位），其液压缸的运动速度由节流阀 5 调节；当二位二通单控电磁换向阀 6 处在左位工作时，油路接通，节流阀 5 被短路，由于节流阀 5 具有一定阻力，因此节流阀 5 中没有油液流过。

7.1.2 （任务二）用二位三通换向阀实现液压缸的换向控制

1. 任务引入

"二位三通"即在二位二通的基础上增加了一路接口，一般增加一个回流口，主要用于控制单作用液压缸的往复运动（油路通与断或缸伸出与缩回）；或控制双作用液压缸的往复运动（差动快速伸出）。如图 7-2 所示为二位三通换向阀直接控制单作用液压缸的回路形式，如图 7-3 所示为双作用液压缸的差动控制的回路形式。

2. 任务分析

如图 7-2 和图 7-3 所示的二位三通换向阀的控制回路中，实际上包含了稳压控制和换向控制两种功能的基本模块回路，液压源经单向阀后其压力的高低取决于溢流阀的稳压环节，压力表只是操作现场的一个直观显示，通过不同模块的操作过程，可以实现系统的不同功能。

3. 任务实施

通过不同液压执行元件进行操作，实现不同的运行控制。

（1）直接控制

如图 7-2 所示为二位三通单控电磁换向阀直接控制单作用液压缸的控制回路。当二位三通单控电磁换向阀左位工作时，压力油直接通过二位三通换向阀的左位进入单作用液压缸的无杆腔，使液压缸的活塞杆伸出；当二位三通单控电磁换向阀处于右位（原位）工作时，压力油被阻断，单作用液压缸在弹簧力的作用下复位返回，此时单作用液压缸的无杆腔中油液通过换向阀的右位回流进入油箱。

（2）差动控制

如图 7-3 所示为二位三通单控电磁换向阀差动控制双作用液压缸的控制回路。当二位三通换向阀右位（原位）工作时，压力油直接通过二位三通换向阀的右位进入双作用液压缸的无杆腔，同时又与有杆腔连通，由于液压缸无杆腔与有杆腔的作用面积不同，因此活塞将向受力面积小的有杆腔方向运行，使得活塞杆伸出，同时有杆腔中的油液直接流出后进入到无杆腔中，相对增加了进入无杆腔中的流量，从而使液压缸的活塞杆快速伸出；当二位三通单控电磁换向阀处于左位工作时，压力油直接作用于有杆腔，此时无杆腔中的油液通过左位直接回流进入油箱，活塞杆处于缩回状态。

图 7-2 二位三通换向阀直接控制回路　　图 7-3 二位三通换向阀差动控制回路

7.1.3 （任务三）用二位四通换向阀实现液压缸的换向控制

1. 任务引入

二位四通换向阀主要用于实现双作用液压缸以及液压马达的往复运动控制。如图 7-4 所示为采用二位四通单控电磁换向阀的换向回路，单控电磁换向阀具有断电复位的特点，因此可以通过电气控制的形式，实现液压缸的换向。

2. 任务分析

如图 7-4 所示为二位四通单控电磁换向阀实现液压缸的换向回路，由二位四通电磁换向阀电磁铁 YA_1 的通电与断电实现液压缸活塞杆的伸出或缩回。

3. 任务实施

电磁阀的电磁铁 YA_1 可以用接触器或 PLC 进行通电或断电控制，当 YA_1 通电，换向阀处于左位工作，液压缸无杆腔进油，液压缸有杆腔的油液流回油箱，活塞向右移动；当 YA_1 断电，此时也是原位，换向阀处于右位工作，液压缸有杆腔进油，液压缸无杆腔的油流回油箱，活塞向左移动。

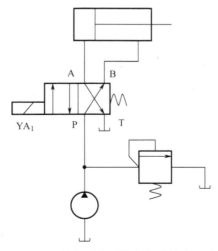

图 7-4 二位四通电磁换向阀的换向回路

7.1.4 （任务四）用液动换向阀实现液压缸的换向控制

1. 任务引入

在液压系统中，为了节约能源常用双泵供油的形式，大小两个泵，大泵用于快进，小泵用于保压，而大流量的输出也常用液动换向阀进行控制，如图7-5所示为手动阀（先导阀）控制液动换向阀的大型压力机换向回路。

2. 任务分析

在图7-5中，回路中用辅助泵2提供低压控制油，通过三位四通手动先导阀3来控制三位四通液动换向阀4的阀芯移动，实现主油路的换向，当先导阀3处在右位工作时，控制油进入三位四通液动阀4的左侧控制油口，右侧控制油口的油液经先导阀回油箱，使三位四通液动换向阀4左位工作，压力油进入液压缸的无杆腔，使活塞下移。当先导阀3切换至左位工作时，控制油液进入三位四通液动换向阀4的右侧控制油口，此时左侧控制油口的油液经先导阀回油箱，使液动阀换向右位工作，压力油进入液压缸有杆腔，活塞向上退回。当先导阀3中位工作时，三位四通液动换向阀4左右两侧的控制油与油箱连通，在弹簧力的作用下，其阀芯回到中位，此时主泵1处于卸荷的节能运行状态，液压缸处于锁紧状态。

在液动换向阀的换向回路或电液动换向阀的换向回路中，控制油液除了用辅助泵供给外，在一般的系统中也可以把控制油路直接接入主油路。但是，当主阀采用"M"形或"H"形中位机能时，必须在回路中设置背压阀，保证控制油液有一定的压力，以控制换向阀阀芯的移动。

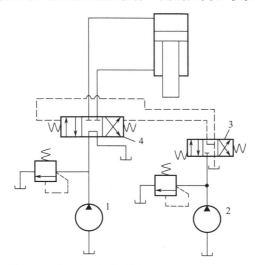

图 7-5　采用先导阀控制液动换向阀的换向回路

3. 任务实施

按图7-5构成回路，通过三位四通手动先导阀3的右位工作，实现液压缸向下加压；阀3左位工作实现液压缸提升；阀3中位工作，液压缸保压，泵1卸荷。泵2只向阀4提供换向工作压力。

7.2 气动换向回路

气动换向回路是指可以改变汽缸、气马达等气动执行元件运动方向的基本回路。

7.2.1 （任务一）单作用汽缸换向控制

1．任务引入

单作用汽缸是指返回时利用弹簧复位或在外力（负载）作用下复位的汽缸，如图 7-6 所示为单作用汽缸换向控制回路。

2．任务分析

如图 7-6（a）所示为由二位三通电磁阀控制的换向回路，通电时，活塞杆伸出；断电时，在弹簧力作用下活塞杆缩回。

如图 7-6（b）所示为由三位五通电磁阀控制的换向回路，该阀具有断电后自动对中功能，可使汽缸停在任意位置，但定位精度不高、定位时间不长。

（a）二位三通电磁阀控制的换向回路　　　（b）三位五通电磁阀控制的换向回路

图 7-6　单作用汽缸换向控制回路

3．任务实施

按图 7-6 构成回路，（a）图中，单控电磁阀带电，汽缸活塞杆伸出，单控电磁阀断电，汽缸活塞杆在弹簧作用下自动缩回。（b）图中，三位阀左电磁铁得电，汽缸活塞杆伸出；三位阀右电磁铁得电，汽缸活塞杆缩回；三位阀中位工作，两电磁铁断电，汽缸处于锁紧状态。双控阀的两个电磁铁应互锁，不允许同时得电。

7.2.2 （任务二）双作用汽缸换向控制

1．任务引入

双作用汽缸的换向控制：必须对汽缸活塞的两边交替施加压缩气体，才能使汽缸实现双向运动，如图 7-7 所示为三种形式的换向回路，不同的形式应用的对象不同。

2．任务分析

图 7-7（a）为小通径的手动换向阀控制二位五通气控换向阀的汽缸换向回路，属于先导阀的控制形式，适用于大气量（直径）汽缸；图 7-7（b）为二位五通双控电磁阀直接控制的汽缸换向回路，双电磁铁必须互锁，不允许同使带电，适用于小型汽缸；图 7-7（c）为两个小通径的手动阀控制二位五通气控换向阀的汽缸换向回路，该回路为手动先导阀操作方式，无论是左侧阀还是右侧阀，只要压下后接通一次，二位气控换向阀就能立即动作并保持汽缸应有的工作状态，直到

另一侧压下后二位气控换向阀才动作使汽缸换向，这是由于二位阀具有记忆功能。

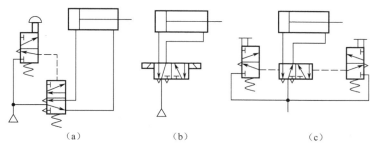

图 7-7　双作用汽缸换向回路的几种形式

3. 任务实施

按图 7-7 构成三个不同回路，(a) 图中，手动阀压下，汽缸活塞杆伸出，手动阀抬起，汽缸活塞杆缩回。(b) 图中，右侧电磁铁得电，汽缸活塞杆伸出；左侧电磁铁得电，汽缸活塞杆缩回。(c) 图右侧手动阀压下一次，汽缸活塞杆伸出；左侧手动阀压下一次，汽缸活塞杆缩回。双控阀的两个电磁铁应互锁，不允许同时得电。

二位四通换向阀有一个回油口 T，而二位五通换向阀有两个回油口 T_1 和 T_2，因此二位五通换向阀和二位四通换向阀在实现功能上没有太大的区别，都是作为液压缸或汽缸等双作用执行元件的换向控制。在液压系统中主要应用二位四通换向阀进行换向，但在气动系统中应用较多的是二位五通换向阀，这是由于其阀体的 T_1 和 T_2 口可直接安装消声器（消声排气节流阀）后排空。二位五通换向阀的电控形式包括二位五通单控（单线圈）电磁换向阀和二位五通双控（双线圈）电磁换向阀，电压等级一般采用 DC24V、AC220V 等，也是气动系统的常用形式，而单控阀和双控阀的区别主要是前者自动复位，后者具有记忆功能。

7.3　液压锁紧回路

为了使工作部件能在任意位置上停留，以及在停止工作时，防止在受力的情况下发生移动，即使液压系统中的执行元件在定位后能够保持不动，其控制回路中也必须采用锁紧功能。可采用三位阀的中位机能实现锁紧，也可以利用阀的功能实现锁紧，还可以采用制动器实现锁紧控制。

7.3.1　（任务一）用换向阀中位机能实现液压缸锁紧

1. 任务引入

三位阀的中位机能有不同的控制功能，采用"O"形或"M"形机能的三位换向阀，当阀芯处于中位时，液压缸的进、出口都被封闭，可以将活塞锁紧，这种锁紧回路由于受到滑阀泄漏的影响，锁紧效果较差。如图 7-8 所示为采用"O"形中位机能的三位换向阀锁紧回路。

2. 任务分析

如图 7-8 所示为采用三位四通"O"形中位机能电磁换向阀的锁紧回路。当电磁线圈失电后，其阀在对中复位弹簧的作用下，换向阀处于中位工作，P、T、A、B 这四个油口均不通，液压缸中的油液被锁住，形成活塞不动的锁紧状态。

图 7-8 "O" 形中位机能换向阀的锁紧回路

3．任务实施

按图 7-8 构成回路，图中三位四通电磁换向阀的左侧电磁铁得电，液压缸活塞杆伸出；右侧电磁铁得电，液压缸活塞杆缩回；两侧电磁铁同时断电，液压缸活塞可被锁紧在任意位置。双控阀的两个电磁铁应互锁，不允许同时得电。

7.3.2 （任务二）用单向阀实现液压缸锁紧

1．任务引入

单向阀分成两类，一是普通单向阀（简称单向阀），它只允许油液向一个方向通过；二是液控单向阀，它具有普通单向阀的功能，并且只要在控制口通以一定压力的控制油液，油液反向也能通过。单向阀和液控单向阀主要用于油路需要单向导通控制的场合，也用于各种锁紧回路。

2．任务分析

如图 7-9 所示为采用液控单向阀的锁紧回路，A 阀入口有压力时，其压力同时使 B 阀打开；B 阀入口有压力时，其压力同时使 A 阀打开，此时双阀处于导通状态；但无压力时，双阀关断，只有双阀 A 和 B 同时打开时，才能使液压缸的活塞运行，否则回路关断。如图 7-10 所示是采用普通单向阀的锁紧回路，当单向阀的入口侧压力低于出口侧压力时，单向阀处于不导通的锁紧状态。

3．任务实施

按图 7-9 和图 7-10 分别构成回路，并分别进行操作。

（1）液控单向阀的锁紧回路

图 7-9 是采用液控单向阀的锁紧回路。在液压缸的进、回油路中都串接液控单向阀（又称液控双向锁），当压力端的单向阀可通过时，压力端的压力必须通过控制端打开无压端的单向阀，才能形成液压缸的运动回路，当无压力时，两个单向阀被自动关断，形成断路，此时活塞可以在行程的任何位置锁紧。其锁紧精度只受液压元件的内泄漏影响，因此，锁紧精度可以通过选择泄漏量较小的液压元件来提高。利用中位机能控制液控单向阀的锁紧回路，其换向阀的中位机能应

选用"H"形或"Y"形,使液控单向阀的控制端油液卸压,从而使液控单向阀立即关闭,活塞停止运动。

图 7-9 采用液控单向阀的锁紧回路

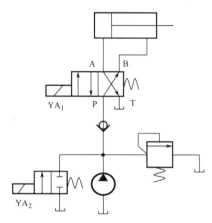

图 7-10 采用普通单向阀的锁紧回路

当采用"O"形或"M"形机能的三位换向阀时,在换向阀处于中位时,由于液控单向阀的控制腔压力油被关断而不能使其压力立即下降,直至换向阀的内泄漏使控制腔卸压后,液控单向阀才能关闭,延长了液控单向阀的关闭时间,影响其锁紧精度。

(2)普通单向阀的锁紧回路

如图 7-10 所示是采用普通单向阀的锁紧回路。当 YA_1 得电,换向阀处于左位工作,液压缸活塞右行;当 YA_1 失电,换向阀处于右位工作,液压缸活塞左行;此时如果液压泵停止工作或 YA_2 得电卸荷,由于单向阀的原因油液不能逆流,则液压缸活塞杆在外力作用下可以继续左行,这是由于 A 口已和 T 口连通;但液压缸活塞杆不能向右运行,这是由于 B 口被锁死,停留在液压缸有杆腔中的油液容积一定,不能压缩。当 YA_1 得电时,YA_2 也得电卸荷,此时锁紧方向与上述相反。因此该系统只能限定液压缸活塞的单方向锁紧运行,另一方向应有一定的浮动量,这是由于真空作用,移动量有限。

7.3.3 (任务三)用液控顺序阀实现液压缸锁紧

1. 任务引入

顺序阀的作用相当于一个开关阀,即入口压力大于其设定压力时,阀口打开,否则阀口关闭,因此当入口压力低于设定压力时,顺序阀实际上处于锁紧状态,如图 7-11 所示即为液控顺序阀的压力机单向锁紧回路,可以保证压力机的有杆腔中总留有少量液压油,防止活塞向下硬性冲击。

2. 任务分析

如图 7-11 所示为液控顺序阀的压力机单向锁紧回路,利用液控顺序阀的压力开关作用,使液压缸在向下压制的过程中,如果液压缸的上腔不进油或上腔压力低时,由于其顺序阀的入口压力小于设定的开关压力,则油路被顺序阀关断,此时液压缸的活塞被锁紧而不能运行。如果液压缸的双作用进出口各设置一个顺序阀锁紧回路,则可实现上下双向锁紧限位。

3. 任务实施

按图 7-11 构成回路,图中三位四通电磁换向阀的右侧电磁铁得电,液压缸活塞杆伸出向下加压运行;左侧电磁铁得电,液压缸活塞杆缩回提升运行;两侧电磁铁同时断电,液压缸被锁紧在任意位置。双控阀的两个电磁铁应互锁,不允许同时得电。

图 7-11 液控顺序阀的压力机单向锁紧回路

7.3.4 (任务四)液压马达锁紧(制动)

1. 任务引入

对于液压执行元件而言,锁紧就是制动,制动回路必须使执行元件平稳地由运动状态转换成静止状态。要求对油路中出现的异常高压和负压做出迅速反应,应使制动时间尽可能短,冲击尽可能小。图 7-12 是液压马达的制动回路,由于马达旋转过程中的转动惯量形成惯性冲击,因此冲击压力过大时的背压应具有恒压释放功能,以防止对液压元件造成损坏。

2. 任务分析

执行元件是液压马达时,切断其进、出油口后理应停止转动,如图 7-12(a)所示为液压马达换向制动回路图,由于惯性原因,马达出口与换向阀之间的背压会很大,易造成管路或阀件的损坏,因而马达设有一泄油口直接通回油箱,当马达在惯性负载力矩的作用下变成泵工况时,其出口油液将经泄油口流回油箱,使马达出现滑转。为限制背压的大幅度升高,在马达两端增加一个刹车溢流阀来限制背压的最高压力,如图 7-12(b)所示为具有过压保护作用的液压马达换向制动回路图。

当马达在旋转过程中,突然回到图 7-12(b)所示的中位机能状态时,由于惯性因素会使马达的某一侧产生较高的背压,无论哪一侧的背压都会通过与液压马达并联的两个背对背单向阀中的一个,将压力传送到刹车溢流阀,当压力高于刹车溢流阀的设定压力时,溢流阀开始溢流工作,从而限制了背压的最高压力。

3. 任务实施

按图 7-12 构成制动回路,图中三位四通电磁换向阀的右侧电磁铁得电,液压马达会顺时针或逆时针旋转;而当左侧电磁铁得电,液压马达会向相反方向旋转;双侧电磁铁同时断电,液压马达可被锁紧在任意位置。双控阀应互锁,不允许同时接通。(a)图中的马达不能由正转瞬时转向反转或由反转瞬时转向正转,应有中位机能的过渡,防止损害液压元件,而(b)图由于有背压限压溢流回路，因此能保证系统的工作安全性。

图 7-12 液压马达制动回路

7.3.5 （任务五）用制动器实现液压马达锁紧

1. 任务引入

对于液压马达而言，在切断液压马达进、出油口的同时，还须通过液压制动器来保证马达可靠地停转，如图 7-13 所示为液压马达换向回路机械制动原理图。

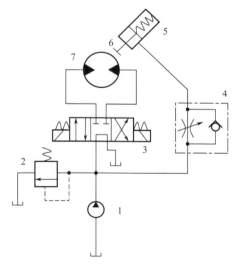

图 7-13 液压马达机械制动回路

2. 任务分析

在如图 7-13 所示的液压马达机械制动回路中，液压泵 1 工作时，溢流阀 2 保证泵的工作压力稳定，当三位四通电磁换向阀 3 处于左位或右位工作时，压力油会通过单向节流阀 4 进入单作用制动液压缸 5 的有杆腔，活塞杆抬升制动块 6 脱离与马达 7 的接触，形成松闸运行状态；当三位四通电磁换向阀 3 的两侧电磁铁同时断电，形成中位机能工作时，液压泵被卸荷，此时制动液压缸 5 有杆腔中的压力油会通过单向节流阀 4 中的单向阀快速回排进入油箱，使得制动液压缸 5 的活塞杆带动制动块 6 与马达 7 形成压紧的制动状态。因此机械制动大都采用断电制动的形式。

3. 任务实施

按图 7-13 构成制动回路，图中三位四通电磁换向阀 3 的右侧电磁铁得电，液压马达会顺时针或逆时针旋转；而当左侧电磁铁得电，液压马达会向相反方向旋转；两侧电磁铁同时断电即中位机能时，液压马达可被锁紧在任意位置，锁紧依靠中位机能和机械制动的双重形式。双控阀的两个电磁铁应互锁，不允许同时得电，但可以同时断电。

7.4 气动锁紧回路

气动锁紧回路是指可以使汽缸、气马达等气动执行元件在运动过程中停止并锁紧后定位的基本回路。气动锁紧回路与液压锁紧回路的结构原理是相同的，由于压力液体是不可压缩的，而压力气体具有可压缩性的特点，使得气动锁紧回路的定位性能相对较差，一般主要应用于汽缸的锁紧定位。

7.4.1 （任务一）用三位五通换向阀实现汽缸锁紧

1. 任务引入

为了使汽缸停留在某一位置，最简单的方法就是用三位"O"形中位机能电磁阀，其中位机能的各通路口都处于不通状态，图 7-14 为三位五通"O"形中位机能电磁阀直接控制的汽缸换向回路，其功能具有中位锁紧的作用。

2. 任务分析

如图 7-14 所示为三位五通电磁阀直接控制的汽缸换向回路，回路有中位机能的锁定功能，由于缸体活塞杆的负载惯性和气体的可压缩性，使得定位精度不高。实际上三位五通阀和三位四通阀的基本功能是相同的，只是泄放口的数量不同，三位四通阀是把左位和右位的泄放口合二为一，而三位五通阀则是分开泄放的，这样利用三位四通阀泄放口实现节流调整时，其活塞杆伸出和活塞杆缩回的速度是相同的，要想不同，必须在其阀 A 和 B 出口增加单向节流阀。而用三位五通阀，只需左右泄放口各配一个排气节流阀即可实现活塞杆双向速度不同的调整。

3. 任务实施

按图 7-14 构成汽缸换向锁紧回路，图中三位五通阀的左右两侧电磁铁同时断电时，其阀处于中位锁紧状态，反复使左右两侧电磁铁分别带电并断电，会使活塞杆停留在不同位置。双控阀的两个电磁铁应互锁，不允许同时得电。

7.4.2 （任务二）用二位换向阀实现汽缸锁紧

1. 任务引入

汽缸的任意位置锁紧，除用三位阀实现还可以用二位阀与气动双向锁构成，如图 7-15 所示，为两个二位三通电磁阀控制的汽缸换向锁紧回路，可实现汽缸的任意位置锁紧。

2. 任务分析

在如图 7-15 所示的回路中，分别用两个二位三通电磁换向阀通过气控双向锁以单向节流出口调速的形式控制汽缸的换向和锁紧回路，二位阀实现汽缸锁紧，其回路中必须通过设置两个气控单向阀的双控形式，才能构成气控双向锁来实现失压后的汽缸锁定功能。

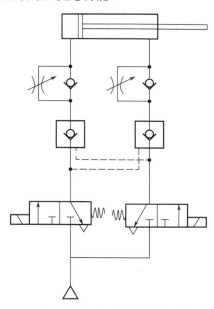

图 7-14　三位五通电磁阀直接控制的汽缸换向锁紧回路　　图 7-15　二位三通电磁阀控制的汽缸换向锁紧回路

3. 任务实施

按图 7-15 构成汽缸换向锁紧回路，用两个二位三通电磁换向阀分别通电，就可以分别控制汽缸活塞杆的伸出和缩回，当左右两个电磁换向阀电磁铁同时断电时，其气控双向锁由于入口失压从而使两气控单向阀同时处于锁紧状态，反复使左右两端电磁阀分别带电和失电，会使活塞杆停留在不同位置。两二位三通电磁换向阀电磁铁应互锁，不允许同时得电。

7.5　液压往复控制回路

在液压与气动系统中，其执行元件的动作基本上都采用往复动作的形式，即液压缸或汽缸的活塞杆总是伸出与缩回，液压摆动马达或气摆动马达的旋转方向总是交替往复旋转。

7.5.1　（任务一）用行程换向阀实现液压缸往复控制

1. 任务引入

对于液压缸的往复控制，首先就是实现液压缸行程的到位检测，液压缸活塞杆伸出行程到位后才能实现回程，图 7-16 是用行程阀控制的往复控制回路。

2. 任务分析

如图 7-16 所示为用行程阀控制的往复控制回路原理图。图示以两液压缸 A 和 B 的活塞均退至左端点为起始位置。当手动换向阀 C 在左位工作时，A 缸的活塞先向右运动实现动作①；

当 A 活塞杆上的挡块压下行程阀 D 后，行程阀 D 在上位工作，此时缸 B 的活塞开始向右运动，实现动作②；当手动换向阀 C 复位后，即右位工作，A 缸活塞先退回，实现动作③；当其 A 缸活塞杆挡块离开行程阀 D 后，行程阀 D 复位，其阀下位工作，此时 B 缸的活塞退回，实现动作④。这种用行程阀控制的顺序动作回路动作可靠，虽然较难改变动作顺序，但在液压系统中应用也较多。

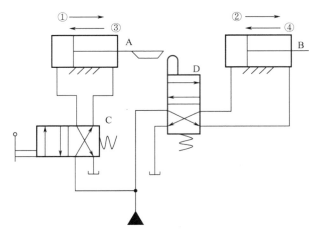

图 7-16　用行程阀控制的往复控制回路

3．任务实施

按图 7-16 构成汽缸换向控制回路，操作手动阀 C 时，必须等动作②结束后，才可使手动阀复位并实现动作③和④。

7.5.2　（任务二）用行程开关实现液压缸往复控制

1．任务引入

液压缸的往复控制回路除了手动控制形式外，更多的是自动控制形式，其液压缸行程的到位检测除了用行程阀实现，还可用行程开关进行检测，并利用 PLC 实现全自动的控制形式。如图 7-17 所示就是采用行程开关和电磁换向阀的往复控制回路，按照图示的控制顺序试采用 PLC 的控制形式进行系统设计。

2．任务分析

如图 7-17 所示的液压主回路和动作顺序，系统应满足如下控制要求：首先按下启动按钮 SB_1 后，电磁铁 YA_1 得电，A 缸的活塞向右运动，实现动作①；当 A 缸活塞杆上的挡块压下行程开关 SQ_1 后，使电磁铁 YA_2 得电，B 缸的活塞也向右运动，实现动作②；当 B 缸活塞上的挡块压下行程开关 SQ_2 后，使 YA_1 失电，缸 A 返回，实现动作③；当 A 缸活塞杆上的挡块压下行程开关 SQ_3 后，使电磁铁 YA_2 失电，B 缸活塞也返回，实现动作④，直到压下 SQ_4 后，整个工作结束并进入下一个工作循环。

在液压与气动系统中，如果系统的控制完全采用液压或气动的形式，虽然回路相对工作可靠，制作成本相对较低是其优点，但其回路结构复杂和控制过程不能方便调整也是致命缺点，因此目前的工业系统，大都是机、电、气、液综合控制系统，目前的液压或气动控制元件也都选用相应的电磁阀控制形式，而电磁阀线圈可以用 PLC 直接控制。因此可以根据图 7-17

所示的采用行程开关和电磁换向阀的往复控制液压回路结构,将 PLC 的 I/O 接线图和顺序功能图设计好,再将 PLC 与计算机进行通信连接,并进行设备接线、梯形图的编制和调试。

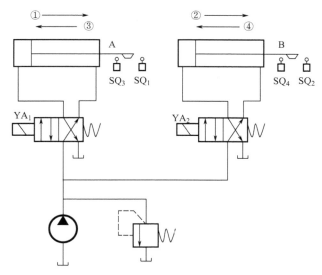

图 7-17　采用行程开关和电磁换向阀的往复控制回路

3. 任务实施

(1) 设计 PLC 接线图并选型

根据系统液压主回路和控制要求,其电气控制回路应采用 PLC 控制形式,选用西门子 S7-200,CPU224,AC/DC/RLY,如图 7-18 所示为其 PLC 外部接线图。

由于主要讨论液压部分的控制结构,因此省略液压泵的主回路图和相应接触器、热继电器等控制回路图。

图 7-18　PLC 外部接线图

(2) PLC 的顺序功能图

如图 7-19 所示为其 PLC 的顺序功能图。按照顺序功能图就可以进行梯形图的编制。

(3) 编程调试

按实际控制要求和图 7-19 进行编程和调试，也可以通过加入 PLC 中的定时器功能实现各步动作之间（时间设定控制形式）的停顿和协调。

图 7-19 PLC 顺序功能图

7.5.3 （任务三）用压力继电器实现液压缸往复控制

1. 任务引入

对于液压缸系统而言，其行程到位的检测，在某些场合还可通过压力继电器实现，这是由于当液压缸对负载进行加压时，其压力达到一定值时液压缸才能运行到位，负载也才能被顶压到位。如图 7-20 所示为压力继电器和电磁换向阀的往复控制回路，通过对液压缸工作过程中压力值的高低变化检测实现对液压系统的控制。

2. 任务分析

图 7-17 所示为采用行程开关和电磁换向阀的往复控制回路，在保持其功能不变的条件下，将行程开关 SQ_1、SQ_2、SQ_3、SQ_4 用压力继电器 SPQ_1、SPQ_2、SPQ_3、SPQ_4 来代替，利用液压缸在前进过程中如果与负载接触后其作用腔的压力会升高的特性及液压缸对负载合适的作用压力值，实现对其工作状态的检测；利用液压缸在后退过程中压力较低的特点，设定一个满足后退到位的压力值。因此液压缸前进到位的压力值与对负载做功的状态有关，而液压缸后退到位的压力值与其实际退回的状态有关。

为了保证压力继电器的可靠工作，一般做功时的压力检测值应在实际工作需要的最高压力的基础上增加 0.3～0.5MPa，但要比溢流阀提供的工作压力低 0.3～0.5MPa。压力继电器的设定压力都是可调的。为了保证 A、B 两缸的工作压力稳定性和压力继电器互不干扰，用了两个单向阀进行系统隔离。对 A 缸的运行速度也进行了控制调整，增加了工进的节流调速控制和后退时的快退控制，即退回时其电磁铁 YA_3 得电后实现快退，而失电时实现节流工进。将控制 B 缸的原二位四通单控电磁换向阀换成双控电磁换向阀。将原单向定量泵换成单向变量泵，便于对液压动力源输出压力的调整。如图 7-20 所示为采用压力继电器和电磁换向阀的往复控制回路，实际上是图 7-17 采用行程开关和电磁换向阀的往复控制回路的变形形式（将行程检测置换为压力检测）。

3. 任务实施

按图 7-20 构成用压力继电器和电磁换向阀的往复控制回路,可利用继电器或 PLC 的控制形式。通过控制 YA_1 换向—YA_3 快进—工进等实现动作①;通过 SPQ_1—YA_2 换向等实现动作②;通过 SPQ_2—YA_1 失电换向—YA_3 快退等实现动作③;通过 SPQ_3—YA_4(可手动操作)换向等实现动作④;通过 SPQ_4 动作,标志本次工作循环结束而进入下一个工作循环。

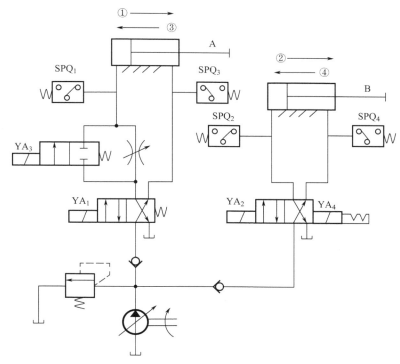

图 7-20 用压力继电器和电磁换向阀的往复控制回路

7.5.4 (任务四)用顺序阀实现液压缸往复控制

1. 任务引入

对于两个或多个液压缸的前后顺序控制系统,可以利用顺序阀的压力开关作用,对设置不同开启压力的顺序阀实现按压力高低顺序的工作过程,从而使其控制的液压缸可按先后顺序工作。例如对图 7-17 所示采用行程开关和电磁换向阀的往复控制液压回路,还可进一步简化成图 7-21 所示的用顺序阀实现顺序控制的形式。

2. 任务分析

对于图 7-21 用顺序阀实现的控制回路而言,在 A、B 缸的并联回路中,分别串入了单向顺序阀控制环节 C 和 D,并由一个三位四通电磁换向阀进行控制。

当换向阀左位工作时,A 缸活塞向右运动,当 A 缸运行到工位后其回路压力会逐渐升高,升高到右边的顺序阀的调定压力时,D 单向顺序阀环节开启,B 缸活塞向右开始运动。当换向阀右位工作时,B 缸活塞向左退回,当 B 缸活塞退行到位后其回路压力同样会逐渐升高,当升高到左边的顺序阀的调定压力时,C 单向顺序阀环节开启,A 缸活塞向左开始运动。当换向阀中位机能时,A 缸和 B 缸可在任意位置被锁定。

3. 任务实施

按图 7-21 构成用顺序阀实现控制的液压主回路，YA_1 得电后 A 缸先动，执行动作①，到位后回路压力升高使 D 阀导通后 B 缸动，执行动作②，延时一定时间后 YA_2 得电，B 缸先退回，执行动作③，到位后回路压力升高使 C 阀导通后 A 缸退回，执行动作④。当 YA_1 和 YA_2 断电，A 缸和 B 缸被锁紧并可能停留在任何位置。双控阀的两个电磁铁应互锁，不允许同时得电。

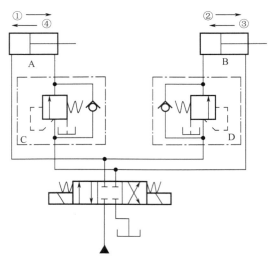

图 7-21　用顺序控制阀实现前后顺序控制

7.5.5　（任务五）用双向变量泵实现液压缸换向控制

1. 任务引入

运动部件的换向，一般可采用各种换向阀来实现。但在容积调速的闭式回路中，也可以利用双向变量泵控制油液流的方向来实现液压缸（或液压马达）的换向。如图 7-22 所示为双向变量泵换向回路。

2. 任务分析

如图 7-22 所示的双向变量泵换向回路中，主要是利用双向变量泵的换向而实现液压缸的换向，为了防止液压泵的输入压力过高或惯性因素造成回路系统压力升高，在液压缸的输入输出回路之间增加了双向限压溢流回路，使过高的系统压力能够被释放和限定。

这种换向回路比普通换向阀换向平稳，多用于大功率的液压系统中，如龙门刨床、拉床等。

3. 任务实施

按图 7-22 构成双向变量泵的液压缸换向回路，通过控制和改变双向变量泵的运行方向，实现液压缸的换向运行。

7.6　气动往复控制回路

气动往复控制回路是指汽缸或气马达等气动执行元件的自动换向控制回路或自动往复控制回路。其结构原理与液压系统往复控制回路相同。

7.6.1 （任务一）行程检测的往复动作回路

1. 任务引入

汽缸往复动作回路的控制方式与液压缸基本相同，只是气动系统回路的惯性作用比液压回路要小，而负载的惯性则取决于所加负载的大小，在同样负载惯性作用下，气体有压缩性而液体不存在压缩问题，因此气动系统的负载惯性比液压系统的负载惯性产生的作用大。

2. 任务分析

如图 7-23 所示为用行程阀实现汽缸行程检测的往复动作回路。当按压二位三通手动阀 A 时，其 A 阀上位工作，导致控制汽缸的二位四通气动主阀左位工作，汽缸活塞杆伸出，当活塞杆伸出后滑块压下二位三通行程阀 B 时，B 阀上位工作，同时导致控制汽缸的二位四通气动主阀右位工作，汽缸活塞杆缩回，汽缸完成一个活塞杆伸出到位后自动缩回的工作过程。

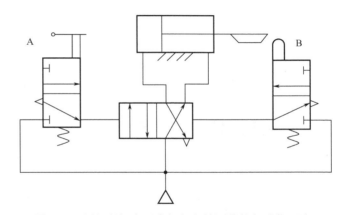

图 7-22　双向变量泵换向回路　　　图 7-23　用行程阀实现汽缸行程检测的往复动作回路

3. 任务实施

按图 7-23 构成用行程阀实现汽缸行程检测的往复动作回路，通过控制手动阀 A，实现液压缸的往复控制。手动阀 A 只要被压下，系统就会自动运行后续的动作，不存在对 A 阀继续进行节奏控制的问题，这是由于主阀为气动双控阀的缘故。

7.6.2 （任务二）时间控制的往复动作回路

1. 任务引入

对于气控阀控制的气动换向系统而言，与电磁阀控制的气动回路一样，为了实现系统的可靠运行，也可以用延时的控制形式，实现汽缸的定时往复控制，如图 7-24 所示为时间控制的汽缸往复动作回路。

2. 任务分析

如果在图 7-23 的基础上，在主阀的右端控制气路侧增加一个储气罐 C 和一个调速阀 D（单向节流阀），形成如图 7-24 所示的时间控制的往复动作回路。这样当右端有压缩气体时，首先通过调速阀 D 的节流阀向储气罐 C 充气增压，充气时间可通过调节节流阀整定，当延时充压达到一定压力后主阀才能动作,汽缸因而可实现延时返回;当汽缸返回时,滑块与行程阀 B 脱离,阀 B 在复位弹簧作用下恢复到下位导通,此时储气罐 C 中的压缩气体通过调速阀 D 的单向阀向 B 阀排气直至压力与大气压相同,为下一个工作循环做准备。

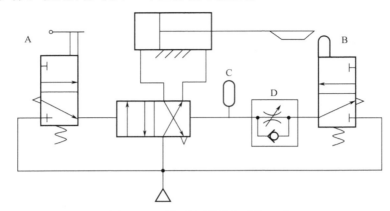

图 7-24 时间控制的往复动作回路

3. 任务实施

按图 7-24 构成用储气罐实现汽缸时间控制的往复动作回路。手动阀 A 只要被压下,系统就会自动运行后续的动作。

7.7 液压缸定位控制

液压缸定位控制是指能够使液压系统中的液压缸可靠运行到预定位置并能自动停止运动的控制回路。由于液压缸的压力和负载的大小具有成正比关系的特性,以及运行物体的惯性因素,因此其液压缸的活塞杆伸出与缩回位置的定位,靠传感器进行精确检测后采用液压锁紧定位是不精确的,还要靠机械式的限位块或选用多工位的液压缸进行精确定位。

7.7.1 (任务一)用双液压缸实现三工位定位

1. 任务引入

对于一个普通的液压缸而言,定位除采用限位挡铁的形式外,其普通液压缸的动作位置只有两个,即活塞杆全部伸出或缩回两个位置。当需要多定位输出时,可将多个液压缸串联,采用单动或联动的方式,就能实现多个定位输出。如图 7-25 所示为双液压缸的三工位结构定位回路,通过液压缸的串联形式和特定的控制过程,能够实现三个位置的输出。

2. 任务分析

如图 7-25 所示为双液压缸的三工位定位回路。由两个背对背安装的液压缸组成三工位精确定位系统,主要利用两个液压缸的活塞杆靠缸体自身限位,在全伸或全缩状态下的不同组合,形成三个不同的高度工位。可以通过增加液压缸的串联数量,增加工位数量,增加一个液压缸就能增加一个工位。该形式的定位方式适合汽缸多工位定位。图中当缸①活塞在上位,而缸②活塞在下位时,下工位 I 定位,此时 YA_1 得电,YA_2 失电,使两个二位四通单控电磁阀一个左位工作而另一个右位工作;当缸①活塞在上位,而缸②活塞在上位时,中工位 II 定位,此时 YA_1 得电,

YA$_2$ 得电,使两个二位四通单控电磁阀均左位工作;当缸①活塞在下位,而缸②活塞在上位时,上工位 III 定位,此时 YA$_1$ 失电,YA$_2$ 得电,使两个二位四通单控电磁阀一个右位工作而另一个左位工作。

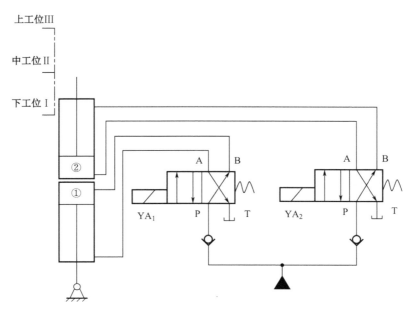

图 7-25 双液压缸的三工位定位回路

3. 任务实施

按图 7-25 构成液压缸的三工位定位回路。通过对电磁阀 YA$_1$ 和 YA$_2$ 的组合控制,可以使液压系统有三个工位输出。

7.7.2 (任务二)用单液压缸实现四工位定位

1. 任务引入

对于多个液压缸串联的多工位输出系统,可以通过单液压缸活塞两端不同位置双油路孔接通时的压力平衡形式实现定位。如图 7-26 所示为单液压缸的四工位定位回路,通过接通不同位置的双油路孔,则液压缸中的活塞按照压力平衡原理,会自动运行至压力平衡点,此位置就是要求的定位工位。

2. 任务分析

在图 7-26 所示的单液压缸四工位定位回路中,利用对液压缸定位点处活塞两侧的缸壁开排液平衡孔,并利用液流产生的压差使活塞移动,而当活塞运动到定位点时,由于排液孔位于活塞两侧,此时活塞两侧压力平衡,从而实现该点定位。为了保证活塞两侧压力的平衡,应考虑有杆腔与无杆腔造成的定位偏移,或选用双活塞杆液压缸。图中液压缸有四个定位点 I、II、III、IV,分别对应活塞位置 a、b、c、d,排液孔分别为 a_1、a_2;b_1、b_2;c_1、c_2;d_1、d_2。当定位于工位 I 时,活塞在 a 点,由 a_1、a_2 孔同时排液,此时只有 YA$_1$ 得电;当定位于工位 II 时,活塞在 b 点,由 b_1、b_2 孔同时排液,此时只有 YA$_2$ 得电;当定位于工位 III 时,活塞在 c 点,由 c_1、c_2 孔同时排液,此时只有 YA$_3$ 得电;当定位于工位 IV 时,活塞在 d 点,由 d_1、d_2 孔同时排液,此时 YA$_1$、

YA_2、YA_3 失电。

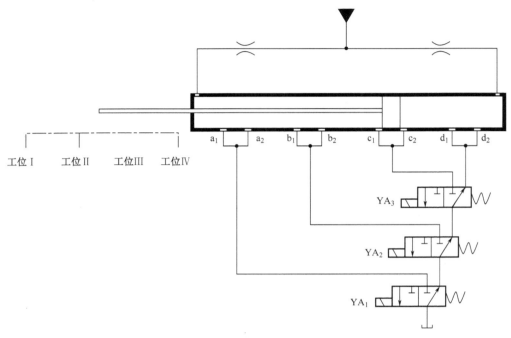

图 7-26 单液压缸的四工位定位回路

3. 任务实施

按图 7-26 构成单液压缸的四工位定位回路。通过对电磁阀 YA_1、YA_2、YA_3 的单独选通控制，可以使液压系统有不同的工位输出。YA_1、YA_2、YA_3 之间应互锁，每次只能一个电磁阀得电，否则系统将不能正常工作。

7.7.3 （任务三）用单液压缸实现多工位定位

1. 任务引入

单液压缸的多工位定位回路除了采用双油路孔的中间定位形式，还可采用单油路孔的定位形式，如图 7-27 所示为单液压缸的多工位定位回路，采用的是单油路孔的定位形式，其油路孔接通电磁阀的连接控制形式也有所不同。

2. 任务分析

如图 7-27 所示为单液压缸的多工位结构定位回路。利用对液压缸定位点处的缸壁开排液平衡孔，通过液流产生的压差使活塞移动，而当活塞运动到定位点并将排液孔堵塞时，活塞两侧压力平衡，从而实现该点定位。图中液压缸有五个定位点 Ⅰ、Ⅱ、Ⅲ、Ⅳ、Ⅴ，分别对应排液孔位置 a、b、c、d、e，控制排液孔的二位二通电磁换向阀分别为 YA_1、YA_2、YA_3、YA_4、YA_5，由排液孔流出的油液经单向阀和背压阀流入油箱，背压阀可以由溢流阀或顺序阀构成，YA_6 得电，压力油可以通过二位三通电磁换向阀左位和单向阀以及节流阀分别进入液压缸的活塞两侧。当定位于工位 Ⅰ 时，控制 a 孔通道的二位二通电磁换向阀 YA_1 得电，则活塞左侧压力下降，活塞左移，当活塞将 a 孔堵塞时，活塞两侧的压力平衡，此时活塞才能静止不动。当活塞定位在需要的工位 Ⅰ 后，二位三通电磁换向阀 YA_6 应断电，使液压缸处于工位 Ⅰ 的锁紧状态。

图 7-27 单液压缸的多工位定位回路

3. 任务实施

按图 7-27 构成单液压缸的多工位定位回路。通过对电磁阀 $YA_1 \sim YA_5$ 的单独控制,可以使液压系统有多个工位输出。各电磁阀应互锁,每次只能有一个电磁阀得电。

7.8 汽缸定位控制

汽缸的定位控制回路与液压缸的定位控制回路的原理是相同的,只是汽缸的压力气体具有可压缩性,因此其运行压力与负载阻力的大小有关。要注意换向过程中的负载阻力变化和用单向节流阀实现双向速度的参数调节过程。

7.8.1 (任务一)用锁紧汽缸实现定位的动作回路

1. 任务引入

在气动系统中,由于外界负载较大且有波动,或汽缸竖直安装使用的同时对汽缸的定位精度与重复精度要求较高,应选用制动汽缸进行限位和锁紧。如图 7-28 所示为用锁紧汽缸实现定位的动作回路。

2. 任务分析

带有制动装置的汽缸称为制动汽缸,也称锁紧汽缸。一般制动汽缸为卡套锥面式制动装置,它由制动闸瓦、制动活塞和弹簧等构成。制动装置一般安装在普通汽缸的前端,除卡套锥面式锁紧结构汽缸外，还有弹簧式和偏心式等多种形式；按锁紧装置所在的位置不同分为行程末端锁紧型和任意位置锁紧型。锁紧汽缸在工作中其制动装置有两个工作状态，即放松状态和制动夹紧状态。当汽缸由运动状态进入制动状态时，此时制动装置的制动气源为无压状态，其压缩弹簧迅速使制动活塞复位并压紧制动闸瓦，制动闸瓦紧抱活塞杆使之停止运动；当汽缸由制动状态进入运动状态时，此时制动装置的制动气源为有压状态，制动气源压力使制动活塞受压移动脱离对制动闸瓦的作用，则制动机构处于放松状态，汽缸活塞杆可以自由运动。属于通气运行，断气制动过程。

如图 7-28 所示为用锁紧汽缸实现定位的动作回路。二位三通单控电磁阀的 YA_1 用于控制锁紧汽缸 A 的锁紧装置，YA_1 得电时，其阀左位工作，锁紧装置受压缩气源作用处于放松状态；当 YA_1 失电时，其阀右位工作（原位），锁紧装置不受压缩气源的作用而处于锁紧状态。二位三通单控电磁阀的 YA_2 得电时，其阀左位工作，用于控制锁紧汽缸 A 的活塞杆缩回；当 YA_2 失电时，其阀右位工作（原位），使 A 的有杆腔处于排气状态；A 的双作用口各加一个调速阀 B（单向节流阀）实现出口节流。二位三通单控电磁阀的 YA_3 得电时，其阀右位工作，用于控制锁紧汽缸 A 的活塞杆伸出；当 YA_3 失电时，其阀左位工作（原位），使 A 的无杆腔处于排气状态；为了防止在锁紧状态的平衡打破后出现活塞杆快速伸出现象，在阀的出口设置了单向减压阀 C，从而实现活塞杆伸出的作用压力 p_2 小于活塞杆缩回的作用压力 p_1。

图 7-28 用锁紧汽缸实现定位的动作回路

3．任务实施

按图 7-28 构成用锁紧汽缸实现定位的动作回路。电磁阀 YA_2 和 YA_3 应采用互锁控制，只能允许其一带电；YA_2 和 YA_1 与 YA_3 和 YA_1 应采用联动控制，这是由于无论 YA_2 或 YA_3 哪个工作，YA_1 都要工作，否则汽缸 A 处于锁紧状态。

7.8.2 （任务二）用多位汽缸实现定位的动作回路

1．任务引入

多位汽缸的结构还可以采用两个行程不等的单杆双作用汽缸 A 和 B 串接成一体，构成多位输出形式。如图 7-29 所示为用多位汽缸实现定位的动作回路,通过不同的控制过程,可以使气动系统输出三个不同的位置。

2. 任务分析

在图 7-29 所示多位汽缸定位的动作回路中,两个行程不等的单杆双作用汽缸 A 和 B 串接成一体,组成了单出杆双行程的多位汽缸。当 YA_1 得电时,多位汽缸处于活塞杆缩回状态时,汽缸活塞杆处于位置 I (原位)。当 YA_3 得电时,B 推 A 使汽缸活塞杆处于位置 II。当 YA_2 得电时,汽缸活塞杆处于位置 III。YA_2 和 YA_3 可以同时工作,因此在 I 和 II 区间可以输出双倍作用力,在 II 和 III 区间输出单倍作用力。

图 7-29 用多位汽缸实现定位的动作回路

3. 任务实施

按图 7-29 构成用多位汽缸实现定位的动作回路,电磁阀 YA_1 和 YA_2 及 YA_3 应采用互锁控制,YA_1 不能和 YA_2 及 YA_3 中任何一个同时工作。通过对 YA_1、YA_2、YA_3 的不同操作,可以实现多个位置的输出定位。

7.8.3 (任务三) 用外部挡铁实现定位的动作回路

1. 任务引入

在气动系统中,应用较多的是挡铁定位,这也是最可靠和最精确的定位方法。如图 7-30 所示为用外部挡铁实现汽缸定位的动作回路,其挡铁的定位范围可以在汽缸行程的任何位置。

2. 任务分析

在如图 7-30 所示的动作回路中,挡铁的定位方式就是对活塞杆的硬性阻挡,因此定位挡铁的固定必须具有牢靠性,必须能承受汽缸的推力。

对于开关汽缸而言,其行程检测采用磁性开关 SQ_1 和 SQ_2,用来检测嵌在汽缸活塞中间的磁环所在位置,YA_1 和 YA_2 是二位五通换向阀的左右电磁线圈,阀的两个排空口直接接两个消声器,汽缸采用两个调速阀实现出口节流调速。也可以将消音器用排气节流阀代替,则调速阀可省略。

图 7-30 用外部挡铁实现汽缸定位的动作回路

3．任务实施

按图 7-30 构成用外部挡铁实现汽缸定位的动作回路，电磁阀 YA_1 和 YA_2 应采用互锁控制，通过移动定位挡铁，可以实现任意位置的限位。

思考题

1．液压（气动）基本回路指的是什么？按所完成的功能不同，液压（气动）基本回路通常分为哪几类？

2．在锁紧回路中，三位换向阀的中位机能应该选择什么形式？为什么？

3．往复控制回路有哪几种形式？

4．差动控制指的是什么？画出使用二位三通换向阀实现差动连接的回路原理图。

5．单液压缸多工位的定位工作原理是什么？

6．为什么说外部挡铁可以实现汽缸行程内任意点的定位？

第8章 压力控制回路

要点概述

压力控制回路是对液压与气动系统或系统某一部分的压力进行控制的回路。这种回路包括调压、卸荷、保压、减压、增压、平衡等多种回路。压力控制回路是由溢流阀、减压阀、顺序阀等液压与气动基础控制元件构成的,其阀的共同点是利用作用在阀芯上的流体压力和弹簧力相平衡的原理来实现压力平衡与调整,从而达到压力稳定。本章主要通过对调压回路、减压回路、增压回路、液压卸荷回路、液压保压回路、液压平衡回路、缓冲回路等模块的实际应用,使读者在性能、原理、选型、安装、调试等方面掌握压力基础控制元件和压力基本控制回路的运用。

本章教学目标:掌握液压与气动各压力控制功能模块的结构原理,能合理对其各功能模块进行连接与调试,能准确描述组成各功能模块所用基础控制元件的作用、原理和使用要点,理解各基础元件的符号画法并能在系统回路中划分出相应的功能模块,同时具有举一反三设计液压与气动相应功能模块的能力

	重 点	难 点	教学方法	教学时间
第一节	液压各调压控制回路的模块结构形式和工作原理,熟悉模块所用各基础元件的作用、原理、符号画法	液压各调压控制模块的连接与调试,能够在系统图中找出并划分相应调压模块,分析其在系统中的工作过程	项目实践	1.2课时
第二节	气动各调压回路的模块结构形式和工作原理,熟悉模块所用各基础元件的作用、原理、符号画法	气动各调压模块的连接与调试,能够在系统图中找出并划分相应调压模块,分析其在系统中的工作过程,并能举一反三设计原理相近的功能模块	项目实践	1.2课时
第三节	液压各减压回路的模块结构形式和工作原理,熟悉回路各基础元件的作用、原理、符号画法	液压各减压模块的连接与调试,能够在系统图中找出并划分相应减压模块,分析其在系统中的工作过程	项目实践	1.2课时
第四节	气动各减压回路的模块结构形式和工作原理,熟悉模块所用各基础元件的作用、原理、符号画法	气动各减压模块的连接与调试,能够在系统图中找出并划分相应减压模块,分析其在系统中的工作过程,并能举一反三设计原理相近的功能模块	项目实践	1.2课时
第五节	液压各增压回路的模块结构形式和工作原理,熟悉回路各基础元件的作用、原理、符号画法	液压各增压回路模块的连接与调试,能够在系统图中找出并划分相应模块,分析其在系统中的工作过程	项目实践	1.2课时
第六节	气动各增压回路的模块结构形式和工作原理,熟悉回路各基础元件的作用、原理、符号画法	气动各增压模块的连接与调试,能够在系统图中找出并划分相应模块,分析其在系统中的工作过程,并能举一反三设计原理相近的功能模块	项目实践	1.2课时
第七节	液压各卸荷回路的模块结构形式和工作原理,熟悉回路各基础元件的作用、原理、符号画法	液压各卸荷回路模块的连接与调试,能够在系统图中找出并划分相应模块,分析其在系统中的工作过程	项目实践	1.2课时

续表

	重 点	难 点	教学方法	教学时间
第八节	液压各保压回路的模块结构形式和工作原理，熟悉回路各基础元件的作用、原理、符号画法	液压各保压回路模块的连接与调试，能够在系统图中找出并划分相应模块，分析其在系统中的工作过程	项目实践	1.2课时
第九节	液压各平衡回路的模块结构形式和工作原理，熟悉回路各基础元件的作用、原理、符号画法	液压各平衡回路模块的连接与调试，能够在系统图中找出并划分相应模块，分析其在系统中的工作过程	项目实践	1.2课时
第十节	液压各缓冲回路的模块结构形式和工作原理，熟悉回路各基础元件的作用、原理、符号画法	液压各缓冲回路模块的连接与调试，能够在系统图中找出并划分相应模块，分析其在系统中的工作过程	项目实践	1.2课时
十一节	气动各缓冲回路的模块结构形式和工作原理，熟悉回路各基础元件的作用、原理、符号画法	气动各缓冲回路模块的连接与调试，能够在系统图中找出并划分相应模块，分析其在系统中的工作过程，并能举一反三设计原理相近的气动模块	项目实践	1.2课时
十二节	单杆和双杆液压缸推力和速度的计算	根据实际回路的要求确定相关计算参数	讲授	0.75课时
十三节	气动压力回路与液压回路的差异	气动一次压力回路和二次压力回路的压力确定	讲授	0.5课时
合计学时（min）				14.45课时

本章的学习应以模块为任务，采用项目教学方式，并达到其知识目标和能力目标的要求。

1. 知识目标

① 理解压力控制回路中相关模块的作用原理、结构组成、工作过程。同时应对组成基本回路模块中的相关基础元件的功能、特点、表示符号、控制要求、参数整定方法等有明确的认识和掌握。

② 能够按照基本要求用压力控制模块和相关基础元件设计液压与气动执行元件的基本压力控制回路。

③ 了解并掌握 PLC 系统对比例压力控制元件及比例压力控制模块实现控制的设计方法。

2. 能力目标

① 能够根据实际要求设计简单的液压与气动执行元件的压力控制回路，并按照流量要求进行相关元件的选型，掌握一般液压与气动系统压力控制回路的设计方法。

② 能够根据液压与气动压力控制模块和电气控制回路进行设备的连接、调试、运行。

③ 能在较复杂的液压与气动回路中，分辨并划分出相关的压力控制模块和压力控制基础元件，同时理解其在回路中的作用、原理、特点。

3. 操作要求

① 按照模块原理完成设备连接并检查和确认其正确性。

② 按连接好的设备，分析作用原理和操作过程及相关参数设置方法以及回路故障的处置方案，通过模拟的操作与处置过程，达到对模块和相关基础元件的熟练应用。

③ 在设备的准备、储备、存放过程中，应注意设备的防尘和防潮问题。

④ 在设备的安装、连接、调试过程中，应注意管路的整洁、设备的安装方式和方向、设备参数的配套预设值设置方法和要求。

⑤ 液压与气动设备的电磁阀、比例阀等和电气控制系统接线时,应注意电磁阀的互锁问题、比例阀的配套性、系统的安全接地问题等。

8.1 液压调压回路

调压回路的作用是按照液压系统的实际要求,将系统相关各压力调节控制到各个分支回路工作所需要的不同等级压力。因此调压回路是控制主系统或分支系统的最高工作压力,使其不超过某一预先调定数值的压力控制回路。主要指溢流阀实现的调压回路。

8.1.1 （任务一）用溢流阀实现单级调压

1. 任务引入

在液压系统中将一个溢流阀连接在相关的回路中,利用溢流阀的稳压特性,其回路的工作压力值就能稳定在溢流阀设定的压力参数值范围内。如图 8-1 所示为溢流阀实现的单级调压回路。

2. 任务分析

单级调压回路是指用一个溢流阀元件实现最简单的一个等级的压力控制回路。在如图 8-1 所示的单级调压回路中,通过液压泵 1 和溢流阀 2 的并联连接,即可组成最简单的单级调压回路。通过调节溢流阀的压力,可以改变泵的输出压力。当溢流阀的调定压力确定后,液压泵就在溢流阀的调定压力下工作。从而实现了对液压系统进行调压和稳压控制。如果将液压泵 1 改换为变量泵,这时溢流阀将作为安全阀来使用,液压泵的工作压力低于溢流阀的调定压力,这种状况下溢流阀不处在长期溢流调节的工作状态,只有当液压泵的工作压力上升,达到溢流阀的调定压力,即系统出现故障时,溢流阀才有溢流工作过程,并将液压泵的工作压力限制在溢流阀的调定压力值以下,使液压系统不至因压力过载而受到破坏,实现了对液压系统的安全保护。

3. 任务实施

按图 8-1 构成用溢流阀实现的单级调压回路,通过调整溢流阀的设定稳压值,可以实现液压缸在不同的工作压力下输出不同的负载推力。

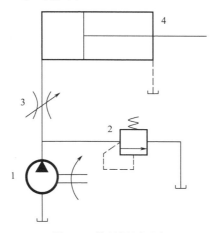

图 8-1 单级调压回路

8.1.2 （任务二）用先导式溢流阀实现多级调压

1. 任务引入

在液压系统中，随着工作过程的时段不同，对液压缸的输出力大小的要求会有所改变，因此也就要求系统的压力在不同时刻改变两次或多次。如图 8-2 所示为液压系统二级调压回路，如图 8-3 所示为液压系统三级调压回路。

2. 任务分析

在图 8-2 和图 8-3 中，都是利用直动式溢流阀的输出稳压端控制先导式溢流阀的压力调整端，使先导式溢流阀的输出稳定压力受直动式溢流阀的输出压力控制，因此通过换向阀的控制，在不同的时刻，在先导式溢流阀的远程压力控制端接入不同压力的设定值，也就能改变先导式溢流阀的输出稳压值。

3. 任务实施

按图 8-2 和图 8-3 所示构成二级调压回路和三级调压回路，并按以下顺序进行压力回路的调试。

（1）二级调压回路

如图 8-2 所示为二级调压回路，由先导式溢流阀 1 和直动式溢流阀 2 分时调整两个不同等级的压力值，从而实现分时控制两种不同的系统压力值。当二位二通电磁阀处于图示的原位时，系统压力由阀 1 调定，当电磁铁得电，上位工作时，系统压力由阀 2 调定。在此二级调压回路中，要求阀 2 的调定压力一定要小于阀 1 的调定压力，否则不能实现二级压力的调整。当系统压力由阀 2 调定在较低状态时，阀 2 亦处于工作状态，并有油液通过，由于此时系统工作压力低于先导式溢流阀 1 的调定压力，因而其先导阀口关闭，但主阀开启，液压泵的溢流流量经主阀回油箱。

图 8-2 二级调压回路

图 8-3 三级调压回路

（2）三级调压回路

如图 8-3 所示为三级调压回路，系统的三级压力分别由先导式溢流阀 1、直动式溢流阀 2 和溢流阀 3 调定,当电磁铁 YA_1、YA_2 失电时,较高的系统压力由先导式主溢流阀调定。当 YA_1 得电时,系统压力由阀 2 调定。当 YA_2 得电时,系统压力由阀 3 调定。当阀 2 或阀 3 工作时,其调定的系统压力低于由阀 1 调定的系统压力,因而阀 2 和阀 3 工作时,其阀 1 的先导阀口关闭,主阀开启,液压泵的溢流流量经主阀回油箱。在此三级调压回路中,要求阀 2 和阀 3 的调定压力必须低于主溢流阀 1 的调定压力,而阀 2 和阀 3 的调定压力之间没有约束条件。当阀 2 或阀 3 工作时,阀 2 或阀 3 相当于阀 1 上的另一个先导阀。

8.1.3 (任务三)用两个溢流阀实现双向调压

1. 任务引入

当执行元件的正反行程需要不同的供油压力时,可以将设置低压力值的溢流阀与设置高压力值的溢流阀并联,从而使设置高压力值的溢流阀失去稳压能力。因此在液压系统的多个溢流阀的并联回路中,只有一个设置最低压力的溢流阀在工作,而其他的溢流阀永远达不到设定的压力,而使阀口关闭。可以利用不同时刻接入更低压力设置值的溢流阀,实现不同时刻的压力输出。如图 8-4 所示是由溢流阀实现的液压缸双向调压回路。

2. 任务分析

如图 8-4 所示的双向调压回路,当换向阀在左位工作时,活塞杆伸出做功,工作压力是泵出口压力,可以由溢流阀 1 调定为较高压力,液压缸有杆腔油液通过换向阀回到油箱,这时溢流阀 2 被短路从而不工作。当换向阀右位工作时,缸以空行程返回,需要的压力较低,泵出口压力可由溢流阀 2 调定为较低压力,此时溢流阀 1 的调节压力高于溢流阀 2 的工作压力而停止工作。当缸退到终点后,泵也可以在相对功率损耗小的低压力下回油,具有节能效果。

3. 任务实施

按图 8-4 构成双向调压回路,通过调整溢流阀的设定稳压值,可以实现液压缸在不同的工作压力下输出不同的负载推力。

8.1.4 (任务四)用比例溢流阀实现无级调压

1. 任务引入

在液压系统中,压力的调整大都是通过事先设定参数的方法得到,但在一些液压闭环控制回路中,液压系统要求压力输出值具有随机性,因此其输出的压力值应当是无级调压的形式。如图 8-5 所示为先导式比例溢流阀控制系统压力的结构原理图,由 PLC 输出不同的信号值,先导式比例溢流阀就有相应的输出压力。

2. 任务分析

在液压系统中,为了得到随系统工作状态而不同的压力值,可采用先导式比例溢流阀,即直动式比例溢流阀控制普通压力阀,从而实现主阀(压力阀)控制输出不同的系统压力值。在如图 8-5 所示的先导式比例溢流阀控制系统中,由 PLC 控制的数字量形式经 D/A 转换得到 I_1、I_2、$\cdots$、I_n 等在 0~20mA 范围内不同数值的控制电流值,以驱动比例阀驱动器 A,从而使先导式比例溢流阀可以设定并调节和稳定不同的压力值 p_1、p_2、$\cdots$、p_n。这种压力调节方式属于无级调压回路。

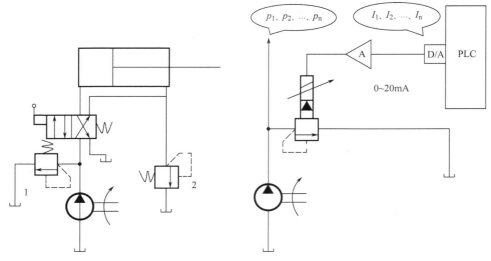

图 8-4 双向调压回路　　图 8-5 先导式比例溢流阀控制系统压力的结构原理图

3．任务实施

按图 8-5 构成 PLC 控制的调压回路，通过 PLC 输出的不同信号值，可以得到液压系统不同的工作压力输出值，并应配置一个系统压力表，以便观察输出压力的变化。

8.2　气动调压回路

气动调压回路包括气源压力控制回路（即系统一次压力回路）和执行元件的压力控制回路（即分支系统压力控制回路，也称系统二次压力控制回路），系统二次压力控制回路并非是单一的压力回路，它与系统的各支路执行元件的工作压力有关，可能包含多个压力的输出。

8.2.1　（任务一）气源压力控制回路

1．任务引入

气动系统一般采用中心供气方式，即多个气动系统共用一个气源供气；而液压系统一般是独立的液压源供压力油。因此中心气源系统应属于独立的压力控制系统，而为分支系统供气的压力源应当是在系统压力下的二次供压（减压）系统。如图 8-6 所示为气源压力控制回路，或称系统一次压力回路，是系统的最高压力源。

2．任务分析

在如图 8-6 所示的气源压力控制回路中，1 是过滤器；2 是空压机；3 是防止压缩气体逆流的单向阀；4 是储气罐；5 是储气罐检测压力的继电器，压力继电器控制空压机的工作状态，即达到设定压力上限停止、下限工作，可以保持储气罐有足够的压力输出；6 是储气罐的显示压力表；7 是储气罐的溢流阀（又称安全阀），保持储气罐的压力上限不超标，超标时安全阀将向外排空，保持罐内压力在安全值以内；8 是分水过滤器，进一步去除杂质；9 是减压阀，可将储气罐的压力进一步降低至系统的工作压力值；10 是系统的显示压力表；11 是手动截止阀。

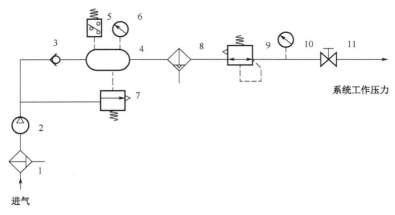

图 8-6 气源压力控制回路

3. 任务实施

按图 8-6 选择结构相近的气源压力控制回路，通过对安全阀（溢流阀）、压力继电器、减压阀等参数的调整，观测相应储气罐压力变化和输出压力表的变化，并认真分析气源的结构原理。

8.2.2 （任务二）双压控制回路

1. 任务引入

对于小型的低压气动系统，可以在中心气源的基础上，直接通过减压阀实现供气。如图 8-7 所示为双压控制回路，利用减压阀的减压输出，可以实现二种压力的供气。

2. 任务分析

如图 8-7 所示为双压控制回路。实际上是在图 8-6 气源压力控制回路的后面，并联了一路减压阀的压力输出，用两个不同压力的减压阀输出，可得到两路不同的输出压力。在流量满足的条件下，利用减压阀可以并联输出多路压力。

图 8-7 双压控制回路

3. 任务实施

按图 8-7 构成双压控制回路，通过对两个减压阀参数的调整，可以观测相应输出压力表的变化。

8.2.3 （任务三）气源压力延时输出控制回路

1. 任务引入

对于长距离管路输出的压力源，由于其稳定压力的输出时间与管路长度形成的容积有关，管路越长,需要延时的时间越长。如图8-8所示为气源压力延时输出控制回路,可以延时输出稳定的压力。

2.任务分析

如图8-8所示为气源压力延时输出控制回路。当YA_1得电时,其阀在上位工作,压力油液经单向节流阀向储气罐充压,当储气罐的压力经延时上升至二位三通气动阀的动作压力时,气动阀的上位导通,压力油液可经气动阀上位向外输出。

3.任务实施

按图8-8构成气源压力延时输出控制回路,通过对储气罐入口节流的调整,实现输出压力的延时时间的调整,可以外接输出压力表观测相应压力延时输出时间的变化。

图8-8 气源压力延时输出控制回路

8.3 液压减压回路

减压回路是指由定值减压阀构成的实现压力降低(减压)与输出稳定(稳压)的回路。一般减压阀最低调定压力应大于0.5 MPa,最高调定压力至少应比主油路系统的供油压力低0.5 MPa,否则输出压力会不稳定。

8.3.1 (任务一)用减压阀实现单级减压

1.任务引入

在液压系统中,当执行元件需要的工作压力低于系统压力时,可以通过减压阀输出减压压力为其执行元件提供工作压力。如图8-9所示为减压阀的单级减压回路,可以将系统压力降低到需要的工作压力。

2.任务分析

一般由泵等压力源输出的压力是高压,而局部回路或支路要求的工作压力为较低压力时,就要通过减压回路实现压力降低与稳定,如机床液压系统中的定位、夹紧、回路分度以及液压元件的控制油路等,它们往往要求比主油路的压力低。一般由减压阀构成的减压回路较为简单,在需要低压的支路前直接串接减压阀即可达到减压与稳压的目的。减压回路虽能方便地获得局部支路稳定的相对低压,但压力油经减压阀口时要产生压力损失而浪费能源。

在图 8-9 中，泵 1 压力经溢流阀 2 稳压到压力 p 后输出给主系统，经减压阀 3 减压后的压力 p_1 经单向阀 4 和二位四通单控电磁换向阀 5 控制液压缸 6 的活塞杆的伸出与缩回。

图 8-9　减压阀的单级减压回路

3．任务实施

按图 8-9 构成减压阀的单级减压回路，通过对减压阀设定值的调整，实现对输出压力 p_1 的调整，可以外接输出压力表观测相应输出压力的变化。减压阀的输出流量要满足液压缸容积变化速度的要求，否则压力会出现波动。

8.3.2　（任务二）用减压阀实现多级减压

1．任务引入

在液压系统中，随着工作过程的不同，执行元件工作压力要进行多次改变，如图 8-10 所示的二级减压回路和如图 8-11 所示的三级减压回路等都为多级减压回路。

2．任务分析

多级减压回路最简单的方式就是分时接入不同设置参数的溢流阀实现对先导式减压阀的压力控制，即用溢流阀的压力控制先导式减压阀的压力，使系统有多个压力输出（如图 8-10 所示），或直接用多个减压阀实现多个不同压力的输出（如图 8-11 所示）。

3．任务实施

按图 8-10 和图 8-11 分别构成二级减压回路和三级减压回路，并按以下顺序进行项目实施。

（1）二级减压回路

如图 8-10 所示为二级减压回路，利用先导式减压阀 1 的远控口通过控制二位二通单控电磁阀选择接入远控溢流阀 2，则可由阀 1 和阀 2 各得到一个调定的减压值。这种减压阀调压方式与溢流阀调压方式相似。阀 2 的调定减压值一定要低于阀 1 的调定减压值，阀 1 和阀 2 的调定减压值一定要低于系统溢流阀稳压值。

当减压回路中的执行元件需要调速时，调速元件应放在减压阀的后面，以避免减压阀泄漏（由减压阀泄油口流回油箱）对执行元件的速度产生影响。

（2）三级减压回路

如图 8-11 所示为三级减压回路，三个液压缸的工作压力各不相同，为了使各个液压缸工作在适合的压力下，在同一个液压源供油系统中，设置了三个减压阀实现的减压支路，三个支路中的减压阀调定压力 p_1、p_2、p_3 可以各不相同，但三个减压阀调定压力必须小于系统溢流阀的调定

压力 p。

图 8-10 二级减压回路

图 8-11 三级减压回路

8.3.3 （任务三）用一个减压阀实现单向减压

1. 任务引入

在液压系统中，经常要求执行元件正反行程的工作压力不同，此时要用减压阀与单向阀的并联实现单向减压。如图 8-12 所示即为由减压阀与单向阀并联实现的单向减压回路。

2. 任务分析

如图 8-12 所示为单向减压回路。三位四通电磁换向阀 1 的 YA_1 得电时，阀 1 左位工作，油液压力 p 经减压阀 2 减压至 p_1 后进入液压缸的无杆腔，液压缸在压力 p_1 作用下向下做功运行；当 YA_2 得电时，阀 1 的右位工作，油液压力 p 直接进入液压缸的有杆腔，而无杆腔中的油液经单向阀和阀 1 直接流入油箱，液压缸在压力 p 作用下快速抬起；当电磁铁 YA_1、YA_2 断电时，液压缸处于锁紧状态。在该回路中，减压阀 2 只在阀 1 左位工作时起作用，阀 1 右位工作时是全压工作，属于单向减压形式。

3. 任务实施

按图 8-12 构成单向减压回路，通过 YA_1 和 YA_2 分别通电和同时断电来观测液压缸的工作状态，并可以外接压力表观测相应输出压力的变化。YA_1 和 YA_2 应互锁。

图 8-12　单向减压回路　　　图 8-13　双向减压回路

8.3.4　（任务四）用两个减压阀实现双向减压

1. 任务引入

在液压系统中，当执行元件的正反行程的工作压力不同，同时其压力又都低于其系统压力时，应采用减压阀和单向减压阀的配合，实现双向减压。如图 8-13 所示为双向减压回路。

2. 任务分析

在如图 8-13 所示的双向减压回路中，由两个减压阀 1、2 分别对液压缸的无杆腔入口和有杆腔入口进行减压，当三位四通电磁换向阀 YA_1 得电时，其阀左位工作，油液压力 p 经减压阀 1 减压至 p_1 后进入液压缸的无杆腔，而有杆腔中的油液经单向阀和三位四通电磁换向阀直接流入油箱，液压缸在压力 p_1 作用下向上做功运行；当 YA_2 得电时，三位四通电磁换向阀的右位工作，油液压力 p 经减压阀 1 减压至 p_1 后再经减压阀 2 减压至 p_2 后进入液压缸的有杆腔，液压缸在压力 p_2 作用下向下运行；当电磁铁 YA_1、YA_2 失电时，液压缸处于锁紧状态。在该回路中，减压阀 2 的调定压力 p_2 小于减压阀 1 的调定压力 p_1，同时两个减压阀调定压力必须小于溢流阀的调定压力 p。

3. 任务实施

按图 8-13 构成双向减压回路，通过 YA_1 和 YA_2 分别得电和同时断电来观测液压缸的工作状态,并可外接压力表观测相应输出压力的变化过程。YA_1 和 YA_2 应互锁。

8.3.5 (任务五)用先导式比例减压阀实现无级减压

1. 任务引入

在液压系统中,液压动力源通过溢流阀可以提供稳定的系统压力 p,但为了在分支回路中得到随系统工作状态变化而不同的压力值,一般都采用对先导式比例减压阀的输入信号控制,来实现其在分支回路中输出不同的工作压力值。如图 8-14 所示为先导式比例减压阀控制分支系统工作压力的结构原理图。

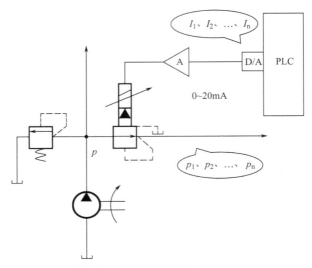

图 8-14 先导式比例减压阀控制分支系统压力的结构原理图

2. 任务分析

在图 8-14 中,由 PLC 控制的数字量经 D/A 转换得到 I_1、I_2、…、I_n 等在 0~20mA 范围内不同数值的控制电流值,以驱动比例阀驱动器 A,从而使先导式比例减压阀可以输出不同的压力值 p_1、p_2、…、p_n。这种减压调节方式近似于无级减压回路。

3. 任务实施

按图 8-14 构成先导式比例减压阀无级调压回路,通过设置 PLC 输出不同的控制电流值,则先导式比例减压阀的输出压力将相应变化,并可以通过外接压力表观测相应输出工作压力的变化。

8.4 气动减压回路

气动减压回路是指在系统压力作用下,其系统执行元件在工作时,由于工作过程中负载的变化和响应不同速度的要求,还需要有多种输出压力与之配合,而这些压力都是通过减压阀实现的低于系统压力的二次压力。

8.4.1 （任务一）多级减压控制

1. 任务引入

在气动系统中，当需要执行元件有多个工作压力时，可采用多个直动减压阀分时接入先导式减压阀的压力控制端，即可实现对先导式减压阀分时输出不同压力的控制。如图 8-15 所示为由直动式减压阀、换向阀、先导式减压阀构成的多级减压控制回路。

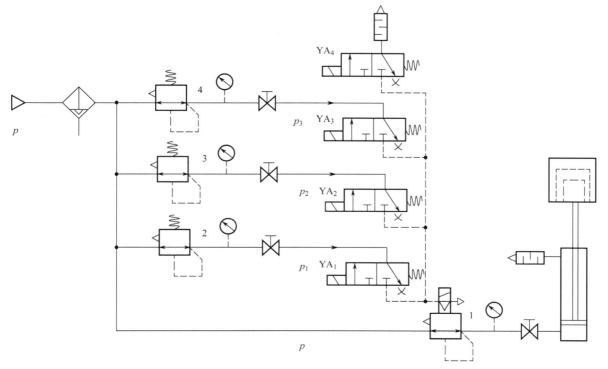

图 8-15 多级减压控制回路

2. 任务分析

如图 8-15 为多级减压控制回路。1 为先导式气动减压阀；2、3、4 为气动直动式减压阀；YA_1、YA_2、YA_3、YA_4 为二位三通单控电磁阀的电磁铁。YA_1、YA_2、YA_3 所属电磁阀可以控制阀 1 的输出压力为 p_1、p_2、p_3，当 YA_1、YA_2、YA_3 处于原位状态时，阀 1 输出事先调定的弹簧压力。

3. 任务实施

按图 8-15 构成多级减压控制回路，分时接通 YA_1、YA_2、YA_3，则先导式减压阀 1 的输出压力将相应变化，并可以通过外接压力表观测相应输出工作压力的变化。在压力切换前，YA_4 应先接通，用以排出先导阀中的残存压力。YA_1、YA_2、YA_3 要实现互锁，不能同时工作。

8.4.2 （任务二）用减压阀实现高低压输出控制

1. 任务引入

在气动系统中，多压力分时输出回路可采用多个减压阀的并联输出形式实现。如图 8-16 所示为用减压阀实现的高低压输出控制回路。

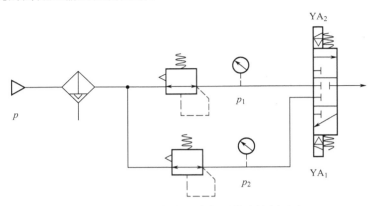

图 8-16　用减压阀实现高低压输出控制回路

2．任务分析

在图 8-16 中，用两个气动减压阀并联输出不同的压力，并用三位三通电磁阀实现高低压力的分时输出控制，用此方法可以实现多压力的输出控制。

3．任务实施

按图 8-16 构成高低压控制回路，分时接通 YA_1、YA_2，则 p_1 和 p_2 压力将得到输出，并可以通过外接压力表观测相应输出压力的变化。YA_1 和 YA_2 要实现互锁，不能同时工作。

8.5　液压增压回路

当液压系统或系统的某一分支油路需要压力较高但流量又不大的液压源时，如果采用高压泵会很不经济，或者根本就没有必要增设高压力的液压泵，此时可用增压缸或称增压器组成增压回路为其提供高压低流量的压力油，这样不仅易于选择液压泵，而且系统工作可靠、噪声小。

8.5.1　（任务一）用单作用增压缸实现增压

1．任务引入

在液压系统中，当液压缸需要有较大的输出保持力时，如成形模压系统，此时液压缸没有多少进给量，但需要有较大的压力用以保证产品的定型时间，即需要的是小流量高压力的液压源动力系统。采用如图 8-17 所示的利用增压缸的单作用增压回路，可以提供高的输出压力。

2．任务分析

在图 8-17 中，当系统在图示原位工作时，压力为 p 的液压油进入增压缸的大活塞腔，此时在小活塞腔通过下单向阀后即可得到所需的较高压力 p_1；当二位四通电磁换向阀右位工作时，增压缸返回，辅助油箱中的油液经上单向阀补入小活塞腔。因而该回路为间歇单程增压回路，即单作用增压回路。

3．任务实施

按图 8-17 构成单作用增压回路，当 YA_1 得电时，增压缸中小活塞腔向内吸油，当 YA_1 断电时,增压缸中小活塞腔向外压油。系统只能间歇输出高压力。

8.5.2 (任务二)用双作用增压缸实现增压

1. 任务引入

由于单作用增压回路是间歇性的单程供油,适合无进给量或进给量非常小的高保压系统。当为要求相对有进给量的高压力连续输出系统提供动力时,应选用如图 8-18 所示的双作用增压回路。

2. 任务分析

在图 8-18 中,其图示为原位,液压泵输出的压力油经换向阀 5 和单向阀 1 进入增压缸左端大、小活塞腔,右端大活塞腔的回油通油箱,右端小活塞腔增压后的高压油经单向阀 4 输出,此时单向阀 2、3 被关闭。当增压缸活塞移到右端时,换向阀 5 得电换向,增压缸活塞向左移动,左端小活塞腔输出的高压油经单向阀 3 输出,这样,增压缸的活塞不断往复运动,两端便交替输出高压油,从而实现了双程连续增压。

3. 任务实施

按图 8-18 构成双作用增压回路,当 YA_1 接通或断开时,增压缸两端的小活塞腔交替向内吸油或向外压油。系统可以连续输出高压力。

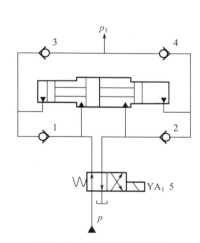

图 8-17 单作用增压回路　　图 8-18 双作用增压回路

8.6 气动增压回路

当系统中有执行元件需要输出力较大时或瞬间输出力较大时,可采用特定的增压汽缸或冲击汽缸来实现。

8.6.1 (任务一)用冲击汽缸实现压力冲击的控制

1. 任务引入

在有些冲击力要求较大的场合,如金属冲孔、铆接、锻压、下料等方面,则应根据冲击力瞬间释放的特点,选择具有冲击释放效果的汽缸和相应的气动控制回路来实现其冲击工作过程。如图 8-19 所示为用冲击汽缸实现压力冲击的控制回路。

2. 任务分析

如图 8-19 所示的用冲击汽缸实现压力冲击的控制回路中,1 是冲击汽缸;2 是快速排气阀;3 是减压阀;4 是压力表;5 是储气罐;6 是二位三通气控阀;YA_1 是二位五通单控电磁阀的电磁铁。

在冲击汽缸的无杆腔内设置有一个蓄能腔(阴影部分),蓄能腔的锥形喷气口直接与活塞的中心相对,原位时,压缩空气经二位五通阀的下位通过 2 进入 1,使活塞上移将喷气口封闭,当 YA_1 得电,冲击汽缸有杆腔中气体经快速排气阀 2 直接排出,同时,压缩空气经二位五通阀上位使阀 6 左位工作,则储气罐 5 中的压力经阀 6 的左位进入冲击汽缸的蓄能腔,当蓄能腔中的压缩空气的压力与喷气口面积的乘积大于有杆腔的压力与活塞面积乘积时,活塞向下移动,当活塞与排气口分离,其蓄能腔中的压缩气体便迅速扩散至整个活塞表面,使无杆腔与有杆腔两侧产生很大的压力差,从而使活塞迅速产生冲击力。

3. 任务实施

按图 8-19 构成用冲击汽缸实现压力冲击的控制回路,当 YA_1 接通时,冲击汽缸将产生向下的冲击力;当 YA_1 断电时,蓄能器将快速充压。

图 8-19 用冲击汽缸实现压力冲击的控制回路

8.6.2 (任务二)用串联汽缸增加压力输出

1. 任务引入

当汽缸的直径较小或系统的压力较低,但还需要汽缸有较大输出力时,此时可采用汽缸串联的形式来增加汽缸活塞杆的输出力,以满足大输出力的要求。如图 8-20 所示为用串联汽缸实现增加压力的输出控制回路。

2．任务分析

在如图 8-20 所示的用串联汽缸实现增加压力的输出控制回路中,执行元件是由三个汽缸串联组成的一个单出杆汽缸,当 YA_1 或 YA_2 或 YA_3 中有一个得电,则汽缸的输出力为 F,当 YA_1、YA_2、YA_3 中有二个得电,则汽缸的输出力为 $2F$,当 YA_1、YA_2、YA_3 三个同时得电,则汽缸的输出力为 $3F$。

3．任务实施

按图 8-20 构成用串联汽缸实现增加压力的输出控制回路,利用 YA_1、YA_2、YA_3 的组合接通形式,实现汽缸的单力 F、双倍力 $2F$、三倍力 $3F$ 的输出。

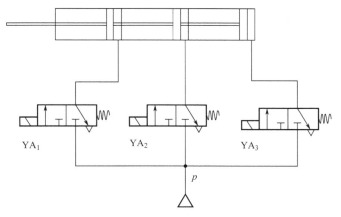

图 8-20　用串联汽缸实现增加压力的输出控制回路

8.6.3　（任务三）用气液增压器的增压回路

1．任务引入

当汽缸要求较大压力输出,而系统的压力又不满足时,可采用气液缸与气液增压缸的配合结构,实现气液缸较高压力的输出。如图 8-21 所示为用气液增压器的增压回路,可以实现相对高压力输出。

2．任务分析

如图 8-21 所示的用气液增压器实现的增压回路中,1 为气液增压缸,一端是大活塞汽缸,另一端是小活塞液压缸,大活塞与小活塞中间通过活塞杆连接后可实现同步运行,相对小压力大活塞汽缸推动小活塞前进,小活塞端则有相对高压力油输出推动气液缸向上举起重物运行;2 为气液缸,气液缸的一端接油口,另一端接气口,返回需要气压作用;3 为重物;4 为消声节流排气阀,直接与换向阀的排气口连接,可以实现双向的排气节流;5 为二位五通双控电磁阀。

3．任务实施

按图 8-21 构成用气液增压器实现的增压回路,YA_1 得电属于返回过程,YA_2 得电属于加压举起过程。YA_1 和 YA_2 要实现互锁,不能同时得电。

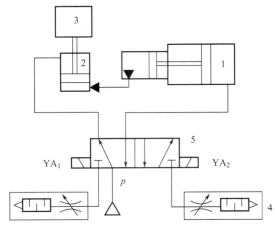

图 8-21 用气液增压器的增压回路

8.7 液压卸荷回路

在液压系统中,当短时间内需要的系统压力很小或不需要系统压力,且不允许液压泵停运时,此时泵保持运行状态,但出口应维持较小压力或零压力,此时使泵的大部分流量或全部流量直接回流油箱的回路,称卸荷回路,属于节能待机运行状态,这是由于泵功率等于压力和流量的乘积,压力较小或为零其功率当然很小或为零。卸荷回路只适用于液压回路,气动回路不需要卸荷。

8.7.1 (任务一)用换向阀实现液压泵卸荷

1. 任务引入

液压系统在工作过程中,可以利用换向阀直接将泵压接零实现卸荷。因此卸荷的方式具有多样性,但卸荷的结果是唯一的。

2. 任务分析

如图 8-22 所示为采用 M 形中位机能的电液换向阀的卸荷回路,即三位阀处于中位时,泵压为零。如图 8-23 所示为用二位二通阀实现的卸荷回路,即当二位二通阀接通时,泵压为零。

3. 任务实施

按图 8-22 构成用"M"形中位机能的电液换向阀的卸荷回路,按图 8-23 构成用二位二通阀实现的卸荷回路,并按以下顺序实现回路的操作过程。

(1)用三位阀中位机能的卸荷回路

当三位阀工作于"M"、"H"、"K"形中位机能时,泵可通过阀直接卸荷,如图 8-22 所示为采用"M"形中位机能的电液换向阀的卸荷回路,这种回路切换时压力冲击小,但当系统回路中有压力阀存在时,必须设置单向阀的驱动控制回路,以使系统能保持 0.3MPa 左右的压力来操纵和控制液压阀的控制油路。适用于低压、小流量液压系统。图 7-5、图 7-9、图 7-11、图 7-13 等都是利用换向阀的中位机能实现液压泵卸荷。

(2)二通阀的卸荷回路

如图 8-23 所示为二通阀的卸荷回路。采用此方法时卸荷回路必须使二位二通换向阀的流量与泵的额定输出流量相匹配。这种方法的卸荷效果好,易于实现自动控制,一般适用于液压泵的流量小于 6.3 l/min 的场合。图 7-1、图 7-10 中都是利用二位二通阀实现液压泵卸荷。

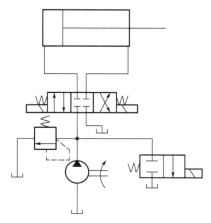

图 8-22　采用"M"形中位机能的卸荷回路　　　　图 8-23　采用二位二通阀的卸荷回路

8.7.2　（任务二）用溢流阀实现液压泵卸荷

1. 任务引入

当采用先导式溢流阀进行调压控制时,如果其压力控制端直接回流,相当于压力控制端压力为 0,则先导式溢流阀输出零压力,相当于卸荷。如图 8-24 所示为先导式溢流阀的远程控制口直接形成的卸荷控制回路。

2. 任务分析

如图 8-24 所示为先导式溢流阀的远程控制口直接与二位二通电磁阀连通形成的卸荷控制回路,当处于图示原位时,远程控制口关断,泵的出口压力即为先导式溢流阀的调定压力;当二位二通电磁阀得电吸合,先导式溢流阀的远程控制口直接与油箱连通,先导式溢流阀的输出压力为零,溢流口全部打开形成零压力回流的卸荷状态。这种卸荷回路卸荷压力小,切换时冲击也小。

3. 任务实施

按图 8-24 构成先导式溢流阀的卸荷控制回路,通过其二位二通电磁阀的接通与断开,可以实现泵的卸荷与压力输出,可以通过外接压力表观察其输出压力的变化。

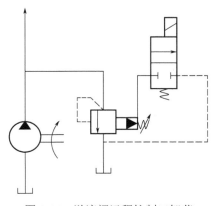

图 8-24　溢流阀远程控制口卸荷

8.7.3 （任务三）用蓄能器实现液压泵卸荷

1. 任务引入

当液压系统使用蓄能器时，其储能方式近似于气动方式，当储能结束时，应当让泵卸荷，此时蓄能器可以为系统提供压力源。如图 8-25 所示为蓄能器控制的卸荷回路。

图 8-25 蓄能器压力控制卸荷

2. 任务分析

如图 8-25 所示为先导式溢流阀 1 的远程控制口直接受卸荷阀 2 控制，卸荷阀 2 的开启受到蓄能器 3 的压力控制，当蓄能器 3 的压力达到卸荷阀 2 的开启压力 p_1 时，卸荷阀 2 工作并使先导式溢流阀 1 的远程控制口与油箱连通，泵 4 形成卸荷节能运行状态；当蓄能器 3 的压力达不到卸荷阀 2 的开启压力，先导式溢流阀 1 的远程控制口关断，泵的出口压力即为先导式溢流阀的调定压力。当泵 4 不卸荷，其压力 p 经单向阀 5 向蓄能器 3 储能充压；当泵 4 卸荷，由于单向阀 5 的作用，蓄能器 3 处于保压状态。这种卸荷回路可处于长期卸荷保压状态。

3. 任务实施

按图 8-25 构成蓄能器控制的卸荷回路，通过调整卸荷阀 2 的控制压力，可以看到当蓄能器压力大于卸荷阀 2 的控制压力时，卸荷阀导通，卸荷使泵压为 0。卸荷阀 2 可以采用溢流阀或顺序阀。

8.8 液压保压回路

在液压系统中，经常要求相关执行机构在一定的行程位置上保持一定的压力并处于停止运动或缓慢运行状态，而保持的压力要求具有稳定性并采用保压回路实现。最简单的保压回路是密封性能较好的液控单向阀保压回路，但阀类元件的泄漏问题会使各种保压回路的保压时间缩短，因此必须选择可靠的保压回路。

8.8.1 （任务一）用蓄能器实现保压

1. 任务引入

在液压系统中，为了防止液压泵的频繁运转，同时防止卸荷与执行元件在保压过程中的阀泄漏引起欠压问题，常用配置蓄能器的方式实现系统压力的稳定。如图 8-26 所示为利用蓄能器的保压回路。

2. 任务分析

在如图 8-26 所示的利用蓄能器实现保压回路中，当三位四通换向阀左位工作时，液压缸向前运动且压紧工件，泵压经单向阀向蓄能器充压，当进油路压力升高至压力继电器动作的调定值，二位二通单控电磁换向阀的电磁铁得电，泵即卸荷，单向阀自动关闭，液压缸由蓄能器保压。缸压不足时，压力继电器复位，此时泵重新工作。保压时间的长短取决于蓄能器容量，通过调节压力继电器动作压力的最大值和最小值使液压缸的压力工作区合理。

3. 任务实施

按图 8-26 构成蓄能器保压回路，通过调整压力继电器的参数设置，保证液压系统可靠工作，其蓄能器容量的大小与泵卸荷的时间长短成正比。

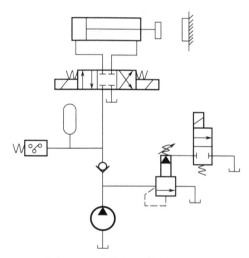

图 8-26 用蓄能器的保压回路

8.8.2 （任务二）用辅助泵实现保压

1. 任务引入

液压系统保压方式除了采用蓄能器外，还可以采用增加高压小排量的辅助泵（长期运转泵）来实现在主泵卸荷时的保压，从而达到稳定系统压力的目的。如图 8-27 所示为采用辅助泵的保压回路。

2. 任务分析

在如图 8-27 所示的辅助泵保压回路中，压力源由高压小排量泵和低压大排量泵组成，液压执行元件在换向工作过程中，主要由低压大排量泵提供工作支持，当液压执行元件处于保压状态,系统压力升高,卸荷阀动作,低压大排量泵卸荷,而高压小排量泵继续工作,由于单向阀的作用,两泵工作状态不受影响。当液压执行元件又开始处于换向的运行阶段,由于高压小排量泵流量小,满足不了执行元件的容积要求,使系统压力降低,此时卸荷阀关闭,低压大排量泵由卸荷转为工作。因此辅助液压泵为高压小排量泵,辅助液压泵的保压回路是指保压过程中,辅助液压泵长期以较高的压力（保压所需压力）工作。小排量泵是连续工作方式,大排量泵是间歇工作方式。

3. 任务实施

按图 8-27 构成辅助液压泵的保压回路,应注意卸荷阀由辅助液压泵的压力控制,双泵应有短暂的同时运行时段,因此应注意泵的运行方式取决于系统的工作方式,同时溢流阀设置在辅助泵侧。

图 8-27 用辅助液压泵的保压回路

8.8.3 （任务三）用单向阀实现保压

1. 任务引入

液压系统的保压方式,还可以选择用液控单向阀和电接触式压力表的自动补油式保压回路,即利用电接触式压力表的检测,当系统出现欠压时,则液压泵由卸荷状态转为供压状态,实现自动保压。如图 8-28 所示为采用液控单向阀和电接触式压力表的自动补油式保压回路,当系统压力降低时可自动补压。

2. 任务分析

在如图 8-28 所示的采用液控单向阀和电接触式压力表的自动补油式保压回路中,当 YA_1 得电,三位四通换向阀 4 右位工作,液压缸上腔压力上升至电接触式压力表 1 的上限值时,触点动作,使电磁铁 YA_1 失电,三位四通换向阀处于中位工作,此时二位二通单控电磁换向阀 2 的电磁铁得电,上位工作,从而导致先导式溢流阀 3 远程控制口与油箱连通,零压力输出,液压泵卸荷,液压缸由液控单向阀 5 保压。当液压缸上腔压力下降到预定下限值时,电接触式压力表又发出信号,使 YA_1 得电,液压泵再次向系统供油,使压力上升。当压力达到上限值时,上触点又动作,使 YA_1 再次失电。因此,周而复始反复工作能自动地使液压缸补充压力油,并使其压力能长期保持在一定范围内。

3. 任务实施

按图 8-28 构成采用液控单向阀和电接触式压力表的自动补油式保压回路,YA_1 通电,系统补压并处于加压工作状态,YA_2 通电,活塞杆抬起,系统进入加压前(备料)工作准备,YA_1 和 YA_2 都断电时,液压缸处于保压状态。该系统可作为胶合板、刨花板、中密度纤维板、细木工板和防火板等的模压设备。

图 8-28 采用液控单向阀和电接触式压力表的保压控制回路

8.8.4 (任务四)综合保压

1. 任务引入

为了保证液压保压系统的可靠性,常采用二种以上方法组成复合保压回路,即综合保压。如图 8-29 所示为综合保压回路,它比单一的保压回路提高了可靠性。

2. 任务分析

如图 8-29 所示为综合保压回路。图中既有液控单向阀和电接触式压力表的自动补油式保压回路,又有蓄能器的保压回路。

3. 任务实施

按图 8-29 构成综合保压回路,一般由液压缸无杆腔处的压力继电器和蓄能器处的压力继电器共同控制液压泵的供压,而由蓄能器处的压力继电器单独控制液压泵的卸荷。

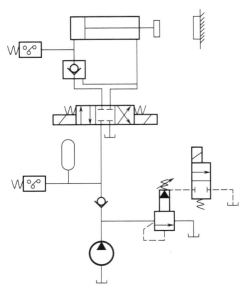

图 8-29 综合保压回路

8.9 液压平衡回路

平衡回路的作用在于防止垂直或倾斜放置的液压缸和与之相连的工作部件因自重而自行下落。

8.9.1 （任务一）用顺序阀实现垂直安装液压缸的平衡控制

1. 任务引入

在液压回路中，由于活塞杆垂直向下或倾斜向下，当液压缸的活塞向下运行时，此时有杆腔中的油液如果没有节流阀或调速阀的速度限制，将向油箱回流，只存在沿程阻力和局部阻力，其压力接近 0，在重物向下的重力作用下，会使活塞与液压缸之间产生溜缸现象，因而可以在回路中通过串联具有压力开关作用的顺序阀，实现活塞下行时的背压，从而防止活塞与端盖的硬性撞击，即用增加背压方式实现了与重物产生的冲击力的平衡。如图 8-30（a）所示为采用单向顺序阀的平衡回路，可以避免溜缸冲击问题的发生。

2. 任务分析

在如图 8-30（a）所示的采用单向顺序阀的平衡回路中，当 YA_1 得电后活塞下行时，回油路上由于串入了内控外泄先导式顺序阀，顺序阀的调定压力形成了活塞下行的背压，只要将这个背压调整到能支撑住活塞和与之相连的工作部件自重，则活塞就可以平稳地下落，一般顺序阀的设定压力若大于负荷重力形成的压力，则可避免溜缸。当换向阀处于中位，活塞就停止运动，不再继续下移。当 YA_2 得电后活塞上行时，与顺序阀并联的单向阀将其短路，顺序阀关闭，因此回路为单向平衡。当液压缸活塞向下快速运动时，由于背压作用使其功率损失大；当锁住活塞和与之相连的工作部件时，也会因单向顺序阀和换向阀等的内泄漏而使活塞缓慢下落，因此该回路形式只适用于工作部件重量不大、活塞锁住时定位要求不高的场合。

还可将图 8-30（a）改成图 8-30（b）采用液控顺序阀的平衡回路，即用外控外泄先导式顺序阀替代内控外泄先导式顺序阀。当活塞下行时，控制压力油打开液控顺序阀，背压消失，因而回路效率较高,主要利用顺序阀的外控端压力大于设定压力则接通,小于设定压力则关断;当停止工作时,液控顺序阀关闭以防止活塞和工作部件因自重而下降。这种平衡回路的优点是只有上腔进油时活塞才下行,比较安全可靠;缺点是活塞下行时平稳性较差。这是因为活塞下行时,液压缸上腔油压降低,将使液控顺序阀关闭。当顺序阀关闭时,活塞会停止下行,使液压缸上腔油压升高,又打开液控顺序阀使活塞继续下行,当行程较长,会反复使液控顺序阀工作于启闭的过渡状态,也使活塞下降速度变化较大,因而影响下行工作的平稳性。这种回路适用于运动部件重量不很大、停留时间较短的液压系统。

图 8-30 采用顺序阀的平衡回路

3. 任务实施

按图 8-30 构成采用液控顺序阀的平衡回路,通过调整顺序阀工作的开关压力,并反复接通 YA_1 和 YA_2 实现在下行停止时不溜缸,即为背压调整合理。YA_1 和 YA_2 要实现互锁,不能同时通电。

8.9.2 (任务二)用液控单向阀实现垂直安装液压缸的平衡控制

1. 任务引入

在液压回路中,还可以用串接单向节流阀和液控单向阀的方式实现背压平衡回路。如图 8-31 所示为采用液控单向阀的平衡回路,可以避免溜缸冲击问题的发生。

2. 任务分析

在如图 8-31 所示的采用液控单向阀的平衡回路中,当 YA_1 得电,且无杆腔压力大于使液控单向阀逆向导通的压力时,液压缸的活塞节流平稳下行;当 YA_2 得电后,压力油使液控单向阀正向导通,同时与节流阀并联的单向阀导通并使节流阀短路而失效,活塞上行。当 YA_1 和 YA_2 失电,液压泵在"H"形中位机能条件下卸荷,泵输出压力为 0,此时液控单向阀关断,液压缸(有杆腔)中的油液被锁在其中,则液压缸的活塞不能向下运行。

3. 任务实施

按图 8-31 构成采用液控单向阀的平衡回路,通过调整节流阀的流量,并反复接通 YA_1 和 YA_2

实现在下行停止时不溜缸,即为背压调整合理。YA$_1$ 和 YA$_2$ 要实现互锁,不能同时得电。

8.9.3 (任务三)用普通单向阀实现垂直安装液压缸的平衡控制

1. 任务引入

在液压回路中,最简单的背压平衡回路就是串接节流阀和普通单向阀。如图 8-32 所示为采用普通节流阀和单向阀的液压平台平衡回路,可以避免平台下沉的溜缸冲击问题发生。

2. 任务分析

如图 8-32 所示为最简单的采用普通单向阀的液压平台平衡回路,当 YA$_1$ 和 YA$_2$ 失电,液压平台节流上升;当 YA$_1$ 和 YA$_2$ 得电,液压平台节流下降;当 YA$_1$ 得电和 YA$_2$ 失电,液压平台处于平衡保持状态。

3. 任务实施

按图 8-32 构成采用普通单向阀的平衡回路,通过调整节流阀的流量,并反复接通 YA$_1$ 和 YA$_2$ 实现在下行停止时不溜缸,即为背压调整合理。

图 8-31 采用液控单向阀的平衡回路　　图 8-32 采用普通单向阀的液压平台平衡回路

8.10 液压缓冲回路

当执行机构质量较大,运动速度较高时,此时如果突然需要换向或停止运行,由于惯性因素则会产生很大的冲击和振动,因此必须采用缓冲回路减小或消除冲击的影响。

8.10.1 （任务一）用缓冲液压缸实现缓冲

1．任务引入

在液压系统中，为了防止活塞与端盖的撞击，专门设计了缓冲液压缸。如图 8-33 所示为采用缓冲液压缸的缓冲回路，采用缓冲液压缸后不会出现活塞和端盖硬碰硬的撞击损害问题。

2．任务分析

在如图 8-33 所示的采用缓冲液压缸实现在换向过程中减小冲击和振动的回路中，其缓冲液压缸是在活塞与前后端盖上增加了缓冲装置，通过调整缓冲装置的有关参数，可以达到较好缓冲效果，一般缓冲液压缸适合缓冲行程位置固定的场合， 如果行程发生变化，则应对缓冲装置的参数进行进一步调整。

3．任务实施

按图 8-33 构成采用缓冲液压缸实现的换向回路，通过调整缓冲装置的有关参数，并在反复接通换向阀两侧电磁铁的情况下，利用手的触觉感觉其缸体冲击的强度变化。两侧电磁铁应互锁，防止同时带电。

8.10.2 （任务二）用溢流阀实现缓冲

1．任务引入

在液压回路中，为了防止在换向或中位停止过程中产生过大的惯性压力，可在液压缸进出口的两端并联单向阀和溢流阀形成超压释放回路，如图 8-34 所示为溢流阀缓冲回路，当惯性冲击压力过大时，可通过溢流回路释放。

图 8-33　采用缓冲液压缸的缓冲回路　　　图 8-34　溢流阀缓冲回路

2．任务分析

在如图 8-34 所示的溢流阀缓冲回路中，当阀 3 由左位工作变为中位机能时，在中位锁紧状态下,由于惯性会使液压缸活塞继续向右运行,使得有杆腔压力升高,达到溢流阀 2 的调定压力时其阀导通,溢流阀的背压作用对液压缸活塞的惯性起到了缓冲和制动作用,此时,无杆腔则会因活塞右移呈负压状态,油箱中油液会通过单向阀 1 进入无杆腔。

3．任务实施

按图 8-34 构成溢流阀缓冲回路,通过调整溢流阀的溢流压力,并在反复接通阀 3 两侧电磁铁的情况下,利用手的触觉感觉其缸体冲击的强度变化。阀 3 两侧电磁铁应互锁,防止同时带电。

8.11 气动缓冲回路

要获得汽缸行程末端的缓冲,除采用带缓冲的汽缸外,特别在行程长、速度快、惯性大的情况下,往往需要采用缓冲回路来满足汽缸运动速度的要求。

8.11.1 (任务一)利用行程阀实现汽缸的末端缓冲回路

1．任务引入

在气动系统中,为了防止汽缸运行过程中的末端冲击,可采用提前关断释放回路,利用憋压的形式产生背压,相当于在端盖与活塞之间增加了一层气垫,使端盖和活塞不会产生硬性撞击。如图 8-35 所示为利用行程阀实现汽缸的末端缓冲回路。

2．任务分析

在如图 8-35 所示的利用行程阀实现汽缸的末端缓冲回路中。行程阀可根据需要来调整缓冲开始位置,这种回路常用于惯性力大的场合。

3．任务实施

按图 8-35 构成利用行程阀实现汽缸的末端缓冲回路,通过调整行程阀的位置,观察缓冲效果。

8.11.2 (任务二)用节流阀和顺序阀实现汽缸的末端缓冲回路

1．任务引入

在气动系统中,还可以利用顺序阀的压力开关作用实现汽缸的末端缓冲。如图 8-36 所示为利用节流阀和顺序阀实现汽缸的末端缓冲回路,活塞杆伸出实现快进—加压;活塞杆缩回实现快退—缓冲的工作过程。

图 8-35 利用行程阀实现汽缸的末端缓冲

图 8-36 利用节流阀和顺序阀实现汽缸的末端缓冲

2. 任务分析

在如图 8-36 所示的利用节流阀和顺序阀实现汽缸的末端缓冲回路中,其回路的特点是,当活塞返回到行程末端时,其左腔压力已降至打不开顺序阀 2 的程度,余气只能经节流阀 1 并通过三位五通气控换向阀排出,因此活塞得到缓冲,这种回路常用于行程长、速度快的场合。图 8-36 只能实现一个运动方向上的缓冲,若两侧均安装此回路,可达到双向缓冲的目的。

3. 任务实施

按图 8-36 构成利用节流阀和顺序阀实现汽缸的末端缓冲回路,通过调整顺序阀 2 的开关压力和节流阀的流量,观察返程的缓冲效果。

8.12 液压缸的推力及运动速度计算

液压缸的输出推力与系统压力或分支系统的压力有关,因此压力控制回路决定了液压缸的推力大小。

8.12.1 单出杆双作用液压缸的推力及速度计算

如图 8-37 所示,若泵输入液压缸的流量为 q,压力为 p,当无杆腔进油时活塞运动速度为 v_1 及推力为 F_1,则:

$$v_1 = \frac{q}{A_1} = \frac{4q}{\pi D^2} \text{(m/s)} \tag{8-1}$$

$$F_1 = pA_1 = p\frac{\pi D^2}{4} \text{(N)} \tag{8-2}$$

如图 8-38 所示,当有杆腔进油时活塞运动速度为 v_2 及推力为 F_2,则:

$$v_2 = \frac{q}{A_2} = \frac{4q}{\pi(D^2 - d^2)} \text{(m/s)} \tag{8-3}$$

$$F_2 = pA_2 = p\frac{\pi(D^2 - d^2)}{4} \text{(N)} \tag{8-4}$$

比较上述各式,可以看出:$v_1 > v_2$,$F_1 > F_2$,液压缸往复运动时的速度比为:

$$\frac{v_1}{v_2} = \frac{D^2 - d^2}{D^2} \tag{8-5}$$

由上述公式分析得:若有效作用面积大,则推力大、速度慢;反之,若有效作用面积小,则推力小、速度快。

图 8-37 无杆腔进油

图 8-38 有杆腔进油

8.12.2 双出杆双作用液压缸的推力及速度计算

如图 8-39 所示为双作用、双出杆活塞式液压缸，其活塞两侧的受力面积相等，因此活塞推力 F 及运动速度 υ 为：

$$v = \frac{q}{A} = \frac{4q}{\pi(D^2 - d^2)} \text{(m/s)} \tag{8-6}$$

$$F = pA = p\frac{\pi(D^2 - d^2)}{4} \text{(N)} \tag{8-7}$$

图 8-39 双作用、双出杆液压缸

在液压与气动系统中，活塞推力及活塞速度是两个重要参数，当系统压力及分支压力确定后，就可以根据负载的推力要求，反算其活塞面积和直径，并根据应用环境的要求选择好液压缸或汽缸的型号。

8.13 气动压力回路的特点

由于气体与液体介质本身的特性与特点，使得压力气体的压缩性、廉价性得到了较好的体现，从而气动元件的结构性、加工性和实用性及使用性得到了快速发展与应用。

1. 一次压力控制回路是系统安全压力回路

如图 8-40 所示为一次压力控制回路。此回路用于控制系统的压力，使之不超过规定的压力值。常用外控溢流阀 1 或用电接点压力表 2 来控制空气压缩机的转、停，使储气罐内压力保持在规定范围内。采用溢流阀，结构简单，工作可靠，但气量浪费大；采用电接点压力表对电动机及控制系统要求较高，常用于对小型空压机的控制。

图 8-40 一次压力控制回路

2. 二次压力控制回路是系统工作压力回路

如图 8-41 所示为用溢流减压阀来实现压力控制的回路。它是由气动三大件组成的，主要由溢流减压阀来实现压力控制。

如图 8-42 所示为高低压力的控制回路，由减压阀和换向阀构成，对同一系统实现输出高低压力的控制。

图 8-41　溢流减压阀来实现压力控制回路　　　图 8-42　高低压力的控制回路

3．用减压阀实现多种压力的输出回路

如图 8-43 所示为用减压阀实现多种压力的输出回路。它由减压阀来实现对不同系统输出不同压力的控制。为保证气动系统使用的气体压力为一稳定值，多用空气过滤器、减压阀、油雾器（气动三大件）组成二次压力控制回路，但要注意，供给逻辑元件的压缩空气不能加入润滑油。

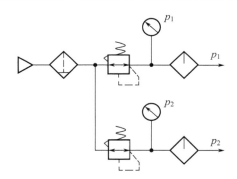

图 8-43　用减压阀实现多种压力的输出回路

4．气动压力回路与液压压力回路的差异

（1）蓄能器

由于气体介质固有的可压缩特点，因此气动蓄能器就是中空的气罐，这与液压蓄能器的活塞式或气囊式的内部结构完全不同。

（2）节能运行回路

对于液压系统而言，是利用卸荷回路实现其泵的无载运行的，而气动系统的节能运行回路就是指其气泵的节能运行方式，由于压力气体的可压缩特点，通过适当增加储气罐容量，减少气泵拖动电机的启动次数，就能达到与液压卸荷回路同样的节能运行效果，当储气罐压力达到一定值时，利用储气罐上的压力继电器直接切断其气泵的拖动电机，而用储气罐保证压缩气体的供应，也可采用变频调速方式控制气泵的拖动电机。

（3）保压回路

液压系统一般用蓄能器或双泵供压方式保证压力液体介质的稳定压力，而气动系统的储气罐就不具有此特点，因此气动系统当储气罐的容量和安全压力选定，则保压回路自然形成，不用单独设立保压回路。

（4）平衡回路

液压系统的平衡回路完全适用于气动回路，但由于气体的可压缩特性，可以通过合理设置节流排气阀与顺序阀，完全能做到汽缸负重下行时的平稳运行。

（5）缓冲回路

液压系统一般是利用缓冲液压缸或增加溢流阀缓冲回路实现缓冲，而气动回路中可以采用缓冲汽缸或行程阀或节流阀和顺序阀等实现汽缸的末端缓冲回路。

思考题

1. 压力控制回路指的是什么？压力控制回路有哪几种？
2. 如图 8-44 所示，试分别计算图 a、图 b 中的大活塞杆上的推力和运动速度。

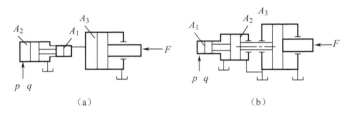

图 8-44

3. 如图 8-45 所示，已知缸径 D、活塞杆直径 d、进油压力 p、进油流量 q，各缸上负载 F 相同，试求活塞 1 和 2 的运动速度 v_1、v_2 和负载 F。

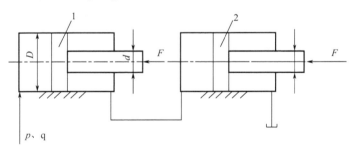

图 8-45

4. 一夹紧回路如图 8-46 所示，若溢流阀调定压力为 5MPa，减压阀调定压力为 2.5 MPa。

（1）写出图中各元件的名称。

（2）试分析①活塞空载运动时 A、B 两点压力各为多少？②工件夹紧活塞停止后，A、B 两点压力又各为多少？

图 8-46

5. 如图 8-47 所示，已知两液压缸活塞面积相同，液压缸无杆腔面积 $A_1=20\times 10^{-4}\text{m}^2$，但负载分别为 $F_1=8000\text{N}$，$F_2=4000\text{N}$，如溢流阀的调整压力为 4.5MPa，试分析减压阀压力调整值分别为 1MPa、2MPa、4MPa 时，两液液压缸的动作情况。

图 8-47

第 9 章　流量控制回路

要点概述

在液压与气动系统中,流量控制是指单位时间对执行元件中通流传动介质多少的控制,即控制传动介质在执行元件中的容积随时间变化而引起其运行速度的变化,因此流量的控制应根据对执行元件的要求,选择合理的调速形式、多个速度的可靠转换结构,以及满足性能要求的高速运动回路。常用的速度控制回路有调速回路、快速回路、速度换接回路等。本章主要通过调速回路、快速运动回路、速度转换回路、同步回路等模块的实际应用,使读者达到在性能、原理、选型、安装、调试等方面对流量基础元件和流量基本回路的掌握。

本章教学目标:掌握液压与气动各流量控制功能模块的结构原理,能合理对其各功能模块进行连接与调试,能准确描述各功能模块所用基础元件的作用、原理和使用要点,理解各基础元件的符号画法并能在系统回路中划分出相应的功能模块,同时具有举一反三设计液压与气动相应功能模块的能力				
	重　点	难　点	教学方法	教学时间
第一节	液压各调速控制回路的模块结构形式和工作原理,熟悉模块所用各基础元件的作用、原理、符号画法	液压各调速控制模块的连接与调试,能够在系统图中找出并划分相应调速模块,分析其在系统中的工作过程	项目实践	1.2 课时
第二节	气动各调速回路的模块结构形式和工作原理,熟悉模块所用各基础元件的作用、原理、符号画法	气动各调速模块的连接与调试,能够在系统图中找出并划分相应调速模块,分析其工作过程,并能举一反三设计和其原理相近的功能模块	项目实践	1.2 课时
第三节	液压各快速运动回路的模块结构形式和工作原理,熟悉模块所用各基础元件的作用、原理、符号画法	液压各快速运动模块的连接与调试,能够在系统图中找出并划分相应快速运动模块,分析其在系统中的工作过程	项目实践	1.2 课时
第四节	气动各快速运动回路的模块结构形式和工作原理,熟悉模块所用各基础元件的作用、原理、符号画法	气动各快速运动回路的连接与调试,能够在系统图中找出并划分相应快速运动模块,分析其工作过程,并能举一反三设计和其原理相近的功能模块	项目实践	1.2 课时
第五节	液压各速度转换回路的模块结构形式和工作原理,熟悉模块所用各基础元件的作用、原理、符号画法	液压各速度转换回路模块的连接与调试,能够在系统图中找出并划分相应模块,分析其在系统中的工作过程	项目实践	1.2 课时
第六节	气动各速度转换回路的模块结构形式和工作原理,熟悉模块所用各基础元件的作用、原理、符号画法	气动各速度转换回路的连接与调试,能够在系统图中找出并划分相应模块,分析其在系统中的工作过程,并能举一反三设计和其原理相近的功能模块	项目实践	1.2 课时
第七节	液压各同步回路的模块结构形式和工作原理,熟悉模块所用各基础元件的作用、原理、符号画法	液压各同步回路模块的连接与调试,能够在系统图中找出并划分相应模块,分析其在系统中的工作过程	项目实践	1.2 课时

续表

	重 点	难 点	教学方法	教学时间
第八节	气动各同步回路的模块结构形式和工作原理,熟悉所用各基础元件的作用、原理、符号画法	气动各同步回路模块的连接与调试,能够在系统图中找出并划分相应模块,分析其在系统中的工作过程,并能举一反三设计和其原理相近的功能模块	项目实践	1.2 课时
合计学时(min)				9.6 课时

1. 知识目标

① 理解流量控制回路中相关模块的作用原理、结构组成、工作过程。同时应对组成基本回路模块中的相关基础元件的功能、特点、表示符号、控制要求、参数整定方法等有明确的认识和掌握。

② 能够按照基本要求用流量控制模块和相关基础元件设计液压与气动执行元件的基本流量控制回路。

③ 了解 PLC 系统对比例流量控制元件及比例流量控制模块实现控制的设计方法。

2. 能力目标

① 能够根据实际要求设计简单的液压与气动执行元件的流量控制回路,并按照流量控制要求进行相关元件的选型,掌握一般液压与气动系统流量控制回路的设计方法。

② 能够根据液压与气动比例流量控制模块和电气控制回路进行设备的连接、调试、运行。

③ 能在较复杂的液压与气动回路中,分辨并划分出相关的流量控制模块和流量控制基础元件,同时理解其在回路中的作用、原理、特点。

3. 操作要求

① 完成设备连接并检查和确认其正确性。

② 按连接好的设备,分析作用原理和操作过程及相关参数设置方法以及回路故障的处置方案,通过模拟的操作与处置过程,达到对模块和相关基础元件的熟练应用。

③ 在设备的准备、储存、存放过程中,应注意设备的防尘和防潮问题。

④ 在设备的安装、连接、调试过程中,应注意管路的整洁、设备的安装方式和方向、设备参数的配套预设值方法和要求。

⑤ 液压与气动设备的电磁阀、比例阀等和电气控制系统接线时,应注意电磁阀的互锁问题,比例阀的配套性,系统的安全接地问题等。

9.1 液压调速回路

由于调速回路是针对执行元件中介质在单位时间内的流量进行调节的控制环节,因此可以通过通流截面积的控制、泵流量的控制或两者综合的方式达到对执行元件的速度控制。

从液压马达的工作原理可知,液压马达的转速 n_M 等于输入流量 q 与液压马达排量 V_m 的比值,即 $n_M=q/V_m$;液压缸的运动速度 v 等于输入流量 q 与液压缸有效作用面积 A 的比值,即 $v=q/A$。因此调节 n_M 可通过改变 q 或改变 V_m 来实现;调节 v,可通过改变 A 或改变 q 来实现。而在液压系统中,改变 q,可以通过采用流量阀或变量泵来实现;改变 V_m,可通过采用变量液压马达来实现。

9.1.1 （任务一）用节流阀实现的调速

1. 任务引入

节流调速回路是指用定量泵供油，通过调节流量阀的通流截面积大小来改变进入执行元件的流量，从而实现其运动速度的调节，即利用节流阀或调速阀的速度调节回路。包括进油节流调速回路、回油节流调速回路、旁路节流调速回路、双向节流调速回路等，还可以用调速阀代替节流阀实现更精准调速。

2. 任务分析

节流阀是通过改变流体介质通道的通流截面积大小实现调速过程的，按照节流阀在回路中放置的位置不同，其调速的作用和性能也有所区别，因此实现调速的形式决定着调速结果。

在进油路节流调速回路中（进口调速），由于回路出口没有背压，会使液压缸等执行元件产生前冲及爬行问题，更不能承受反向负载。

在回油路节流调速回路中（出口调速），会使液压缸调速稳定，并能承受反向负载。

在旁油路节流调速回路中（旁路调速），增加了回路流量，节流损失很大，具备进油节流调速回路的缺点。

在双向节流调速回路中（单向调速），利用单向节流阀调速，可实现出口节流调速，具有回油节流调速回路优点。

在调速回路中，如果采用调速阀调速，可具备节流阀所有的优点，同时比节流阀调速更精确。

3. 任务实施

按以下顺序构成相应的节流调速回路，并按照其结构原理分析其模块的工作过程和相应的参数设定方法，并经反复调节达到对其调速回路熟练应用的目的。

（1）进油路节流调速回路（进口调速）

进油路调速回路是将节流阀装在执行机构的进油口位置，如图9-1（a）所示为采用节流阀的进油节流调速回路。泵的供油压力 p_p 由溢流阀调定，调节节流阀的通流截面积，就可改变进入液压缸的流量 q_1，即可调节液压缸的速度 v，而泵多余的流量 Δq 则经溢流阀回流至油箱，因此该回路必须通过溢流阀的溢流作用调节液压缸变化的流速，才能达到调速的目的。

（a）工作原理　　　　　　　　　（b）速度负载特性曲线

图 9-1　进油路节流调速回路

1）速度负载特性

如图 9-1（a）所示液压缸稳定工作时活塞受力平衡方程式：$p_1 A_1 = p_2 A_2 + F$

式中：p_1、p_2 为液压缸进、出油腔的压力，当出油腔直接回油，则 $p_2=0$；

A_1、A_2 为液压缸进、出油腔端活塞的受力面积，无杆腔面积大于有杆腔面积；

F 为负载压力。

如图 9-1（b）所示为速度负载特性曲线，表明速度随负载变化的规律，曲线越陡，说明负载变化对速度的影响越大，即速度刚度越低。当节流阀通流面积不变时，轻载区域比重载区域的速度刚度高；在相同负载下工作时，节流阀通流面积小（A_{T3}）的比大（$A_{T2}<A_{T1}$）的速度刚度高，即速度低时速度刚度高。

A 一定时，当 F 增大，速度 v 减小。

2）特点

进油路调速回路在工作中液压泵输出流量和供油压力不变。而选择液压泵的流量必须按执行元件的最高速度和负载情况下所需压力考虑，因此泵输出功率较大。但液压缸的速度和负载常常是变化的。当系统需要以轻载低速工作时，系统大部分的流量通过溢流阀的溢流作用回到油箱，相当大的功率损失消耗在节流损失和溢流损失上，功率损失转换为热能，使油箱油温升高，有效功率很小。

当节流阀安装在执行元件的进油路上，而回油路无背压，相当于负载消失，工作部件会产生前冲现象，也不能承受反向负载。这种回路多用于轻载、低速、负载变化不大和对速度稳定性要求不高的小功率液压系统。如车床、镗床、钻床、组合机床等机床的进给运动回路和辅助运动回路。

（2）回油路节流调速回路（出口调速）

如图 9-2 所示为回油路节流调速回路，是将节流阀安装在液压缸的回油路上实现其调速过程。

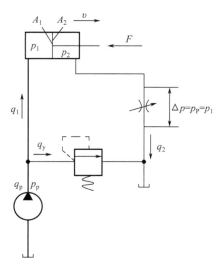

图 9-2 回油路节流调速回路

1）速度负载特性

回油路节流调速回路的调节过程与进油路节流调速回路相似。只是此时有背压，$p_2 \neq 0$，且节流阀两端压差 $\Delta p = p_2$，而缸的工作压力 $p_1 = p_p$。

进油路和回油路节流调速的形式相似，功率特性相同，但由于背压的出现，使它们具有一定承受反向负载的能力，不会出现前冲及爬行问题。

2）特点

虽然进油路节流和回油路节流调速原理相似，但出口节流形成的背压，对系统的运行形成一定的阻力，因此回路执行元件液压缸具有承受一定的相反负载能力；背压的形成使得回路在低速时不会产生爬行，高速时不易发生颤振，运行平稳性好；由于进油路节流和回油路节流的节流阀位置不同，节流产生的油液温升，加载的对象不同，前者进入液压缸使其发热，而后者的油液温升直接加在油箱上，使整体油液温度升高。因此无论是进油路或回油路的节流调速回路，其结构相对简单，但效率较低，只宜用在负载变化不大，低速、小功率场合。实际应用中普遍采用回油路节流调速回路，当采用进油路节流调速时，视具体情况可在回油路上加一背压阀以提高运动平稳性。

（3）旁油路节流调速回路（旁路调速）

如图 9-3（a）所示为采用节流阀的旁油路节流调速回路。将节流阀安放在和执行元件并联的旁油路上，即构成旁油路节流调速回路。用节流阀调节泵溢回油箱的流量 q_T，从而控制了进入缸的流量 q_1。调节节流阀口开度 A_T，即实现了调速。

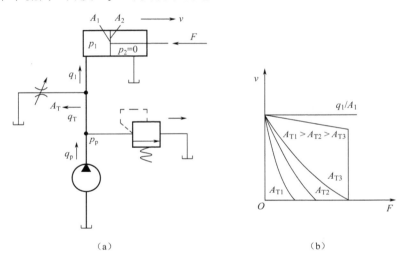

图 9-3 旁油路节流调速回路

1）速度负载特性

如图 9-3（b）所示为速度负载特性曲线，表明速度随负载变化的规律，曲线越陡，说明负载变化对速度的影响越大，即速度刚度越低。节流阀通流截面积越大，负载能力越小，刚性越差。

2）特点

一般该回路工作时，其节流阀形成的节流压力低于泵压 p_p（原溢流阀设定压力），使溢流阀不工作，因此溢流由节流阀承担，而溢流阀则作为安全阀，常态时关闭，过载时打开，其调定压力为回路最大工作压力的 1.1～1.2 倍。在此调速回路中液压泵的供油压力为节流阀的节流压力，它与缸的工作压力相等，压力大小取决于负载大小，不是恒定压力。

旁路节流调速只有节流损失，而无溢流损失，因而功率损失比前两种调速回路小，效率相对高。这种调速回路一般用于功率较大且对速度稳定性要求不高的场合。

（4）双向节流调速回路（单向调速）

双向节流调速回路是指在液压双作用执行元件系统中，利用进油口或回油口节流调速回路控制其双向运动。

1)双侧设置的出口节流或进口节流双向调速回路

如图 9-4 所示为双侧设置的出口节流双向调速回路,YA_1 得电时,阀 1 的节流阀被单向阀短路而不起作用,压力油直接进入无杆腔,有杆腔油液在出口经阀 2 节流后回油箱,此时与节流阀并联的单向阀由于反向不起作用;YA_2 得电时,阀 2 的节流阀被单向阀短路而不起作用,压力油直接进入有杆腔,无杆腔油液在出口经阀 1 节流后回油箱,此时与节流阀并联的单向阀由于反向不起作用。该回路借助单向节流阀的特性在执行元件的油液出口进行双向调速,也可采用油液进口进行双向调速,如图 9-5 所示为双侧设置的进口节流双向调速回路。YA_1 和 YA_2 失电,回路处于锁紧状态,液压缸可停留在任意位置,YA_1 和 YA_2 应互锁,不允许同时得电。

图 9-4　出口节流双向调速回路　　　　图 9-5　进口节流双向调速回路

2)单侧设置的节流双向调速回路

如图 9-6 所示为无杆腔侧设置的节流双向调速回路。YA_1 得电时,由于单向阀作用,压力油液被阀 2 节流后进入无杆腔,有杆腔油液在出口经换向阀直接回油箱,此时进口节流;YA_2 得电时,压力油直接进入有杆腔,无杆腔油液在出口经阀 1 节流后通过换向阀回油箱,此时出口节流;YA_1 和 YA_2 失电,回路处于锁紧状态。还可将节流双向调速回路设置在有杆腔。

3)整流式的节流双向调速回路

如图 9-7 所示为整流式的节流双向调速回路。YA_1 吸合时,压力油经单向阀 1 和节流阀 A_T 节流后经单向阀 3 进入无杆腔,有杆腔油液在出口经换向阀直接回油箱,此时进口节流;YA_2 吸合时,压力油直接进入有杆腔,无杆腔油液在出口经单向阀 2 和节流阀 A_T 节流后经单向阀 4 以及换向阀直接回油箱,此时出口节流;YA_1 和 YA_2 失电,回路处于锁紧状态。还可将整流式节流双向调速回路设置在有杆腔。

(5)采用调速阀的节流调速回路

前面介绍的几种节流阀调速回路其速度的稳定性均随负载的变化而变化,对于一些负载变化较大,对速度稳定性要求较高的液压系统,可采用调速阀代替节流阀来改善其速度—负载特性。调速阀的节流调速回路在低速稳定性、回路刚度、调速范围等方面,要比采用节流阀的节流调速回路性能优异,所以在机床液压系统中获得广泛的应用。由于调速阀包括减压和节流环节,因而也包括溢流环节,其调速稳定性虽高于节流阀调速回路,但功率损失也远远大于节流阀调速回路。

图 9-6　单侧设置的节流双向调速回路　　图 9-7　整流式的节流双向调速回路

9.1.2　（任务二）用变量机构实现的调速

1．任务引入

容积调速回路是指通过调节变量泵或变量马达的排量来进行调速的回路,即利用泵的流量调节实现对液压执行元件的调速控制或直接选用变量马达进行调速,简称泵或马达调速回路。因此在液压系统中可以通过对变量泵或变量马达的控制实现对液压执行元件的运行、停止、调速、换向等的控制。

2．任务分析

由于容积调速回路是通过改变回路中液压泵或液压马达的排量来实现调速的,因此没有溢流损失和节流损失,但其工作压力随负载变化,同时回路具有功率损失小、效率高、油温升低的特点,适用于高速、大功率系统。

容积调速回路按油路循环方式不同,有开式回路和闭式回路两种。开式回路是指液压油经油箱循环的回路,即泵从油箱吸油,执行机构的回油直接回到油箱,油箱容积大,油液能得到较充分冷却,但空气和粉尘异物等易进入回路。闭式回路则是指液压油可以不经油箱而循环的回路,即液压泵将压力油输出给执行机构的进油腔,同时从执行机构的回油腔吸油的自循环封闭回路。闭式回路结构紧凑,设补油泵或补油箱提供少油量补充,但冷却条件差。为了补偿工作中油液的泄漏,一般补油泵的流量为主泵流量的 10%～15%,压力调节范围在 （3～10）×10^5Pa。

3．任务实施

按以下顺序构成相应的容积调速回路,并按照其结构原理分析其模块的工作过程和相应的参数设定方法,并经反复调节达到对其不同形式的容积调速回路熟练应用的目的。

（1）变量泵和液压缸组成的容积调速回路

如图9-8所示为变量泵和液压缸组成的开式容积调速回路，图中5的活塞杆伸出运动速度v由变量泵1调节，2是溢流阀，起安全阀的作用，4为单控电磁换向阀，6为溢流阀，起背压阀的作用。YA_1得电时液压缸5返回。

（2）变量泵和定量马达组成的容积调速回路

如图9-9所示为变量泵和定量马达组成的容积调速回路，采用变量泵3来调节液压马达5的转速，溢流阀4起安全阀的作用，用以防止过载，低压辅助泵1用以补油，其补油压力由低压溢流阀6来调节。由3、4、5组成了闭式容积调速回路。

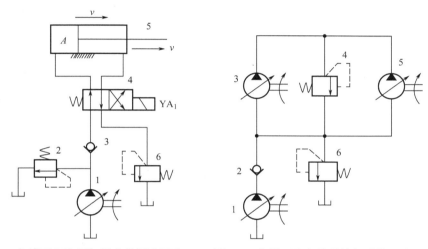

图9-8 变量泵和液压缸组成的调速回路　　图9-9 变量泵和定量马达组成的调速回路

（3）变量泵和变量马达的容积调速回路

如图9-10所示为变量泵和变量马达组成的闭式容积调速回路，图中由双向变量泵1和双向变量马达2等组成闭式容积调速回路。单向定量泵3通过单向阀4、6或5、7组成的整流回路随时向调速回路进行双向补油。溢流阀8作为双向调速系统安全阀使用，溢流阀9为辅助泵3的输出稳压阀。由于泵和马达的排量均可改变，因此该调速回路即可通过变量泵调速又可通过变量马达调速，调速范围宽。

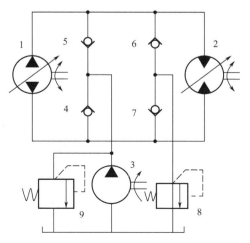

图9-10 变量泵和变量马达的调速回路

（4）定量泵和变量马达的容积调速回路

如图 9-11 所示为定量泵和变量马达组成的闭式容积调速回路，图中由单向定量泵 3 和单向变量马达 5 及起安全阀作用的溢流阀 4 等组成闭式容积调速回路，调节单向变量马达 5 即可实现调速。单向定量泵 1，通过逆止倒流作用单向阀 2 可随时向调速回路进行补油，溢流阀 6 作为辅助泵 1 的输出稳压阀。

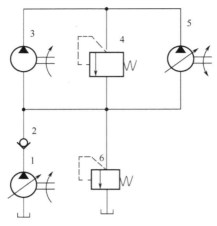

图 9-11　定量泵和变量马达的调速回路

在容积调速回路中，液压泵的流量控制范围要和相应液压执行元件的容积调速范围相匹配，同时辅助泵的补油方式也要合理，起安全阀作用的溢流阀其过载保护值为满足可靠工作条件下的最大安全值和系统最大安全压力下的最小压力值。

9.1.3　（任务三）用节流阀和变量机构共同实现的调速

1. 任务引入

用节流阀和变量机构共同实现调速的回路是指利用泵和流量阀对液压执行元件进行调速的回路。一般用限压变量泵供油，用节流阀或调速阀等流量阀调节进入系统执行元件的流量，并使变量泵的流量与节流阀的调节流量相适应来实现调速。如图 9-12 所示为限压式变量泵与调速阀组成的调速回路，所谓限压式变量泵就是恒功率泵，其压力与流量都可以调节。

2. 任务分析

在如图 9-12 所示的限压式变量泵与调速阀组成的调速回路中，图（a）为原理图，图（b）为调速特性图。

在图示原位，当缸 4 的活塞快速向右运动，泵 1 按快速运动要求调节其输出最大流量 q_{max}、压力 p_C，此时液压缸在负载条件下的流量与压力关系与泵的曲线相同，符合 A、B、C 曲线，这是由于此时泵出口压力 p_p 等于缸的入口压力 p_1。当二位二通单控换向阀 3 左位工作时，泵输出的压力油经调速阀 2 进入缸 4 的无杆腔，其回油经背压阀 5 回油箱。调节调速阀 2 的流量 q_1 就可调节活塞的运动速度 v，此时液压缸在负载条件下的流量与压力关系符合 A、B、C 曲线并按 B、C 段由 B 点 q_{max} 下移至 q_1，即流量减小则压力升高，泵的流量与压力曲线应符合 A、B'、C' 曲线，即 BC 与 B'C' 平行，流量相同时泵出口压力 p_p 大于缸的入口压力 p_1，由于变量泵出口没有设溢流稳压阀，其流量与压力会成反比，同时系统无溢流损失，效率高，调速范围大。目前已广泛应用于负载变化不大的中、小功率组合机床的液压系统中。

(a) 原理图 (b) 调速特性图

图 9-12 限压式变量泵调速阀容积节流调速回路

为了保证调速阀的正常工作压差，泵的压力应比负载压力 p_1 至少大 $5×10^5$Pa。

3．任务实施

按图 9-12 构成限压式变量泵与调速阀的容积节流调速回路，通过对回路中各相关元件的调整，观察其液压缸的运行状况。

9.1.4 调速回路的选用和比较

调速回路的选用主要考虑以下问题：

1．按负载大小选择

负载小，且工作中负载变化也小的系统可采用节流阀节流调速；在工作中负载变化较大且要求低速稳定性好的系统，宜采用调速阀的节流调速或容积节流调速；负载大、运动速度高、油的温升要求小的系统，宜采用容积调速回路。即要根据执行机构的负载性质、运动速度、速度稳定性等要求对调速形式进行选择。

一般功率在 3kW 以下的液压系统宜采用节流调速；3～5kW 范围宜采用容积节流调速；功率在 5kW 以上的宜采用容积调速回路。

2．工作环境选择

闭式回路的容积调速方式适合在相对温度较高的环境下工作，且整个液压装置体积小、重量轻。而开式回路的容积调速方式则适合多种环境，可以通过油箱的升温与降温等温度调节过程满足环境的要求。

3．回路的复杂性与经济性要求

节流调速回路的结构简单，成本低，功率损失大，效率也低；容积调速回路因变量泵、变量马达的结构较复杂，相对成本高，相对效率高、功率损失小；而容积节流调速则介于两者之间。

4．调速工作制式要求

在液压与气动系统中，调速过程运行时间长，则节流调速过程中节流或溢流造成的损失就大，应考虑其调速过程中的散热问题,如果调速时间短,则自然散热就可满足可靠工作要求,因此在调速方式上应兼顾选择,综合考虑。

9.2 气动调速回路

气动调速回路主要指由节流阀、单向节流阀、节流排气阀等构成的汽缸速度调节回路。

9.2.1 （任务一）用单向节流阀实现的调速

1．任务引入

在气动系统的调速回路中,基本上都采用单向节流调速的形式,并选择出口调速形式,以保证调速质量。如图 9-13 所示为双向节流调速回路,可实现双向不同速度的设置。

2．任务分析

在汽缸的进、排气口设置单向节流阀,就组成了双向调速回路。图 9-13 所示为采用单向阀与节流阀的并联方式或采用一体型单向节流阀构成的双向节流调速回路,双向速度可不同且都采用无抖动（汽缸爬行）的出口调速。如果只采用节流阀,则双向速度相同,且一个节流阀即可。

3．任务实施

按图 9-13 构成双向节流调速回路,可利用手动阀控制二位五通气动阀的换向,通过对单向节流阀的调整,观测其液压缸运行速度的变化。

9.2.2 （任务二）用排气节流阀实现的调速

1．任务引入

在二位五通换向阀的两个互不相通的排气口上连接排气节流阀,也相当于出口节流的双向节流调速回路。如图 9-14 所示为采用排气节流阀的双向节流调速回路,其效果与单向节流阀的双向调速回路效果相同。

图 9-13 双向调速回路

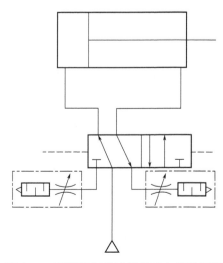

图 9-14 采用排气节流阀的双向节流调速回路

2. 任务分析

在如图 9-14 所示的采用排气节流阀的双向节流调速回路中,把两个消声排气节流阀连接在二位五通换向阀的排气口,必须强调消声排气节流阀连接的是有两个独立排气口的二位五通换向阀,如果是排气口相通的二位四通换向阀就不行,当双向速度相同时,可以用二位四通换向阀连接。

3. 任务实施

按图 9-14 构成消声排气节流阀的双向节流调速回路,可利用手动阀控制二位五通气动阀的换向,通过对消声排气节流阀的调整,观测其液压缸运行速度的变化。

9.3 液压快速运动回路

为了提高生产效率,机床工作部件常常要求实现空行程(或空载)的快速运动。这时要求液压系统流量大而压力低。这和工作运行时一般需要的流量较小和压力较高的情况正好相反。快速运动回路工作时,应尽量减小液压泵输出的流量,或者在加大液压泵的输出流量后,在非工作时段又不致于引起过多的能量消耗。快速运动回路又称增速回路,其功能在于使执行元件获得必要的高速,以提高系统的工作效率或充分利用功率。

9.3.1 (任务一)用液压缸差动连接实现快速运动

1. 任务引入

在液压回路中,可以利用双作用单出杆液压缸的差动特性,实现其液压缸的快进过程。如图 9-15 所示为差动连接快速运动回路,该回路可以实现工作开始时的快进过程。

2. 任务分析

在如图 9-15 所示的差动连接快速运动回路中,当缸的两腔同时通以压力油时,由于作用在活塞两端面上的推力不等,产生推力差。在此推力差的作用下,活塞向右运动,这时,从液压缸有杆腔排出的油液也进入液压缸的无杆腔,使活塞实现快速运动。这种连接方式为差动连接。

设出杆节流速度为 v_1,推力为 F_1;缩回节流速度为 v_2,推力为 F_2;差动速度为 v_3,推力为 F_3。当阀 1 的 YA_1 得电,即左位工作;阀 3 的 YA_3 失电,即右位工作时,回路为差动连接,这时两端液压缸同时通压力油,利用活塞两端直径形成的受力面积差所产生压差进行工作。

设差动连接时泵的供油量为 q,无杆腔的进油量为 q_1,有杆腔的排油量为 q_2,活塞运动速度为 v_3,推力为 F_3,则有:

$$q = q_1 - q_2 = A_1 v_3 - A_2 v_3 = A_3 v_3 = v_3 \frac{\pi d^2}{4} \tag{9-1}$$

$$v_3 = \frac{4q}{\pi d^2} (\text{m/s}) \tag{9-2}$$

$$F_3 = pA_3 = p\frac{\pi d^2}{4} (\text{N}) \tag{9-3}$$

当阀 1 的 YA_1 得电,即左位工作;阀 3 的 YA_3 得电,即右位工作时,无杆腔节流推进时的速度为 v_1,推力为 F_1,则有:

$$v_1 = \frac{q}{A_1} = \frac{4q}{\pi D^2} (\text{m/s}) \tag{9-4}$$

$$F_1 = pA_1 = p\frac{\pi D^2}{4}(\text{N}) \tag{9-5}$$

当阀 1 的 YA_2 得电,即左位工作;阀 3 的 YA_3 得电,即右位工作时,有杆腔进油时活塞运动速度为 v_2,推力为 F_2,则有:

$$v_2 = \frac{q}{A_2} = \frac{4q}{\pi(D^2 - d^2)}(\text{m/s}) \tag{9-6}$$

$$F_2 = pA_2 = p\frac{\pi(D^2 - d^2)}{4}(\text{N}) \tag{9-7}$$

比较上述各式,可以看出:$v_1 > v_2$,$F_1 > F_2$,液压缸往复运动时的速度比为:

$$\frac{v_1}{v_2} = \frac{D^2 - d^2}{D^2} \tag{9-8}$$

由上述公式分析:若有效作用面积大,则推力大、速度慢;反之,若有效作用面积小,则推力小、速度快。

同样大小的液压缸在差动连接时,活塞速度大于无差动连接时的速度,因而可以获得快速运动。当要求差动液压缸的往返速度相同即 $v_2 = v_3$ 时,则活塞直径满足下列关系:

$$D = \sqrt{2}d \tag{9-9}$$

采用差动连接的快速回路方法简单,较经济,但快、慢速度的换接不够平稳,常应用于需要快进、工进、快退运动的组合机床液压系统中。但差动油路的换向阀和油管通道应按差动时的流量选择,不然流动液阻过大,会使液压泵的部分油从溢流阀流回油箱,速度减慢,甚至不起差动作用。

3. 任务实施

按图 9-15 构成差动连接快速运动回路,可通过对 YA_1、YA_2、YA_3 的控制,实现液压系统的快进、工进、快退的工作过程。YA_1 和 YA_2 应互锁控制。

9.3.2 (任务二)用蓄能器实现的快速运动

1. 任务引入

在液压系统中,快速运行的前提是压力油快速进入到液压缸中,由于快速增加的压力介质很快填充到液压缸活塞的一端体积,则活塞就被快速挤压到另一端,从而形成快速移动效果。如图 9-16 所示为采用蓄能器的快速运动回路,利用蓄能器和液压泵同时向液压缸快速充液。

2. 任务分析

在如图 9-16 所示的采用蓄能器的快速运动回路中,当换向阀 5 处于中位时,液压缸停止运动,蓄能器 4 充液储能,当其压力使顺序阀 2 打开时,泵卸荷,则说明储能结束;阀 5 在左位或右位工作时,液压缸在泵和蓄能器同时供油的高压力状态下快速运动。采用蓄能器的目的是利用阀 5 中位对液压缸的锁紧状态时,其小流量液压泵有充分时间对蓄能器充液储能,也是液压缸间歇运动的节能运转形式。

3. 任务实施

按图 9-16 构成采用蓄能器的快速运动回路,当蓄能器和液压泵同时向液压缸加压充液,或由蓄能器单独向液压缸加压充液,观察其液压缸移动速度的变化。

图 9-15 差动连接快速运动回路　　图 9-16 采用蓄能器的快速运动回路

9.3.3 （任务三）用增压缸实现快速运动

1. 任务引入

在液压系统中，快速移动过程还可以通过减小液压缸的容积实现（则相对减少了液压缸充液的时间，同样也能实现提高运行速度）。如图 9-17 所示为采用增速缸的快速运动回路，这种回路利用液压缸自身的特点实现其加速运动，并不需要增大泵的流量。

图 9-17 采用增速缸的快速运动回路

2. 任务分析

在如图 9-17 所示的采用增速缸的快速运动回路中，当 YA_1 得电，换向阀左位工作，压力油由缸 1 进入 B 腔，因 B 腔有效容积小，此时活塞 2 快速向右移动（快进），当 B 腔压力升高到顺序阀 4 的导通压力时，压力油经阀 4 同时向 A 腔供油，由于 A 腔容积较大，此时活塞 2 实现慢速向右移动（工进）；而回油腔直接经换向阀回油箱；当 YA_2 得电，换向阀右位工作，压力油进入有杆腔，同时压力油打开液控单向阀 3，使 A 腔直接与油箱接通，此时活塞 2 向左移动。该回路利用增速缸的单向加速与单向加力（减速）特性，即可获得很大的速度梯度，常用于液压机系统。

3. 任务实施

按图 9-17 构成采用增速缸的快速运动回路，通过对 YA_1、YA_2 的控制以及对顺序阀 4 导通压力的调整与设置，观测其液压缸移动速度和输出压力的变化。

9.3.4 （任务四）用双泵供油实现快速运动

1. 任务引入

在液压系统中，最简单的快速运动回路就是采用双泵供油，这样可以使液压缸的容积得到快速填充，其移动速度会快速增加。如图 9-18 所示为双泵供油快速运动回路，这种回路是利用低压大流量泵和高压小流量泵并联为系统供油。

2. 任务分析

在如图 9-18 所示的双泵供油快速运动回路中，当需要液压缸活塞杆快速向右运动时，YA_1 得电，三位四通阀 8 左位工作，高压小流量液压泵 2 输出的压力油与低压大流量泵 1 经单向阀 4 输出的压力油共同向系统液压缸供油。在快速工作进给过程中，当系统转入工进状态，其压力升高到一定值时，作为卸荷阀的液控顺序阀 3 被打开。从而使液压泵 1 卸荷，此时泵 2 压力高于泵 1 压力，使单向阀 4 关闭，由液压泵 2 单独向系统液压缸供油，此时的液压缸应处于工进状态。溢流阀 5 作为稳压阀控制液压泵 1 的供油压力，而作为卸荷阀的顺序阀 3 受液压缸入口压力的控制，使液压泵 1 在快速运动时供油，在工作进给时卸荷，因此它的调整压力应比快速运动时系统所需的压力要高，但比溢流阀 5 的调整压力低。当阀 8 的 YA_2 得电，液压缸活塞杆缩回。当阀 8 处于中位工作，液压缸浮动。当阀 6 的 YA_3 得电时，节流阀 7 实现对液压缸的节流调速，当阀 6 的 YA_3 失电时，节流阀 7 被短路而不起作用。

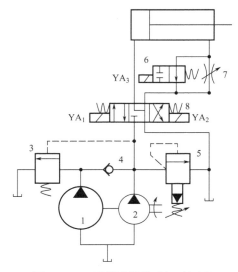

图 9-18 双泵供油的快速运动回路

双泵供油回路功率利用合理、效率高，并且速度换接较平稳，在快、慢速度相差较大的机床中应用很广泛，缺点是需要用一个双联泵，油路系统也稍复杂。常用在执行元件快进和工进速度相差较大的组合机床、注塑机等设备的液压系统中。

3. 任务实施

按图 9-18 构成双泵供油的快速运动回路，通过对 YA_1、YA_2、YA_3 的控制及顺序阀 3 和溢流阀 5 导通压力的调整与设置以及节流阀 7 的调节，观察其液压缸移动速度和输出压力的变化。

9.4 气动快速运动回路

气动快速运动回路主要是为了缩短非加工过程时间，提高工作效率而设置的。

9.4.1 （任务一）用双作用汽缸差动连接实现快速运动

1. 任务引入

气动回路中的双作用单出杆汽缸与液压回路中的双作用单出杆液压缸结构和性能是基本相同的，因此其气动系统的快速运行也可以采用汽缸的差动连接形式实现。如图 9-19 所示为用双作用汽缸差动连接实现的快速前进回路，其气动与液压的差动运行原理是相同的。

2. 任务分析

在如图 9-19 所示的用双作用汽缸差动连接实现的快速运动回路中，按下二位三通气动手控阀时，其阀左位工作，形成汽缸的差动连接形式，此时有杆腔中的压缩气体通过阀的左位直接进入汽缸的无杆腔，使无杆腔流量加大，活塞杆伸出运行加速，形成快速移动过程。

3. 任务实施

按图 9-19 构成用双作用汽缸差动连接实现的快速运动回路，观测其差动运行与非差动运行时移动速度的变化。

9.4.2 （任务二）用快速排气阀实现汽缸的快速前进

1. 任务引入

实现汽缸的快速运行方式，还可以采用快速排出一侧的气体，降低其压力，相对增加另一侧的压力，相当于减小了系统的阻力损失，使得汽缸实现快速运行。如图 9-20 所示为用快速排气阀实现汽缸的快速前进回路，可以实现汽缸气体最短距离排放。

2. 任务分析

在如图 9-20 所示的用快速排气阀实现汽缸的快速前进回路中，当按下二位三通气动手控阀时，其换向阀左位工作，有杆腔中的气体可以通过快速排气阀直接排空，而不经过换向阀的阀芯排气，从而利用快速排气阀缩短了排气路径，减小了汽缸快进时的阻力，使汽缸达到快进的目的。

3. 任务实施

按图 9-20 构成用快速排气阀实现汽缸的快速前进回路，观察正反方向运动时速度的变化，快速排气阀应注意正确的安装形式和安装方向。

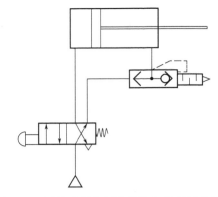

图 9-19 用双作用汽缸差动连接实现的快速前进回路　　图 9-20 用快速排气阀实现汽缸的快速前进回路

9.5 液压速度转换回路

速度转换回路用来实现运动速度的变换，即在原来设计或调节好的几种运动速度中，从一种速度换成另一种速度。对这种回路的要求是速度换接要平稳，即不允许在速度变换的过程中有前冲（速度突然增加）现象。

9.5.1 （任务一）用换向阀实现速度转换

1．任务引入

在液压系统中，除了工进速度要符合工艺进给要求外，其他非做工过程一般要求越短越好，这就要求在加工过程中，出现由非加工过程速度（如快速）向加工速度（工进）的转换，以提高工作效率，减少非作业时间。如图 9-21 所示为用行程换向阀实现的速度转换回路，当到达工作位置后由快进转工进。

2．任务分析

在如图 9-21 所示的速度转换回路中，图示为原位，双出杆液压缸 3 右腔的回油可经行程阀 4 的下位和换向阀 2 的右位流回油箱，使活塞快速向右运动。当快速运动到达所需位置时，活塞上挡块压下行程阀 4，使其由下位工作转为上位工作，将其通路关闭，此时液压缸 3 右腔的回油必须经过调速阀 6 和阀 2 的右位回流到油箱，活塞的运动由快进转换为工作进给运动（工进）。调速阀 6 与单向阀 5 组成单向调速回路。当换向阀 2 的 YA_1 带电时，活塞换向运动，压力油经换向阀 2 和单向阀 5 进入液压缸 3 的右腔，使活塞快速向左退回。

在这种速度转换回路中，因为行程阀的控制是由液压缸活塞的出杆行程控制的，所以换接时的位置精度高，运动速度的变换相对也比较平稳。但缺点是行程阀的安装位置受一定限制（要由挡铁压下），造成管路连接复杂。最好将行程阀用电磁换向阀来代替，并用行程开关或接近开关等传感器检测活塞杆的伸出量，这样电磁阀的安装位置不受限制，而挡铁只需要压下行程开关即可。这种回路一般在机床液压系统中应用较多。

3．任务实施

按图 9-21 构成用行程阀的速度转换回路，通过操作 YA_1（带电或断电），观察液压缸 3 快进—工进（压行程阀 4）—快退的速度变化。

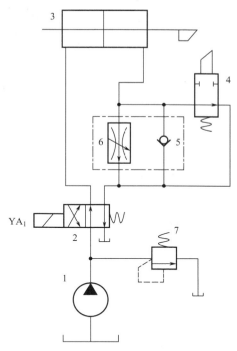

图 9-21 用行程阀的速度转换回路

9.5.2 （任务二）用调速阀实现速度转换

1. 任务引入

在速度转换回路中，最可靠的速度调整就是分时接入不同参数的节流阀或调速阀（精准）实现对其流量的控制。如图 9-22 所示为两个调速阀并联的速度转换回路。如图 9-23 所示为两个调速阀串联的速度转换回路，两个回路都是利用调速阀的不同组合形式，实现流量调整。

2. 任务分析

在速度转换回路中，调速阀的使用有并联和串联两种组合形式。并联时，主要通过换向阀的分时接入，实现不同参数的调速阀对回路流量的控制。串联时，截面积较小的调速阀起节流调速作用，一般利用分时短接截面积较小的调速阀，即可实现一个通道多个速度的控制。

3. 任务实施

分别构成图 9-22 和图 9-23 所示的速度转换回路。并按以下顺序进行回路操作，通过对调速阀参数的反复设置和各电磁阀的通断电操作，观察液压缸速度的变化，并比较调速阀串并联组合的使用特点。

（1）调速阀并联的速度转换回路

如图 9-22 所示是两个调速阀并联的速度转换回路，可以实现两种工作进给速度的换接。三位四通电磁换向阀 1 在左位或右位工作时，缸进行快进或快退运动。当阀 1 的 YA_1 得电，阀 2 的 YA_4 得电，阀 3 的 YA_3 不得电时，调速阀 A 工作，实现第一次工进；当阀 1 的 YA_1 得电，阀 2 的 YA_4 得电，阀 3 的 YA_3 得电时，调速阀 B 工作，实现第二次工进。用电磁换向阀的组合形式控制调速阀 A 或 B 的工作状态，实现第一次工进和第二次工进的换接。两个调速阀的节流口可以单独调节，两个速度互不影响，即第一种工作进给速度和第二种工作进给速度相互间没有限制。一个调速阀工作时另一个调速阀不工作，因而在速度换接开始的瞬间不能起减压作用，容易出现部件突然前冲的现象。当 YA_1 和 YA_2 断电，阀 1 处于中位，液压缸被锁紧。可以利用多个调速阀的并联实现多个速度的工作选择，并用多个二位三通阀控制其换接过程。

（2）调速阀串联的速度转换回路

如图 9-23 所示是两个调速阀串联的速度转换回路，也可以实现两种工作进给速度的转换。当 YA_1 得电，阀 1 左位工作，且 YA_4 得电，阀 2 左位工作时，当 YA_3 断电，阀 3 左位工作，此时将调速阀 B 短路而调速阀 A 工作，油液经调速阀 A 流入液压缸左腔，实现第一次工进；当 YA_3 得电时，阀 3 右位工作，此时将调速阀 A 和 B 串联，使油液经调速阀 A 后又经调速阀 B 才能进入液压缸左腔，由于阀 B 的开口调得比阀 A 小，此时调速阀 B 工作而调速阀 A 只起通道作用不起节流调速作用，从而实现第二次工进，即二次工进速度必须比一次工进速度低；此外，二次工进时油液经过两个阀，能量损失较大。也可利用多个调速阀的串联实现多个速度的工作选择，并用多个二位二通阀控制其换接过程，此时一定要将多个调速阀的节流口依次减小，才能实现多个速度的调整，速度等级越多，能量损失越大。

图 9-22 两个调速阀并联的速度转换回路

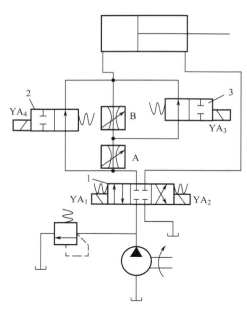

图 9-23 两个调速阀串联的速度转换回路

9.5.3 （任务三）用比例阀实现速度转换

1. 任务引入

在节流阀或调速阀的调速过程中，其速度的实现具有唯一性，不可能做到无级调速的控制过程，而用比例调速阀则可实现无级的调速过程。如图 9-24 所示为先导式比例调速阀无级调速（多速度）的控制结构原理图，能够实现精准的速度控制。

2. 任务分析

在如图 9-24 所示的先导式比例调速阀无级调速（多速度）的控制结构原理图中，其液压缸 5

的运行状态由阀 4 控制，单向定量泵 1 的压力由溢流阀 3 进行稳压，液压缸 5 的运行速度可采用先导式比例调速阀 2 控制，以实现液压缸运行速度的无级调节。由 PLC 控制的数字量经 D/A 转换得到 I_1、I_2、$\cdots$、I_n 等在 0～20mA 范围内不同数值的控制电流值，以驱动比例阀驱动器 A，从而使先导式比例调速阀 2 可以设定并调节和稳定不同的流量值 q_1、q_2、$\cdots$、q_n。这种流量调节方式近似于无级调速回路。

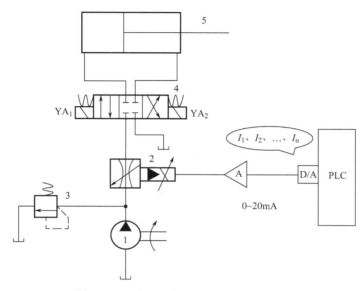

图 9-24 比例调速阀无级调速结构原理图

3．任务实施

按图 9-24 构成比例调速阀无级调速回路，可以通过 PLC 或 0～20mA 电流源控制比例阀驱动器 A，实现比例阀输出不同的流量体积。

9.6 气动速度转换回路

气动速度转换回路一般是针对双作用汽缸的两个速度或两个以上速度的转换回路。

9.6.1 （任务一）双作用汽缸慢进快退的速度转换回路

1．任务引入

气动速度转换回路与液压速度转换回路形式是相同的，一是通过对不同参数节流阀或单向节流阀的分时接入，二是利用快速排气阀的气体释放特性实现活塞的快速移动过程。如图 9-25 所示为双作用汽缸慢进快退的速度转换回路，就是由快速排气阀实现的速度转换。

2．任务分析

一般慢进速度是指工进过程的速度，而快进速度是指不做工的回程速度。在如图 9-25 所示的双作用汽缸慢进快退的速度转换回路中，1 是二位三通气动手控阀；2 是二位五通气控阀；3 是快速排气阀；4 是汽缸；5 是调速阀，6 是行程阀。原位汽缸属于回缩状态；当压下手动阀 1

时，气控阀 2 左位工作，气源 P 通过阀 2 的左位经快速排气阀 3 进入汽缸 4 的无杆腔，使活塞右移，同时有杆腔中的压缩气体经调速阀 5 和阀 2 排空，而其工进速度由阀 5 的节流阀进行调节整定；当工进到位，其汽缸 4 的活塞杆触动行程阀 6 的检测位，则行程阀 6 动作，使气控阀 2 右位工作（原位），此时气源通过阀 2 的右位经调速阀 5 的单向阀进入汽缸 4 的有杆腔，使活塞左移，而无杆腔中的气体经快速排气阀 3 直接排空，使汽缸快速后退。

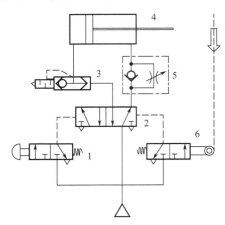

图 9-25　双作用汽缸慢进快退的速度转换回路

3．任务实施

按图 9-25 构成双作用汽缸慢进快退的速度转换回路，用手动阀和行程阀控制气动主阀的换向，调整单向节流阀 5 实现工进速度调整，通过快速排气阀 3 的作用实现快退过程，应注意快速排气阀的正确安装。

9.6.2　（任务二）双作用汽缸运动中途的速度转换回路

1．任务引入

由于气动系统的单回路特点，即气动系统做功后的气体可直排大气，无回流过程，因此在气动速度转换回路中，可使汽缸出口由二位二通电磁阀控制并通过节流排气阀直接排空气体。如图 9-26 所示为双作用汽缸运动中途的速度转换回路，可在汽缸出口安装消声排气节流器。

2．任务分析

在图 9-26 中，在双作用汽缸的两个进出气口，各增加一个二位二通单控电磁阀，并在其阀的排气口各连接一个消声排气节流阀。这样在汽缸的前进与后退过程中，除主通路的单向节流阀调速实现双向调速外，在行进过程中，当 YA_1 或 YA_2 带电后，汽缸在杆伸出或缩回的过程中，又可增加一个相对快进或快退的工作过程，以提高其工作效率。

3．任务实施

按图 9-26 构成双作用汽缸运动中途的速度转换回路，通过对 YA_1、YA_2 电磁阀的控制，可以实现双向双速的调节。图中气动主阀可以采用双控电磁阀，系统可采用 PLC 控制。

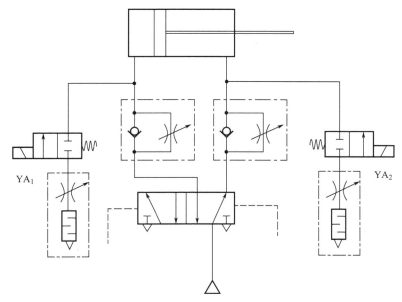

图 9-26 双作用汽缸运动中途的速度转换回路

9.7 液压同步回路

使两个或两个以上的液压缸，在运动中保持相同位移或相同速度的回路称为同步回路。在一泵多缸的液压系统中，要求实现同步的各个液压缸的外负载、泄漏、摩擦阻力、制造精度、结构弹性变形以及油液中含气量等差异性较大会影响其同步性，因此应利用合理的同步回路尽量克服或减少这些因素的影响。

9.7.1 （任务一）用机械连接实现同步

1. 任务引入

在一些双液压缸并联同步操作的液压系统中，只有采用机械硬性同步连接的形式，才能做到双缸的精确同步运行。如图 9-27 所示为液压缸机械连接的同步回路，可做到精准同步。

图 9-27 液压缸机械连接的同步回路

2．任务分析

如图 9-27 所示为液压缸机械连接的几种同步回路，图（a）为刚性梁将液压缸的两活塞杆连接在一起，两缸的进出口采用并联，实现压力介质的同进同出，进而使两缸的活塞运动同步。图（b）为同轴的齿轮通过齿条将两缸的活塞杆同步连接。图（c）为用连杆将两缸的活塞杆同步连接。

3．任务实施

按图 9-27 构成一种或两种液压缸机械连接的同步回路，通过对双缸的并联控制，观察两缸是否能做到同步。

9.7.2 （任务二）用串联液压缸实现同步

1．任务引入

液压缸还可以利用其液体的不可压缩性，采用串联形式实现同步。如图 9-28 所示为串联液压缸的同步回路，如图 9-29 所示为串联液压缸的单向同步补偿回路，回路都采用了两缸串联驱动的形式。

2．任务分析

在两缸串联的同步驱动回路中，要实现同步，一是要求两液压缸参数必须相同；二是要求所用液压油中无空气泡，否则液压油的体积会发生变化，影响同步性。

3．任务实施

按图 9-28 构成串联液压缸的同步回路，按图 9-29 构成串联液压缸的单向同步补偿回路，并按以下顺序进行相应回路的操作。

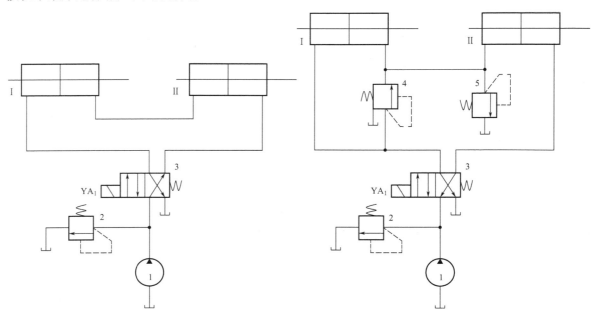

图 9-28　串联液压缸的同步回路　　　　图 9-29　串联液压缸的单向同步补偿回路

（1）串联液压缸的同步回路

如图 9-28 所示为串联液压缸的同步回路，将活塞有效工作面积相等的两个液压缸，通过进出口的作用端串联起来，则利用容积和流量的相等，可实现两缸同步。该回路因偏载造成的压差不影响流量的改变，只导致微量的压缩和泄漏，因此同步精度较高，回路效率也较高。这种情况下泵的供油压力至少是两缸工作压力之和。由于制造误差、内泄漏及混入空气等因素的影响，经多次行程后，将积累为两缸显著的位置差别。为此，回路中应具有位置或压力补偿装置，防止两缸过大的累积误差。

（2）串联液压缸的单向同步补偿回路

如图 9-29 所示为串联液压缸的单向同步补偿回路，是在图 9-28 所示的基础上增加了顺序阀 4 和溢流阀 5 形成的，其作用是当 YA_1 带电，其阀 3 左位工作时实现双缸右行的同步。当液压缸 I 和 II 右行，如果 I 缸先到则 I 入口压力升高，阀 4 导通使压力油直接进入 II 缸的入口，此时 II 缸会快速右行到位；如果 II 缸先到则 II 入口压力升高，阀 5 导通使 I 缸出口放出的油液通过阀 5 直接进入油箱，此时 I 缸也会快速右行到位。

9.7.3 （任务三）用流量控制方式实现同步

1．任务引入

双液压缸的同步调整，还可以采用双缸并联的方式，由调速阀实现其流量的精确调整，使双缸速度参数接近，从而达到同步。如图 9-30 所示为并联液压缸的单向调速阀同步回路，如图 9-31 所示为并联液压缸的双向调速阀同步回路。

2．任务分析

流量控制方式同步回路主要利用对调速阀的调整，实现回路流量相等从而实现两缸同步，属于双缸并联的调速阀同步回路。对于要求同步精度不高的场合可采用单向调速的形式，而相对精度较高的场合可采用双向调速的形式。

3．任务实施

按图 9-30 所示构成单向调速阀控制的同步回路，按图 9-31 所示构成双向调速阀控制的同步回路，并按以下顺序进行相应回路的操作。

图 9-30　单向调速阀控制的同步回路　　图 9-31　双向调速阀控制的同步回路

（1）单向调速阀控制的同步回路

如图 9-30 所示为并联液压缸的单向调速阀同步回路，利用流量相等实现两缸同步。在两个并联液压缸的进（或回）油路上分别串入一个单向调速阀，仔细调整两个调速阀的开口大小，控制进入两液压缸（或自两液压缸流出）的流量，可使其在一个方向上实现速度同步。这种回路结构简单，但调整比较麻烦，同步精度不高，不宜用于偏载或负载变化频繁的场合。要求调速阀1、2控制的流量相同。

（2）双向调速阀控制的同步回路

如图 9-31 所示为并联液压缸的双向调速阀同步回路，利用四个单向阀形成的桥式回路实现两液压缸的双向同步运行。其中阀 1 为普通调速阀，阀 2 为先导式比例调速阀，通过调整比例调速阀的流量实现阀 1 和阀 2 的流量同步，则两缸就同步。阀 2 可由 PLC 控制。

9.7.4 （任务四）用同步马达实现同步

1. 任务引入

双液压缸的同步控制还可以利用液压马达实现，通过液压马达的流量同步实现液压缸的同步。如图 9-32 所示为同步马达单向同步回路，如图 9-33 所示为同步马达双向同步回路。

2. 任务分析

利用液压马达实现双液压缸的同步，首先要保证两个马达的性能参数相同，同时两个马达必须同步时才能实现对液压缸的同步控制。可以利用单向液压马达和双向液压马达通过同轴旋转，实现两种形式的双缸同步回路。

3. 任务实施

按图 9-32 所示构成同步马达单向同步回路，按图 9-33 所示构成同步马达双向同步回路，并按以下顺序进行相应回路的操作。

图 9-32 同步马达单向同步回路

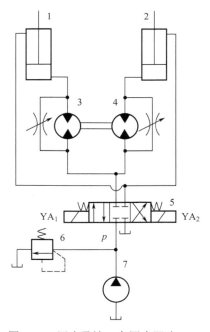

图 9-33 同步马达双向同步回路

（1）同步马达单向同步回路

如图 9-32 所示为同步马达单向同步回路，利用排量相同和同轴刚性连接的两个液压马达与两个液压缸串联连接，实现其对液压缸的单向同步控制。当 YA_1 得电其阀 5 左位工作时，压力油通过液压马达 3、4 后进入液压缸 1、2 的无杆腔，有杆腔的油液通过阀 5 进入油箱，系统处于重载工进状态，此时由于液压马达 3、4 的参数相同并同轴刚性连接，因而其排出的流量基本相同，因而也会使得两参数相同的液压缸运行同步。当 YA_2 得电其阀 5 右位工作时，压力油进入液压缸 1、2 的有杆腔，无杆腔的油液通过单向阀和阀 5 进入油箱，系统处于轻载返回状态，不做同步处理。

（2）同步马达双向同步回路

如图 9-33 所示为同步马达双向同步回路，将图 9-32 中两单向定量马达 3、4 换成双向定量马达，并将其相并联的单向阀用节流阀替代，节流阀可利用分流作用调整和补偿两液压缸的同步性。

9.8 气动同步回路

气动同步回路与液压同步回路的目的性和作用原理是相同的，因此气动系统中其两个以上执行元件的同步动作，除采用机械方式连接的同步回路外，大多采用单向节流阀的同步调节或采用气液缸的同步动作回路。

9.8.1 （任务一）用单向节流阀的调节实现同步

1. 任务引入

汽缸的同步控制，一般采用双缸并联，用单向节流阀实现双向速度的调节，争取流量参数做到同步。如图 9-34 所示为用单向节流阀的调节实现的同步回路，实现出口节流双向速度调节。

2. 任务分析

在如图 9-34 所示的用单向节流阀的调节实现的同步回路中，当两个汽缸上的负载差异不大时，调整四个单向节流阀实现双汽缸的出口节流调速，可达到速度的近似同步，这是由于气体的可压缩性，造成受负载的影响相对较大，当双汽缸需要同步精度较高时，可增加机械同步装置来达到同步精度要求。

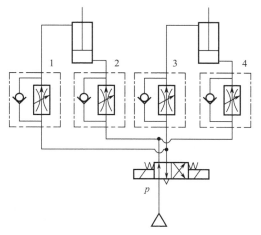

图 9-34 用单向节流阀的调节实现的同步回路

3. 任务实施

按图 9-34 构成用单向节流阀的调节实现的同步回路，通过对单向节流阀的调整实现双向双速的同步控制。由于气体的可压缩性，应注意负载的恒定，否则系统的同步精度很差。

9.8.2 （任务二）气液缸的同步动作回路

1. 任务引入

可以用两个气液缸实现同步，能基本保证双缸的同步精度。如图 9-35 所示为气液缸的同步动作回路，相当于两个液压缸的同步精度。

2. 任务分析

在如图 9-35 所示的气液缸的同步动作回路中，用两个气液缸串联连接方式，可实现双缸同步，图中深色部分为液体部分，如果一个汽缸走多少，利用液体的不可压缩性，则该气液缸的另一端的液体就流出多少，进入另一气液缸的液体就使得该气液缸行走相同的距离。同步性高于单纯用单向节流阀的调节实现的同步回路。

3. 任务实施

按图 9-35 构成气液缸的同步动作回路，通过对单向节流阀的调整实现双向双速的同步控制。由于液体的不可压缩性，比汽缸的同步精度高。

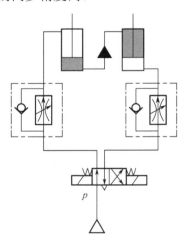

图 9-35 气液缸的同步动作回路

思考题

1. 速度控制回路指的是什么？包括哪几种形式？
2. 调速回路有哪几种？
3. 进油路节流调速和回油路节流调速有哪些主要区别？
4. 如图 9-36 所示，已知单杆液压缸缸筒直径 $D = 80\text{mm}$，活塞杆直径 $d = 40\text{mm}$，液压泵供油流量为 $q = 20\text{l/min}$，试求（1）液压缸差动连接时的运动速度；（2）若缸在差动阶段所能克服的外负载 $F = 2000\text{N}$，缸内油液压力有多大（不计管道内压力损失）？

图 9-36

5. 如图 9-37 所示的回油节流调速回路，已知液压泵的供油流量 q_P =25 l/min，负载 F=4000N，溢流阀调定压力 p_Y =5.4MPa，无杆腔面积 $A_1=80\times10^{-4}\text{m}^2$ 时，有杆腔面积 $A_2=40\times10^{-4}\text{m}^2$，液压缸工进速度 v =0.18m/min，不考虑管路损失和液压缸的摩擦损失，试计算：

1）液压缸工进时液压系统的效率；
2）当负载 F=0 时，回油腔的压力。

图 9-37

第四篇
液压与气动典型系统

　　本篇把动力滑台、成形机、机械手等具有代表性的回路控制过程作为项目案例，通过对工作过程的描述、主回路的分析、I/O 图以及功能表图和梯形图的设计结构说明，使读者达到对其控制系统的全面了解进而深入熟悉和操作使用，从而掌握对一般液压与气动控制系统的分析方法以及应有的设计过程和技术内容。

第 10 章 （项目一）动力滑台

要点概述

本章第一节讲述了动力滑台的类型和传动形式的选择，使读者了解动力滑台结构和性能；第二节通过对特定结构动力滑台工作过程的描述、液压主回路原理图的分析、动作顺序表的设计、PLC 系统 I/O 控制图设计、功能表图设计（视专业选择）、梯形图设计（视专业选择）的过程，实现对液压系统中的换向回路、调速回路、锁紧回路、保压回路、卸荷回路、平衡回路等模块的实际应用。通过对动力滑台液压控制系统的研究，使读者完成在性能、原理、选型、安装、调试等方面对液压系统基础元件和基本回路的学习和掌握。

本章教学目标：掌握液压各功能控制模块的结构原理分析方法，能合理对其各功能模块进行连接与调试，能准确描述各功能模块所用基础元件的作用、原理和使用要点，理解各基础元件的符号画法并能在系统回路中划分出相应的功能模块，同时具有举一反三设计简易液压与气动形式动力滑台的能力					
	重　点		难　点	教学方法	教学时间
第一节	液压动力滑台的分类和传动形式		液压动力滑台的基本结构	讲授	0.5 课时
第二节	工作过程的描述与表达、液压主回路原理图的分析和动作顺序表、PLC 系统 I/O 控制图、功能表图（可省略）、梯形图（可省略）等的设计		液压原理图分析过程和动作顺序表、PLC 系统 I/O 控制图、功能表图（可省略）、梯形图（可省略）等的设计方法	项目实践	4.5 课时
合计学时（min）					5 课时

动力滑台是机床系统实现其台面加工工具进给运动的通用部件，对于各种组合机床、专用机床、自动和半自动生产线等不同的加工机械，按照其加工特点和要求所实现的进给工作过程有所不同，但其主要环节的进给方式和控制特点是基本相同的。台面加工工具包括配备安装的动力箱和主轴箱、车削头、钻削头、铣削头、镗削头等各种工艺用途的切削头。

10.1　概述

动力滑台的台面配备加工工具后，能对工件完成钻、镗、铣、刮端面、倒角、攻螺纹等加工过程和工件的转位、定位、夹紧、输送等动作。因此动力滑台的台面既可以配备加工工具，也可以根据加工工艺特点的要求固定工件，实现工件动而刀不动的加工过程。由于加工工艺过程的专业性和复杂性，导致动力滑台的结构形式和工作过程具有多样性的特点。

10.1.1　动力滑台的分类

1. 动力滑台按照其传动形式分类

动力滑台按照其电动传动、机械传动、液压传动、气压传动和复合传动等形式进行分类。

(1) 电动传动动力滑台

电动传动动力滑台主要利用减速机和电机调速的传动控制形式,可采用步进电机、伺服电机、变频电机、滑差电机、直流电机等进给调速形式。

(2) 机械传动动力滑台

机械传动动力滑台主要采用托板、丝杠、变速箱的组成形式。

(3) 液压传动动力滑台与气压传动动力滑台

液压传动动力滑台主要采用液压缸的调速进给和换向控制形式。气压传动动力滑台与液压传动动力滑台的结构原理相同,而工作压力不同,其所针对的加工对象也不同。

(4) 复合传动动力滑台

复合传动动力滑台是指按滑台进给运动的特点,采用两种以上传动形式进行合理组合的复合结构的滑台,其目的是以提高滑台性能和简化整体结构并降低系统成本为前提。

2．动力滑台按自由度分类

动力滑台可分为单自由度进给形式,二自由度(十字进给)进给形式,多自由度(十字进给)进给形式。多自由度动力滑台一般采用模块化结构。

10.1.2 动力滑台的选择与性能要求

动力滑台无论是采用哪种传动形式,都要求系统可以方便地进行换向和调速,并要求换接速度平稳,进给速度稳定,效率高,发热少。因此要根据系统负载情况、加工行程、加工速度选择好相应滑台的动力传动结构和配套的控制形式,以满足系统基本性能要求为限。

1．滑台传动形式的选择

① 电动传动滑台主要用于小型或轻型负载的精密加工过程,其结构简洁,节省机械设计空间,并可具有多种安装与连接方式,可多点定位与多段控制,可采用多种控制电机的调速形式。

② 机械传动滑台主要用于大型或重型负载的精密加工过程,其变速箱采用离合器的控制形式,其传动过程低速时无爬行而高速时无振动,具有较好的抗冲击能力和速度稳定可靠的特点,过去的滑台进给系统大都采用机械传动结构。

③ 液压传动滑台和机械传动滑台的性能相同,但传动形式不同,其传动结构相对简单,同时还可实现无级进给的调速过程,但液压控制形式相对复杂。

④ 气压传动滑台与液压传动滑台的结构形式相同,但气动滑台更适合轻型负载,最大缺点是空气介质具有可压缩性,适合变化较小的恒转矩负载。

⑤ 复合传动滑台一般适合多自由度进给的形式,且负载大都属于轻型负载,按照进给加工的负载特点和行程长度选择满足加工精度且简单可行的传动控制形式。

2．负载应考虑的阻力因素

动力滑台的传动负载还应考虑:加工过程中需要的进给压制力、滑台由于重力产生的滚动或滑动摩擦阻力、过高的进给速度产生的惯性阻力、防止粉尘和漏油等增加的密封结构而产生的密封阻力,以及背压阻力等因素。

① 动力滑台加工工件需要的进给力应按工件加工工艺要求的最大加工转矩需要的进给压制力进行计算。

② 动力滑台由于重力产生的摩擦阻力一般很小,与滑台进给导轨的滑动接触方式及摩擦系数有关,根据实际工况可按工件重量的 5%～10%进行选取。一般液压动力滑台的摩擦阻力可忽略不计。

③ 动力滑台过高的进给速度产生的惯性阻力可按具体情况进行估算，而对于液压动力滑台而言，由于液压缸工作运动时速度很小，不属于快速往复运动型，故惯性阻力可忽略不计。

④ 动力滑台的密封阻力是由于防尘和防漏油等增加的中间垫与运动部件的相对滑动产生的，与中间垫滑动摩擦面积及摩擦系数以及进给加工力的大小等参数有关，也可按机械效率考虑。一般在液压系统中，由于密封阻力的问题，取液压缸的机械效率为90%。在液压与气动系统中，还应考虑动力滑台的背压阻力，背压阻力是液压缸回油路上的阻力，初算时可不考虑，其数值在系统确定后，按需要的背压增加系统压力即可。

⑤ 动力滑台的回程阻力一般要远远小于工进阻力，因此可不考虑。因此只考虑系统快进过程的速度和工进过程的进给力，而其快退时的速度范围一般没有限制。

3. 系统各元器件的配套性

① 系统要按照负载特性首先配套执行元件，按执行元件的运动特性，配套相应的控制元件，按控制元件的控制过程和调节精度选择配套的主控单元的控制形式。总之应按系统工艺过程首先设计主回路原理图（电、气、液原理图），其次设计控制回路（继电器、PLC、单片机等），最后按控制要求进行编程（梯形图等）。

② 电动传动动力滑台要按电机、电机驱动器、旋转编码器及检测开关、继电器或单片机或PLC、电源等顺序进行选择。

③ 机械传动动力滑台要按变速箱和电机、电机驱动器或接触器、旋转编码器及检测开关、继电器或单片机或PLC、电源等顺序进行选择。

④ 液压与气动动力滑台要按液压缸或汽缸、方向阀和压力阀及流量阀、磁性检测开关及压力开关等、继电器或单片机或PLC、电源和压力源等顺序进行选择。

⑤ 复合传动动力滑台按电机或液压缸等执行元件、驱动器或接触器等控制元件、旋转编码器或磁性开关等检测元件、继电器或单片机或PLC等主控单元、电源和压力源等动力源的顺序进行选择。

10.2 液压传动动力滑台

以单自由度液压传动动力滑台为例说明其工作过程和控制过程。

10.2.1 液压动力滑台的结构

液压动力滑台一般由滑座、滑台、液压缸等组成，滑座与滑台之间由导轨连接、支撑、定位。滑座与滑台之间的相对移动由中间连接的液压缸实现，液压缸上的活塞杆与滑台固定，而液压缸则固定在滑座上，如图10-1所示为液压动力滑台的结构图。

图10-1 液压动力滑台结构图

10.2.2 液压动力滑台的工作过程

对于液压工作滑台来讲,其工作过程主要是图 10-1 中液压缸的工作过程,液压缸主要有快进、工进、快退等工作环节。如图 10-2 所示为液压动力滑台的工作流程图。

图 10-2 液压动力滑台工作流程图

"上电"后的"初始化"是系统开始工作前的准备状态,对于不同的工作系统,其开始工作前的准备状态是不同的,对于加工系统而言,一般以利于"上料"或"缩短加工时间"或"下料"或"安全待机状态"过程为状态设计前提。

"事故停车"后的状态,要根据系统要求的"安全状态"进行设置,和"初始化"的设置思路相同,"初始化"是以"准备工作"为前提,而"事故停车"是以"操作者人身安全"为前提。

一般对电动执行机构而言,事故停车后,系统应"保持"断电前的瞬间状态,例如吊车空中停车不动,电磁吸盘应保持吸力而不能断电,机械手应抓紧重物而不能松开等,主要防止事故扩大化和二次事故的发生。

对于液压与气动装置,应注意下压过程中的事故停车状态,此时事故停车状态可能是要求"抬起",而不是"保持",这是由于液压与气动系统的状态与负载有关,特别应注意气动系统的"可压缩性",即便是"停车"状态,该汽缸或气马达也会继续"前进",因此"下压"的安全状态是"抬起";电梯"关门"的安全状态是"开门"。要根据设备的特点选择好事故停车后的安全状态。

10.2.3 主回路原理图

如图 10-3 所示为液压动力滑台的液压系统工作原理图,包括液压缸工作过程和液压缸工作输出压力与时间的关系。

图 10-3 液压动力滑台液压系统工作原理图

在压力源部分,液压油经过滤器由液压泵加压,液压泵为双联叶片泵,双联叶片泵输出的压力经截止阀通过压力表显示；经单向阀 I_1 后的系统压力通过溢流阀进行稳压（溢流阀入口稳压）。

两个叶片泵可以并联也可以串联。两个单级叶片泵装在一个泵体内，并由同一传动轴带动旋转，从而在一个泵体内形成了有各自独立出油口的两个并联泵，这种在油路上并联的同轴一体泵称为双联叶片泵。两个泵可以是相等流量的，也可以是不等流量的；两泵的输出流量可以分开使用，也可以合并使用；但两泵流量不可调，属于定量泵。双联叶片泵常用于有快速进给和工作进给要求的液压动力滑台或机械加工的专用设备中或为两个独立油路供油，此时双联泵由一小流量泵和一大流量泵组成；快进时压力较低，两泵同时供油；工进时压力较高，由小流量泵供油，同时大流量泵卸荷。若同轴一体的两个泵在油路上实现串联工作，就构成双级叶片泵，双级泵的压力是单级泵的两倍。因此双联叶片泵属于两个叶片泵并联，双级叶片泵属于两个叶片泵串联。

在液压缸的回油部分，先导式溢流阀的溢流压力由外控内泄直动式顺序阀控制，先导式溢流阀与外控内泄直动式顺序阀组成了背压阀。顺序阀的外控压力由系统压力 p 控制，p 是变化的，阀①中位工作时泵卸荷，p 为泵的卸荷压力，此时低压不能推动顺序阀，背压阀不能工作；阀①左位或右位工作时，p 为系统工作压力，即溢流阀的设定压力（高压），顺序阀导通则背压阀能工作。因此背压阀在阀①中位时处于控制压力低而不工作状态；在阀①左位或右位工作时，处于控制压力高的可工作状态。

系统包括快进、工进、快退、原位停止四个过程。

1. 快进

快进时，首先 YA_1 带电，阀①左位工作，压力油液流向为阀①的左位（下位中进上位左出）→阀③的下位→液压缸无杆腔，实现活塞快速右行；同时，液压缸有杆腔油液流向为阀①的左位（上位右进下位右出）→单向阀 I_3→阀③的下位→液压缸无杆腔。

此时，由于快进负载压力小，背压阀的设定压力高于液压缸的无杆腔压力，则回路通过 I_3 和阀③的下位形成了液压缸两腔连通，实现差动快进，系统压力低，双联叶片泵输出最大流量。

2. 工进

当快进过程结束，压下行程阀③使其上位工作，此时二位二通换向阀③的上位将通路切断，液压油通过阀①的左位（下位中进上位左出），经调速阀 S_2 和二位二通单控电磁换向阀②的右位（S_1 被短路），进入液压缸无杆腔，此时液压缸仍处于差动状态，只是处于开始减速的一次工进状态。

当压力升高，使得压力继电器 KP 动作时，导致 YA_3 得电，此时，压力油液流向为阀①的左位（下位中进上位左出）→S_2→S_1→液压缸无杆腔，活塞再次减速右行；同时，液压缸有杆腔油液流向为阀①的左位（上位右进下位右出）→背压阀（顺序阀和先导式溢流阀形成的复合阀）→油箱。此时系统处于二次工进状态，调速阀 S_1 和 S_2 处于串联结构，流量小的 S_1 调节而流量大的 S_2 不工作。因此几个调速阀或节流阀串联时，其流量最小的起调节作用，而流量大的基本不工作。

当工进到位时，液压缸伸出位检测开关 SQ_2 动作，说明滑台前进极限位已到，要停留一定时间等待动力头进行反向过程。等待时间可由控制系统内部定时器实现。

因此工进过程包括 I 工进和 II 工进及工进到位等待共三个环节。

3. 快退

滑台停留时间结束后，时间继电器发出信号，使电磁铁 YA_1 和 YA_3 断电，YA_2 通电，这时三位五通换向阀①右位工作，因滑台返回时的负载小，系统压力下降，双联叶片泵输出流量最大，此时，压力油液流向为①的右位（下位中进上位右出）→液压缸有杆腔，致使活塞杆缩回，进一步导致液压缸无杆腔液压油流向为 I_4→阀①的右位（上位左进下位左出）→I_2→油箱，实现快退过程。

4. 原位停止

当滑台退回到原位时，液压缸缩回位检测开关 SQ_1 动作，使 YA_2 断电，此时三位五通换向阀

①处于中位，液压缸的两腔油路封闭，滑台停止运动。这时双联叶片泵输出的油液流向为阀①的中位→I_2→油箱，泵处在低压卸荷的节能运行状态。

10.2.4 滑台系统动作顺序表

表 10-1 为动力滑台动作顺序表，动作表应表达出动作的详细步骤、输入监测元件的节点状态、输出控制元件和执行元件动作状态。"+"为"通"，"-"为"断"。

表 10-1 动力滑台动作顺序表

名称		输入端检测元件			输出端控制元件			行程阀③	执行元件
步数	工作过程	SQ_1	SQ_2	KP	YA_1	YA_2	YA_3		液压缸
0	原位	+							原位
1	快进				+				伸出
2	Ⅰ工进				+			+	减速伸出
3	Ⅱ工进			+	+		+	+	再次减速伸出
4	到位停留		+		+		+	+	伸出到位停留
5	快退					+		+	行程阀后缩回
									行程阀前缩回
6	原位停止	+							原位停车

10.2.5 PLC 系统 I/O 控制图

如图 10-4 所示为动力滑台 PLC 系统外部接线图，系统的输入输出均为开关量控制的形式。

图 10-4 液压动力滑台 PLC 控制系统外部接线图

10.2.6 功能表图

根据动作顺序表和外部接线图，其控制系统功能表图如图 10-5 所示。

快进转Ⅰ工进在 PLC 控制系统中为同一步，这是由于 PLC 系统中的输出控制元件没有变化，而液压缸的快进转Ⅰ工进的状态变化是液压系统内部行程阀动作变化造成的。

图 10-5　PLC 控制系统功能表图

10.2.7　梯形图

如图 10-6 所示为 PLC 控制系统的梯形图。根据功能表图确定系统动作步数，按照动作顺序要求进行梯形图设计，采用"启动"、"停止"、"线圈"的模块顺序结构设计梯形图结构。任何一个模块都可能是一个"条件"，也可能是"多个条件集合"。对于西门子系统而言，一个"Network"设计一个动作步数，系统程序由多个"Network"组成，主要是便于系统内部的程序识别和提高执行速度。

图 10-6　梯形图

"启动"是为使"线圈"带电而加入的"输入继电器 I"或由"时间继电器 T"或"中间继电器 M"或"输出继电器 Q"形成的"衍生条件",可以是所有条件的"和"形成的并联结构,也可以是所有条件"同时"形成的串联结构。一般不同时"启动"的"动合接点开关"条件都应并联,只有同时"启动"要求的"动合接点开关"才串联。

"停止"在"与"逻辑电路中一定是串联结构,所有停止要求的"动断接点开关"等条件都应当是串联的,以保证一点"断","断"一条线或称"断"一个回路。

"线圈"分"输出线圈"和"中间线圈"。"输出线圈"是"输出继电器 Q",也是要求输出的"动作结果";而"中间线圈"是为了满足"输出线圈"的条件要求而加入的"中间转换条件",可以是"中间继电器 M",还可以是"时间继电器 T"等。

第 11 章 （项目二）成形机

要点概述

本章第一节讲述了成形机的类型和传动形式，使读者了解成形机结构和性能；第二节利用动作时序图实现对特定结构成形机工作过程的描述、液压主回路原理图的分析、动作顺序表的设计、PLC 系统 I/O 控制图设计、功能表图设计（视专业选择）、梯形图设计（视专业选择）的过程，实现对液压系统中的换向回路、调速回路、减压回路、保压回路、平衡回路等模块的实际应用。通过对成形机液压控制系统的研究，使读者完成在性能、原理、选型、安装、调试等方面对液压系统基础元件和基本回路的学习和掌握。

本章教学目标：掌握液压各功能控制模块的结构原理，能合理对其各功能模块进行连接与调试，能准确描述各功能模块所用基础元件的作用、原理和使用要点，理解各基础元件的符号画法并能在系统回路中划分出相应的功能模块，同时具有举一反三设计简易液压与气动成形机的能力			
	重　点	难　点	教学方法	教学时间
第一节	液压成形机的分类和传动形式	液压成形机的基本结构	讲授	0.5 课时
第二节	工作过程的描述与表达以及液压主回路原理图的分析、动作顺序表、PLC 系统 I/O 控制图、功能表图（可省略）、梯形图（可省略）等的设计	液压原理图分析过程和动作顺序表、PLC 系统 I/O 控制图、功能表图（可省略）、梯形图（可省略）等的设计方法	项目实践	4.5 课时
合计学时（min）			5 课时

成形机的形式很多，不同的行业和不同的成形产品，对成形机的要求条件也不同，成形机包括如砂轮锯片成形、砌块成形等粉末制品成形机；鞋底、塑胶板等橡胶制品及塑料制品成形机；冷（热）金属挤压成形、薄板拉伸以及冲压、弯曲、翻边等金属外壳成形机；糕点、馒头等食品成形机；包装箱、纸碗等成形机；墙砖、地砖等瓷砖成形机；牲畜的饲料成形机；垃圾压缩成形机等。

11.1 成形机的分类

成形机都具有专用性，因此成形机是按产品和行业划分的，不同行业和不同产品的成形机在参数上具有很大的差异性。

1. 按需要成形的材料类型划分

成形机按需要成形的材料类型可分为金属类、非金属类、食品类等。金属类包括锻压类金属成形机;冷(热)金属板材挤压成形机;薄板冲压成形机等;非金属类包括橡胶注射成形机、橡胶热压成形机、橡胶鞋底成形机、注塑机,以及木材加工类成形机等;食品类包括饼干等糕点成形机等。由于各类材料的性质不同,其成形机的结构、原理等有很大差异。

2. 按动力源的驱动方式划分

成形机按动力源的驱动方式可分为液压成形机和气压成形机。

液压成形机按油泵产生的压力可分为低压(即压力小于 2.5MPa 的齿轮泵压力源)、中压(即压力小于 6.3MPa 的齿轮泵或叶片泵压力源)、高压(即压力小于 32.0MPa 的齿轮泵或柱塞泵压力源)三种。目前由于加工精度和传动转速的提高,齿轮泵除了提供不高于 2.5MPa 的低压动力外,中压已达到 8~16MPa,高压已达到 20~31.5MPa。

液压成形机按传递介质的不同,还可分为乳化液作为介质的水压机,矿物油作为介质的油压机。在相同的结构条件下,由于油的黏度大,因此水压机产生的压力要大于油压机。

气压成形机的压力一般小于 1MPa,常用于 0.5~0.7MPa 的工作压力。

采用电动形式的压力成形机很少,其与压力成形机配套的输送机械大都采用电机等执行元件驱动并由电源作为动力源。

3. 按需要成形的材料形状或用途划分

按需要成形的材料形状可分为锻压类块状或坨状类材料,包括金属锻造坯、泥坯等材料,称锻造成形机;板材类,包括可延伸板材(金属)和不可延伸或延伸量小板材(木材等)称冷压或热压金属板材拉伸成形机、折弯机等和层压机;粒状或粉状材料类,包括砂轮和胶木等的成形材料,称粉末冶金压制成形机;液体状或加热可融化材料类,包括塑料颗粒和树脂类材料等,称注塑机;还包括金属切屑的打包、压块机等。要根据材料的性质配套成形机的附属加工设备。

4. 按成形机的动作方式划分

按成形机的动作方式可分为单缸动作的从上向下加力的上压式成形机,和从下向上加力的下压式成形机;以及双缸同时动作的双动压力机,双动压力机的成形压力为上下两压力缸输出力之和。

5. 按成形机的机身结构划分

按成形机的机身结构可分为四柱式、两柱式、单柱式等柱式成形机和框架式成形机这两种结构类型。

11.2 液压成形机

液压成形机是利用静压力实现对金属、塑料、橡胶、木材、粒状或粉状的金属和矿物质等材料通过锻造、冲压、校直、弯曲、压装等特定形式进行加工的机械。按产品的工艺过程配套其需要的输出压力,输出压力一般在几十吨或几万吨之间。

11.2.1 液压成形机的结构

液压成形机的执行元件一般是上下两个液压缸,上下液压缸通过中间的压力板和上下模具

（凸凹模具）连接，下模具固定在模具座中。如图 11-1 所示为液压机的结构示意图。

图 11-1　液压成形机的结构示意图

11.2.2　液压成形机的工作过程

液压成形机的工作过程包括上液压缸的快速下行、逐步加压、保压延时、释压返回、停止等待共五个过程的合模成形阶段，和下液压缸的向上顶出、顶出延时、向下退回、停止等待共四个过程的开模出模阶段。上液压缸和下液压缸的工作过程采用前后顺序和分时操作，可采用如图 11-2 所示的液压机动作时序图来表达成形机的工作过程。图中参数曲线主要是上下液压缸的行程和时间的关系曲线，图中各个工作时段的时间与成形机的压力和成形的材质有关。

图 11-2　液压机动作时序图

11.2.3　系统主回路原理图

如图 11-3 所示为液压成形机的液压工作原理图。

在压力源部分，液压油经过滤器由液压泵加压，液压泵为单向高压变量柱塞泵，其压力由先导式溢流阀进行稳压,而先导式溢流阀的压力由直动式溢流阀控制,这两个溢流阀组成远程调压阀。经先导式溢流阀稳压后的压力通道分成两路,第一路为低压力(p_1)和小流量,主要提供压力阀的控制压力源,泵压经减压阀减压后由其出口提供;第二路为高压力(p_2)和大流量,主要为上下液压缸提供动力,泵压经顺序阀后由其出口提供,该顺序阀是为了提高变量泵卸荷后的泵压,以保证第一路的工作压力。也可以采用大流量高压力和小流量低压力的两个液压泵分别对系统的第二路和第一路提供动力。

系统分两个工作部分,一是上液压缸的工作过程,二是下液压缸的工作过程。

1. 上液压缸的工作过程

(1) 快速下行

快速下行时,首先 YA_1 带电,阀①左位工作,阀②左位工作,油液流向为②的左位(下位右进上位右出)→I_3→上液压缸无杆腔,使活塞快速下行;从而,上液压缸有杆腔油液流向为→I_2→②的左位(上位左进下位左出)→③的中位(上位左进上位右出)→油箱。

在下行过程中由于背压阀失效,以及活塞杆上压力板和模具等重物作用,上液压缸的模具会快速下行,导致上液压缸无杆腔压力减小,则充液筒中的油会通过 I_1 进入上液压缸无杆腔中进行补液,此时上液压缸进入"快速下行"阶段。

(2) 逐步加压

当上模具快速下行接触到需要加工成形的工件时,上液压缸会因下行运动遇到阻力而减速慢行,造成无杆腔压力逐渐升高,此时的油路走向虽然与"快速下行"的过程相同,但由于无杆腔和有杆腔压力的升高,导致液控单向阀 I_1 的控制端有作用压力,使 I_1 继续处于打开状态,并使多余的油液流向充液筒,而当 I_2 受控打开后,无杆腔压力又会被钳位致"0",则 I_1 逆向又会关闭,无杆腔压力会逐步升高并最终关闭 I_1,此时系统进入"逐步加压"阶段。

(3) 保压延时

当上液压缸的无杆腔压力"逐步加压"到使压力继电器 KP 动作时,即压力升高到预设值时,其节点接通,系统进入了"保压延时"阶段,上模具和下模具处于合模定型阶段,此时 YA_1 断电,阀①处于中位机能状态,同时使阀②处于中位机能状态,上液压缸的油路处于断开后的保压状态,而保压时间由控制系统内部按工件需要的"定型时间"要求进行计时设定。

(4) 释压返回

当"保压延时"时间到,YA_2 得电,阀①右位工作,阀②右位工作,油液流向为②的右位(下右进上左出)→I_2→上液压缸有杆腔,致使活塞上行;同时,上液压缸无杆腔油液流向为→I_1→充液筒→充液筒高位溢流口→油箱,系统进入"释压返回"阶段。此时上液压缸带动上模具和下模具进行开模并上行。液控单向阀 I_1 此时虽处于自然导通的逆压状态,但其液控口压力在高压状态,使得 I_1 通道打开。

由于"逐步加压"、"保压延时"及"释压返回"等过程中,系统内部液压状态的变化很大,为防止换向过程中液压惯性冲击现象的发生,系统设置了由"I_4"单向阀、"I_5"单向阀、"I_6"液控单向阀和"④"二位五通预泄液控换向阀组成的"释放回路"。

(5) 停止等待

"停止等待"是指上液压缸返回到原位后,上缸原位检测开关 SQ_1 动作,此时 YA_1 和 YA_2 都处于断电状态,阀①和阀②处于中位工作,油液流向为阀②的中位→阀③的中位→油箱,此时上液压缸不动作,"停止等待"下一个工作过程。

图 11-3 液压成形机液压系统原理图

2. 下液压缸的工作过程

当上液压缸的挤压成形等工作过程结束后，成形工件要通过下液压缸的"向上顶出"过程才能取出，并通过"顶出延时"、"向下退回"及"原位停止"等过程实现下液压缸的复位，以等待下一个"工件成形"的工作过程。

上下液压缸由于是分时顺序动作，因此上下液压缸的控制应采用互锁形式。

(1) 向上顶出

当阀①和阀②处于中位，YA_4 带电时，阀③右位工作，压力油液流向为阀②的中位→阀③的右位（上左进下右出）→下液压缸无杆腔，致使活塞上行；同时，下液压缸有杆腔油液流向为阀③的右位（下左进上右出）→油箱，从而实现"向上顶出"的系统工作过程。

(2) 顶出延时

下液压缸"向上顶出"后，下缸上位检测开关 SQ_2 动作，此时应保压延时，时间由控制系统内部按工件需要的"取出时间"要求进行计时设定，从而实现"顶出延时"的系统工作过程。

(3) 向下退回

当"顶出延时"结束后，YA_4 应断电而 YA_3 得电，阀③左位工作，压力油液流向为阀②的中位→阀③的左位（上左进下左出）→下液压缸有杆腔，致使活塞下行；同时，下液压缸无杆腔油液流向为阀③的左位（下右进上右出）→油箱，从而实现"向下退回"的系统工作过程。

(4) 原位停止

当"向下退回"结束后，下缸原位检测开关 SQ_3 动作，此时 YA_3 和 YA_4 都应处于断电状态，阀③处于中位工作,"原位停止"标志着本次"工件成形"的系统工作过程结束,等待下一个"工件成形"的系统工作过程开始。

11.2.4 液压成形机系统动作顺序表

表 11-1 为液压成形机动作顺序表,动作顺序表应表达出动作的详细步骤、输入监测元件的节点状态、输出控制元件和执行元件动作状态。"+"为"通","-"为"断"。

表 11-1 液压成形机动作顺序表

名称		输入端检测元件				输出端控制元件				执 行 元 件	
步数	工作过程	SQ₁	SQ₂	SQ₃	KP	YA₁	YA₂	YA₃	YA₄	上液压缸	下液压缸
0	原位	+		+						原位	原位
1	快速下行					+				快速下行	原位
2	逐步加压					+				减速下行	原位
3	保压延时				+					保持	原位
4	释压返回						+			上行	原位
5	停止等待	+								原位	原位
6	向上顶出								+	原位	上行
7	顶出延时		+						+	原位	保持
8	向下退回							+		原位	下行
9	原位停止			+						原位	原位

11.2.5 PLC 系统 I/O 接线图

如图 11-4 所示为液压成形机 PLC 系统外部接线图,系统的输入输出均为开关量控制的形式。

图 11-4 液压成形机 PLC 控制系统外部接线图

11.2.6 功能表图

根据动作顺序表和外部接线图,其系统功能表图如图 11-5 所示。

快速下行转减速下行并逐步加压在 PLC 控制系统中为同一步,这是由于 PLC 系统中的输出控制元件没有变化，而上液压缸的下行状态变化是液压系统内部的负载变化造成的。

图 11-5　PLC 控制系统功能表图

11.2.7　梯形图

如图 11-6 所示为 PLC 系统的梯形图。梯形图是按照顺序动作方式设计的，在梯形图的实际设计过程中，思路和编程方式是多种多样的，但动作结果应符合系统要求，是唯一的。顺序动作方式的编程特点一是各步采用顺序动作；二是下一步的动作要终止上一步的动作；三是输出结果按动作步要求，进行所在步映像继电器节点的并联连接。

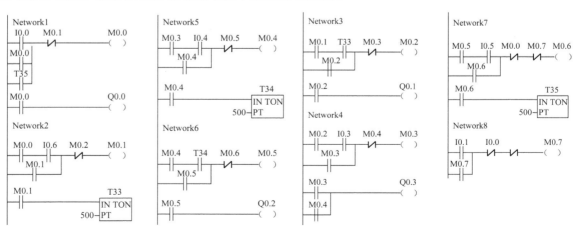

图 11-6　系统梯形图

第 12 章 （项目三）机械手

要点概述

本章第一节讲述了机械手是由执行机构、驱动系统、控制系统以及位置检测装置等组成的控制系统。第二节主要介绍了机械手有手动操作和自动操作两种控制方式以及液压、气动、电动、机械、复合等五种驱动形式和多自由度的坐标定位特点。第三节主要介绍了气动与液压机械手是以汽缸或液压缸和气马达或液马达为执行机构，以压缩空气或液压油为工作介质来传递运动和动力的一种传动装置。第四节介绍了六自由度气动机械手 PLC 控制系统。通过对机械手液压与气动控制系统的研究，使读者完成在性能、原理、选型、安装、调试等方面对液压与气动系统基础元件和基本回路的学习和掌握。

	重 点	难 点	教学方法	教学时间
第一节	机械手的组成结构	机械手自由度	讲授	0.5 课时
第二节	机械手的分类形式	机械手的功能参数	讲授	0.75 课时
第三节	气动与液压机械手的结构和特点	气动与液压机械手的选型与控制	讲授	0.75 课时
第四节	六自由度搬运机械手工作过程的描述与表达以及对气动主回路原理图、PLC 系统 I/O 控制图、功能表图（可省略）、梯形图（可省略）等的设计	气动原理图、循环动作图、PLC 系统 I/O 控制图、功能表图（可省略）、梯形图（可省略）等的设计方法	项目实践	7 课时
合计学时（min）				9 课时

本章教学目标：掌握液压与气动机械手结构原理，能合理设计其液压与气动主回路，并对其各功能模块进行连接与调试，能准确描述各功能模块所用基础元件的作用、原理和使用要点，理解各基础元件的符号画法并能在系统回路中正确的表示，同时熟悉机械手的结构和性能，并具有举一反三设计简易液压与气动机械手能力

机械手（Mechanical Hand），是指能模仿人的手和臂的某些动作功能，按固定程序实现抓取、搬运物品或操作工具的自动操作装置。机械手是最早出现的工业机器人，也是最早出现的现代机器人，它可以通过编程来完成各种预期的作业任务，在构造和性能上兼有人和机器各自的优点，尤其体现了人的智能和适应性，因而可以代替人从事繁重的、重复性的劳动，实现生产的机械化和自动化，并且能在有害环境下替代人进行一些危险的实验操作，其作业的准确性和持久的耐力超过人的极限工作能力，从而保护人身安全，因此被广泛应用于机械制造、冶金、电子、轻工和原子能等行业，机械手在国民经济各领域有着广阔的发展前景。

12.1 机械手的组成

机械手主要由执行机构、驱动系统、控制系统以及位置检测装置等所组成。

12.1.1 执行机构

执行机构一般主要由手部或手爪、手腕、手臂、立柱、机座、行走机构等组成。

最基本的机械手可以由手部和手臂组成，完成专一的功能。

执行机构中的执行元件根据动力源的不同有液压缸、液压马达等液压执行元件；汽缸、气马达等气动执行元件；变频电机、步进电机、伺服电机、电磁铁等电动执行元件。

1. 手部

手部主要用来拿取物品，是机械手与物品接触的部分。由于与物品接触的形式不同，可分为夹持式和吸附式两种形式。

夹持式的手部由手指（或手爪）构成，指数有双指式、多指式等。一般棒形、块状物品多用手指形手部实现抓拿物品。

吸附式手部由吸盘构成，它靠吸附力吸附物件，相应的吸附式手部有负压吸盘和电磁吸盘两类。对于轻小片状零件、光滑薄板材料等，通常用负压吸盘吸料。对于导磁性的环类和带孔的盘类零件，以及有网孔状的板料等，通常用电磁吸盘吸料。

总之，机械手的手部具有针对性，其性能和结构要根据被抓持物件的形状、尺寸、重量、材料性质和作业要求等进行有针对性的特殊性设计。

2. 手腕

手腕是连接手部和手臂的部件，可用来调整被抓取物件的方位（即姿势）。

3. 手臂

手臂是支撑被抓物品、手部、手腕的重要部件。手臂的作用是带动手指去抓取物品，并按预定要求将其搬运到指定的位置。分大臂和小臂，也可以是独立单臂。

一般机械手的手臂由油缸、汽缸、齿轮齿条机构、连杆机构、螺旋机构、凸轮机构等组成，与动力源（如液压源、气压源或电机减速机等）相配合，实现手臂的伸缩、回转、摆动等各种运动来完成手部的定位移动。

4. 立柱

立柱是支撑手臂的部件，立柱可以作为独立部分，也可以是手臂的一部分，手臂的回转运动和升降（或俯仰）运动均与立柱有密切的联系。机械手的立柱一般可以升降和回转，可以有一定角度的倾斜，也可以采用固定不动形式，其功能和受力强度要满足机械手的整体要求，是机械手的整体受力主要部件，立柱的形式和高度等指标与要抓拿物品的质量、运动轨迹、运动的速度以及手、腕、臂的动作形式有关。

5. 机座

机座是机械手的基础部分，立柱直接与机座相连，机械手的控制系统和驱动系统一般均安装于机座上，机座起固定、支撑和连接作用，是机械手的基础。

6. 行走机构

当机械手需要完成较远距离的操作，或扩大使用范围时，可在机座上安装滚轮、轨道等行走机构，来实现工业机械手的定位移动。行走机构可分为有轨运行和无轨运行两种方式，有轨运行借助于轨道定向，检测开关和挡铁定位，一般自动化仓库大都采用有轨运行方式，有轨运行方式控制简单、可靠、效率高、成本低。无轨运行是采用寻迹控制实现定向，控制形式复杂，一般用于智能机械人控制、无人驾驶控制等。

12.1.2 动力源驱动系统

驱动系统是机械手执行机构运动的动力装置，通常由动力源、控制调节装置和辅助装置组成。常用的动力源有液压源、气压源、电源等，因而驱动系统有液压传动、气压传动、电机减速机等电力传动以及增加中间传动机构的机械传动等方式。

1．控制系统

机械手的控制系统是指挥中心，相当于人的大脑中枢，指挥机械手的工作顺序、应达到的位置等，如立柱上下移动、回转等；手臂伸缩、回转摆动等；手腕上下摆动或左右摆动等；各个手指的开闭动作，以及各个动作的顺序、时间、速度等，通过各个运动部位的执行元件和传动机构，按照工艺控制过程的规定并符合坐标轴的定位值要求而进行。

目前的机械手控制技术涉及到力学、机械学、电（气、液）的自动控制技术、传感器技术和计算机技术等科学领域，是一门跨学科综合技术。

2．位置检测装置

在机械手的执行机构的每个执行元件上都设有位置检测装置，为控制系统提供执行元件的位置状态，位置检测一般采用行程开关、接近开关、光电开关等检测元件。

3．机械手的自由度

机械手各运动机构的升降、伸缩、旋转等独立运动方式，称为机械手的自由度。为了抓取空间中任意位置和方位的物体，一般需要有6个平面内的运动内容，每个平面运动代表一个自由度。自由度是机械手设计的关键参数。自由度越多，机械手的灵活性越大，通用性越广，其结构也越复杂。一般专用机械手不少于2～3个自由度。

12.2 机械手的分类

机械手可按驱动方式、适用范围的对象、运动轨迹的变化形式等进行分类。

1．按驱动方式分类

机械手按驱动方式可分为液压式、气动式、电动式、机械式、复合式等。
（1）液压式机械手
液压式机械手，其驱动系统的动力源由形成高压力油的液压泵系统组成，其驱动系统的执行机构是由液压电磁阀控制的液压缸及液压马达等组成的机械手机构。
（2）气动式机械手
气动式机械手，其驱动系统的动力源由形成高压压缩气体的空压机系统组成，其驱动系统的执行机构是由气动电磁阀控制的汽缸、气马达等组成的机械手机构。
（3）电动式机械手
电动式机械手其驱动系统的执行机构主要由变频器、电机驱动器等控制的特殊结构的电机、步进电机、伺服电机、开关磁阻电机等及减速机组成，减速机一般选用具有逆向自锁效果的蜗轮蜗杆传动方式。

（4）机械式机械手

机械式机械手其执行系统主要由电机、减速机、万向节、主轴、蜗轮、蜗杆、齿轮、链条、检测开关等组成。

（5）复合式机械手

复合式机械手根据抓持物品的特点，对每个自由度的执行机构采用简捷有效的驱动方式，即液压、气动、电动、机械等形式。

2．按适用范围分类

机械手按适用范围可分为专用机械手和通用机械手两种。

要根据搬运对象的形状、尺寸、重量、结构强度、表面硬度、内部性能条件、外部运动要求等进行机械手的设计，机械手大部分为专用机械手，而搬运对象在形状、质量及尺寸大小相近的情况下，才可选用通用机械手实现搬运。

3．按运动轨迹的控制方式分类

机械手按运动轨迹的控制方式可分为点位控制机械手和连续轨迹控制机械手。

（1）点位控制机械手

点位控制机械手是指对运动轨迹无严格要求而只要求从一点到另一点精确定位的坐标控制。

（2）连续轨迹控制机械手

连续轨迹控制机械手是指对点到点的行走轨迹在速度和坐标偏差上进行精确控制，连续轨迹控制包括单坐标变量的直线控制和多坐标变量的综合运动形成的轮廓控制。

4．各类驱动系统的特点

（1）液压驱动系统的特点

液压式机械手系统承载能力大，传动调速平稳，适于防爆环境，但不适合在高温和低温的场合中工作。

（2）气动驱动系统的特点

气动式机械手系统具有响应速度快，系统结构简单，维修方便，价格低等特点，适用于中、小负载的系统，但难于实现伺服控制，稳定性差，有少量漏气问题，多用于程序控制的系统。

（3）电动驱动系统的特点

电动式机械手系统结构简单，驱动系统无过多的中间机械过渡转换机构，响应速度快，工作范围广，但控制系统相对复杂。

（4）机械驱动系统的特点

机械式机械手系统运动准确可靠，承载能力大，但机械结构复杂，体积相对较大，制作成本高。

（5）复合驱动系统的特点

复合式机械手系统具有专用性，运动准确可靠，机械结构相对简单，但控制系统相对复杂。

5．机械手操作方式

机械手的操作方式分为手动操作方式和自动操作方式。

自动操作方式又分为单步、单周期和连续操作方式。

（1）手动操作

对机械手的手动操作就是用按钮操作，对机械手的每一种运动单独进行控制。

例如：当选择上/下运动时，按下上升启动按钮，机械手上升；按下下降启动按钮，机械手下降；按下停止按钮，机械手停止。选择左/右运动或夹紧/放松运动时情况类似。

(2) 单步操作

机械手的单步操作是自动操作方式的单步自动运动方式，指每按一下启动按钮，机械手完成一步动作后自动停止。

(3) 单周期操作

机械手的单周期操作是自动操作方式的单循环自动运动方式，指机械手从原点开始，按下启动按钮，机械手自动完成一个周期的动作后停止。在工作中若按一下停止按钮，则机械手动作停止。重新启动时须用手动操作方式将机械手移回到原点，然后按一下启动按钮，机械手又开始重新单周期操作。

(4) 连续操作

对机械手的连续操作是自动操作方式的循环自动运动方式，是指机械手从原点开始，按一下启动按钮，机械手将自动地、连续地周期性循环。在工作中若按一下停止按钮，则机械手停止工作。重新启动时，必须对机械手进行复位，或用手动操作将机械手移回到原点，然后按下启动按钮，机械手又开始重新连续工作。

(5) 机械手复位操作

在机械手的工作过程中若按下复位按钮，则机械手将继续完成一个周期的动作后，回到原点自动停止或在任意位置时自动回到原点后停止。

6. 机械手主要性能与参数

对于机械手而言，采用哪种方式驱动，关键是要根据工作对象的有关参数而定，包括以下几个方面。

(1) 机械手抓取的重量

机械手根据要抓取的物料重量和形式来选择抓取的方式，抓取方式一般有夹持式或吸附式，驱动方式有液压、气动、电动、机械等方式。

机械手抓取的重量的单位用公斤（kg）表示。

(2) 自由度数

机械手根据要抓取的物料的原点位置、终点位置与姿势来决定其自由度的个数，一个自由度代表一个平面坐标。

(3) 坐标形式

机械手一般采用直角坐标、原柱坐标、球坐标这三种坐标形式进行位置标注。

1) 直角坐标形式

三维空间中的任意一点都可以用直角坐标 (x, y, z) 的形式表示，其中 x、y 和 z 分别表示该点在三维坐标系中 X 轴、Y 轴和 Z 轴上的坐标值。例如，点 (6，5，4) 表示一个沿 X 轴正方向 6 个单位，沿 Y 轴正方向 5 个单位，沿 Z 轴正方向 4 个单位的点，该点在坐标系中的位置如图 12-1 所示为直角坐标示意图。

2) 柱坐标形式

柱坐标用 $(L<a, z)$ 的形式表示，其中 L 表示该点在 XOY 平面上的投影到原点的距离，a 表示该点在 XOY 平面上的投影和原点之间的连线与 X 轴的交角，z 为该点在 Z 轴上的坐标。从柱坐标的定义可知，如果 L 坐标值保持不变，而改变 a 和 z 坐标时，将形成一个以 Z 轴为中心的圆柱面，L 为该圆柱的半径，这种坐标形式被称为柱坐标。例如，点 (8<30，4) 的位置如图 12-2 所示为柱坐标示意图。

图 12-1 直角坐标示意图　　　　图 12-2 柱坐标示意图

3）球坐标形式

球坐标用（L<a<b）的形式表示，其中 L 表示该点到原点的距离，a 表示该点与原点的连线在 XOY 平面上的投影与 X 轴之间夹角，b 表示该点与原点的连线与 XOY 平面的夹角。从球坐标的定义可知，如果 L 坐标值保持不变，而改变 a 和 b 坐标时，将形成一个以原点为中心的圆球面，L 为该圆球的半径，这种坐标形式被称为球坐标。例如，点（8<30<20）的位置如图 12-3 所示为球坐标示意图。

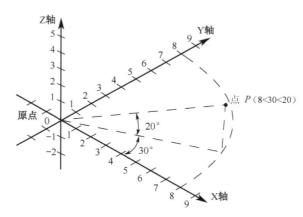

图 12-3 球坐标示意图

以上三种坐标形式适用于机械手对位置的标注，更多的机械手采用柱坐标的位置标注形式，也有采用相对坐标的标注形式。

4）相对坐标形式

以上三种坐标形式都是相对于坐标系原点而言的，也可以称为绝对坐标。此外，还可以使用相对坐标形式。所谓相对坐标，在连续指定两个点的位置时，第二点以第一点为基点所得到的相对坐标形式。相对坐标可以用直角坐标、柱坐标或球坐标表示，但要在坐标前加"@"符号。

如图 12-4 所示，某条直线起点的绝对坐标为（3，2，4），终点的绝对坐标为 （8，7，7），则终点相对于起点的相对坐标为（@5，5，3）。

图 12-4 相对坐标示意图

坐标的单位为毫米（mm）。

（4）最大工作半径（mm）

最大工作半径是指机械手的工作范围，在此范围内机械手能有效工作。要根据机械手的有效回转半径和机械手的运动轨迹决定机械手有效工作范围。

（5）手臂最大中心高（mm）

机械手抓取物品的最大标定高度，机械手升高后地面到手臂中心的最大高度。

机械手抓取物品后能够穿越障碍的高度与标定高度即手臂最大中心高和物品的尺寸、抓取位置、障碍物的高度等有关。因此机械手夹持物品穿越障碍时，要进行针对性的有效跨越高度计算。

（6）手臂及立柱运动参数

① 伸缩行程。手臂伸出的最大距离，单位为毫米（ mm）。
② 伸缩速度。手臂伸出和缩回的速度范围，单位为毫米/秒（mm/s）。
③ 升降行程。手臂上升的最大距离，单位为毫米（mm）。
④ 升降速度。手臂上升和下降的速度范围，单位为毫米/秒（mm/s）。
⑤ 回转范围。手臂回转的最大角度，一般小于 360°。
⑥ 回转速度。指手臂回转与返回过程的速度范围，单位为角度/秒，数值小于 360。

（7）手腕运动参数

机械手为了更灵活的实现功能要求，有时增加手腕功能（一个自由度），手腕只有回转功能。

① 回转范围。指手腕回转的最大范围，一般小于 180°。
② 回转速度。指手腕回转与返回过程的速度范围，单位为角度/秒，数值小于 180。

（8）手指夹持范围

如果是棒料，一般指机械手夹持的有效最大棒料直径，单位为毫米（mm）。

如果是板状料，应指出长宽高有效尺寸；如果采用吸附方式，应指出有效面积范围。

（9）定位方式

机械手每个自由度的运动都需要定位，定位方式一般采用死限位或可调机械挡块或用行程检测开关等，要根据实际情况具体而定，每个自由度的定位方式可能不同。

（10）定位精度

机械手的定位精度实际上就是运动误差，要按机械手的工作对象的要求而定，只要能够满足工作要求，精度要适中而定，单位一般为毫米（mm）。

（11）驱动方式

指液压、气压、电动、机械、复合方式中的一种。

（12）控制方式

标明采用点位控制、直线控制、轮廓控制的方式；同时说明主控单元采用的逻辑电路、单片机、PLC、工控机的形式。

7．机械手的展望

机械手是近代自动控制领域中出现的一项新技术，并已成为现代机械制造生产系统中的一个重要组成部分，是一门跨学科综合技术。

机械手是一种仿人手操作，具有自动控制、可重复编程、能在三维空间完成各种作业的机电一体化形式的自动化生产设备。特别适合于多品种、变批量的柔性生产。对提高产品质量，提高生产效率，改善劳动条件和产品的快速更新换代起着十分重要的作用。

现代机器手并不是只具备在简单意义上替代人工的单一劳动功能设备，而是综合了人的特长和机器特长的一种拟人的电子机械装置，尤其在高温、高压、低温、低压、粉尘、易爆、有毒气体和放射性等恶劣的环境中，既有人对环境状态的快速反应和分析判断能力，又有机器可长时间持续工作、精确度高、抗恶劣环境的能力，是现代综合技术产物，是工业以及非产业界的重要生产和服务性设备，也是先进制造技术领域不可缺少的自动化设备。因此，在机械加工、冲压、铸、锻、焊接、热处理、电镀、喷漆、装配以及轻工业、交通运输业等方面得到越来越广泛的引用。

1．机械手的功能特点

（1）它能按照规定工艺控制过程的要求，遵循一定的程序、时间和坐标位置来完成工件的传送和装卸，也可以完成对环境状态要求的特定指标的检测和判断；

（2）它能部分的代替和模拟人工操作实现加工机具的焊接和装配，加快实现工业生产机械化和自动化的步伐，大大改善人的劳动条件，提高了劳动生产率，提高了劳动环境的安全性。

（3）它能自动控制、有多个自由度、能在不同环境中工作、控制程序具有多变性、是具有柔性化的多功能的适应性设备。

（4）机械手具有专用性，它的通用灵活性不能和智能性的人手相比，但机械手的单一性的操作能力、可靠工作的准确性、操作过程的时间性、重复持久的耐力等优于人工操作。

2．机械手的功能形式

（1）简易型工业机械手

目前工业上应用的机械手大部分都属于简易型工业机械手，简易型工业机械手只是针对某一方面特定的应用要求而设计的，因而其实现功能具有专用性，虽然操作程序具有可变性、工艺结构具有柔性化，但也只能做到有限的适应，而单一的专用性是绝对的。如在搬物、装配、切割、喷染等方面应用的专用机械手都属于简易型工业机械手。

简易型工业机械手只能完成一种或几种特定产品的检测、加工、组装等工作过程。

（2）记忆再现型工业机械手

记忆再现型工业机械手，是为小批量、多规格产品的柔性生产线上的装配段或分检段而设计的专用机械手。这种工业机械手由人工按工作过程一步步进行手动控制运行,并对每个过程的主要控制参数进行修正后并通过记忆操作,机械手系统将自动完成数据记录、运算和编程,以后机械手就能自动按照记忆的程序重复进行循环动作以实现工作过程。这种机械手的每个执行元件大都采用电动形式,每个执行元件都设有检测元件对其进行测量反馈,检测元件采用旋转编码器形式的居多。

记忆再现型工业机械手可以完成一种或几种特定系列产品的检测、加工、组装等工作过程。

(3) 智能工业机械手

智能工业机械手是今后机械手的发展方向,它是由计算机通过各种传感元件等进行控制,一般具有视觉可以判断和选择运行方向并能对工件的轮廓、尺寸、姿态进行定位;具有热觉可以判定环境的空气指标,包括温度、湿度、氧量(主要空气指标)、煤气量(主要危险指标)等;具有触觉可以对障碍物进行避让;具有独立行走机构可以脱离导轨的限制,实现区域内的任意位置的坐标定位。具有以下几个方面的性能。

① 能准确地抓住方位变化的物体;
② 能判断对象的重量;
③ 能自动躲避障碍物;
④ 抓空或抓力不足能检测判断;
⑤ 对易燃易爆和潮湿等危险环境能检测判断;
⑥ 智能工业机械手能够实现某类特定产品的检测、加工、组装等工作过程。

这种具有感知能力并能对感知的信息作出反应的工业机械手称为智能机械手,是具有发展前途的拟人工具。

3. 工业机械手的设计内容

工业机械手的设计是一种专用机构的设计,要根据用途、作用、意义进行设计,设计过程是一个取舍过程,既只要求完成实现主要工作过程,而不是全部工作过程,同时要能够认识复杂工作过程是简单工作过程的合成过程,要注重机械手有很高的性能价格比,要遵循下述设计过程。

① 根据实现功能拟订整体方案,主要包括传感检测、控制方式、机械本体的结构形式等综合性的设计方案。
② 根据给定的要求确定机械手的自由度和适合的技术参数,选择机械手的手部、腕部、臂部和机身的结构。
③ 进行各主要部件的参数计算和执行结构设计。
④ 进行整体装配图的设计。
⑤ 进行气动、液压、电器等动力驱动系统图的设计。
⑥ 进行电气控制系统的设计。
⑦ 编写设计计算说明书。

机械手的设计过程,实际上是一个从学习过程到应用过程的认识转变过程,是从原理结构的理解到实际过程的掌握以及应用改造过程的过渡,是理解(原理上的认识理解)——掌握(实际传动结构和控制过程的掌握)——照搬(相同传动结构和控制过程的引入)——套搬(大代小及复杂变简化的过程应用)——创新(控制理论和过程由简单变复杂而系统模块结构可能由复杂变简单的发明创造)的发展过程。要注意循序渐进的应用与设计过程,要从简单到复杂的进行设计,要学会如何进行设计的改进和设备的改造、学会如何进行相同机构的选用和相似机构的仿制、学会如何进行不同行业的机构借鉴和创新结构的设计,把理论和实践完全融入到设计理念中。

12.3　气动与液压机械手

气动与液压机械手是工业生产过程中最常用的机械手。

液压传动机械手是以液压缸和液压马达为执行机构，液压油为工作介质，依靠密封容积的变化来传递运动，依靠油液内部的压力来传递动力的一种传动装置。

气压传动机械手是以汽缸和气马达为执行机构，以压缩空气为工作介质来传递运动和动力的一种传动装置。

液压与气动技术从17世纪帕斯卡提出静压传递原理和1795年世界上第一台水压机诞生，到现在虽然已有200多年的历史，但直到20世纪30年代才开始规模性生产液压元件并应用于机床，到20世纪70年代，液压与气动技术的工艺水平迅速得到了发展，并渗透到国民经济的各个领域。随着微电子技术、PLC技术、计算机技术、传感技术和现代控制技术的发展与应用，气动与液压技术已成为实现现代传动与控制的关键技术之一。

气动与液压机械手的工作原理和控制形式基本相同，液压机械手的工作压力在1.0～20.0MPa的压力范围，气动机械手的工作压力在0.2～1.0MPa的压力范围。20世纪70年代液压技术与液压元件发展迅速，液压机械手也得到了先期的发展，但液压系统的体积相对庞大、传动介质要回收、有回流通路、泄漏时有污染、使用场合有局限性、制造成本高，到20世纪90年代，随着机电技术的发展，气动技术的应用领域迅速拓宽，尤其是在各种自动化生产线上得到广泛应用。目前液压与气动元件的产值比由过去的9∶1发展到接近5∶5。

12.3.1　气动与液压机械手的特点

1. 重复高精度

精度是指机械手到达指定点的精确程度，它与执行机构的控制系统的分辨率以及反馈装置有关。重复精度是指在动作多次重复后，机械手到达同样位置的精确程度。在控制过程中重复精度比精度更重要，如果一个机器手定位不够精确，通常会显示一个固定的误差，这个误差是可以预测的，可以通过一定次数地重复运行来进行误差测定并通过控制的方式进行误差校正。由于液压与气动元件结构的特点，其工作过程的磨损比其他机械手小，因而重复精度相对很高。

2. 模块化

液压与气动机械手一般由三部分组成，一是由气（液压）缸和气（液压）马达与检测传感元件组成的执行机构模块，二是由气压（液压）电磁控制阀组成的阀组或阀岛模块，三是电缆、承压气（液）管等通道构成的电路与气（液）路快速接口模块。由于系统可以采用模块化的拼装形式，因而利于批量化生产，具有价格优势，更便于设计选型与集中控制。

3. 新材料应用

液压与气动机械手上应用的密封件，随着材料的日新月异，其橡塑密封件以高速、高可靠性的油封，高压往复组合密封，抗高温、无毒的各种组合密封件及异形圈等高技术产品为发展方向。而机械密封件主要发展耐高温、耐高压、抗高磨损的密封环产品。

对于精度和强度要求高的特定场合，气动与液压机械手各执行元件都可采用新型材料制造，其体积、刚性、精度、寿命、抗高温、耐低温、耐高压、耐潮湿等各方面的性能都能达到很高的水平。

对于气动元件，为了适应食品、医药、生物工程、电子、纺织、精密仪器等行业的无污染要求，采用特殊结构，利用自润滑材料制造，使装置不需要加润滑油，从而不污染环境，摩擦性能稳定，综合成本低，整体寿命长。

4．机、电、气、液一体化

以气动技术为主，液压执行元件为补充（气液阻尼缸、气液增压缸等），电动执行元件为辅助（如用步进电机或伺服电机实现回转功能等），并利用现代传感技术为检测手段（光电开关、霍尔传感器、旋转编码器等）而实现的机械手，采用可编程控制器或单片机的控制形式，使系统体积大幅度减小，本体结构大大简化，驱动能力大大提升，控制性能大幅提高，系统的工作可靠性得到了加强。使机械手成为复合集成系统，不仅减少配线、配管和元件，而且拆装简单，把气动液压机械手技术从"开关控制"发展到高精度的"反馈控制"。

12.3.2 气动机械手的结构

如图12-5所示为采用无杆汽缸进行移动的气动机械手原理示意图，机械手系统由手爪汽缸1、伸出汽缸2、上升下降汽缸3、旋转汽缸4等组成。在气动机械手的每个执行汽缸上都设有位置检测开关6。为了增加机械手的服务区域，通常小型机械手设置在可前后运行的无杆汽缸5上进行操作，电磁限位挡铁7作为定位机构，位置检测开关8可以是微动开关，也可以是光电传感器、霍尔传感器等检测元件；机械手也可设置在可移动的小车上，小车的运行可单独使用步进电机、伺服电机、开关磁阻电机、变频电机或普通异步电机等进行驱动，采用有轨定向、开关定位的行列控制；还可设置在无轨自动导引运输车（AGV）上进行操作。

图 12-5 气动机械手示意图

1．手爪汽缸

手爪汽缸能驱动手爪实现对各种物料、零件的抓取功能，是现代气动机械手的关键部件。根据抓取对象的不同,手爪也有多种形式,常用的有钳爪式、吸盘式。但一般手爪都为专用型手爪,只适用于某一种物品或形似物品。吸盘式是利用真空产生负压原理来搬运平板与平面形物品。

(1) 手爪原理

钳爪式的手爪一般由直线汽缸利用杠杆原理采用连杆机构实现。如图12-6所示。

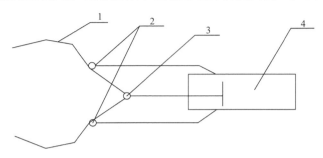

1—钢爪 2—铰链 3—回转轴 4—直线汽缸

图12-6 钳爪式手爪

手爪汽缸有专用汽缸,一般称手指汽缸。手指汽缸如图12-7所示,有平行开合手爪、摆动开合手爪、旋转手爪、三点手爪等形式。

(a) 平行手爪　　　　　(b) 摆动手爪　　　　　(c) 旋转手爪　　　　　(d) 三点手爪

图12-7 手指汽缸

气动手爪的开闭一般是通过汽缸活塞带动与手爪相连的曲柄连杆、滚轮或齿轮等机构,驱动各个手爪同步开闭。

(2) 气动手爪的特点

① 手爪汽缸采用双作用汽缸,可自动对中,重复精度高,并由双控阀控制,防止事故断电后,机械手复位使工件坠落而发生砸伤事故。

② 抓取力矩基本恒定,要按抓取对象的结构与重量选取手指的形式与规格。

③ 在汽缸两侧可安装非接触式磁性检测开关。

④ 有多种安装、连接方式。

2. 手腕汽缸

气动机械手的手腕汽缸是连接手爪和手臂的中间构件,其作用是按照工件的定位要求实现手爪的回转(摆动)运动,回转角度一般小于180°。不需要时此部分可省略。

手腕汽缸采用摆动气马达的双作用原理,并由双控阀控制,防止事故断电后,机械手复位,使工件由于自重而发生转位造成碰撞事故。

3. 手臂伸出汽缸

气动机械手的手臂伸出汽缸与手腕相连，是支撑手腕、手爪的构件。如机械手无手腕部分，手臂伸出汽缸可以直接连接手爪。该部分主要实现手爪伸缩运动，由带定位导轨的直线汽缸实现，定位导轨主要防止手爪在运行过程中的出现扭摆现象。

手臂伸出汽缸也要采用双作用汽缸，并由双控阀控制，防止事故断电后，机械手复位，使工件由伸出位缩回原位造成碰撞事故。

4. 上升下降（立柱）汽缸

气动机械手的上升下降（立柱）汽缸与手臂相连，是支撑手臂等构件的装置，通过上升和下降来控制手臂的高度，可根据工件的高度进行工作。

上升下降（立柱）汽缸也要采用双作用汽缸，采用带定位导轨的直线汽缸实现，防止运行过程中发生转位现象，同时要由双控阀控制，防止事故断电后，机械手复位，使工件由上升位转为下降位而造成碰撞事故。

5. 旋转（立柱）汽缸

气动机械手的旋转（立柱）汽缸，是机械手立柱的一部分，一般在立柱部分的下端，上部直接与上升下降（立柱）汽缸连接，下部直接与机座连接，通过小于 360° 的旋转来改变工件的定位角度。

旋转（立柱）汽缸一般根据使用的输出力矩和角度要求，选用单叶片、双叶片、齿轮齿条、螺杆式等摆动气马达，采用双控阀控制，防止事故断电后，机械手复位使工件发生转位而造成碰撞事故。

6. 行走机构

气动机械手的行走机构属于机座的一部分，对于小行程小负载系统，可以采用无杆汽缸实现机械手的整体水平定向移动，并在整个行程过程中可以利用电磁挡铁限位和行程到位的检测方式实现行程的多点位控制。

（1）无杆汽缸的类型

无杆汽缸是指利用活塞直接或间接地使外部执行机构跟随活塞实现往复运动的汽缸。无杆汽缸一般有两种，一种是借助磁力，通过磁性活塞带动缸体外部的执行机构同步移动的磁偶无杆汽缸；另一种是采用不锈钢封带和防尘不锈钢带进行槽密封，利用活塞凸形定位连接装置，通过开槽汽缸来带动外部执行机构实现往复运动的机械接触式槽隙无杆汽缸。

（2）无杆汽缸的特点

1）与普通汽缸相比，其安装适合于狭小带状区域，适合多种领域。
2）具有定向防转功能。
3）磁偶无杆汽缸一般密封较好而机械接触式无杆汽缸的密封性能差，会产生少量外漏。
4）受负载力小，为了增加负载能力，必须增加导向机械装置。

（3）无杆汽缸的使用注意事项

1）注意无杆汽缸的使用温度，一般最合适温度为 5～60℃，温度超过 60℃时，要考虑密封件的材质；若温度低于 5℃时，要考虑防止内部水分冻结而发生事故。
2）如果在腐蚀性环境中使用无杆汽缸，一定要清楚腐蚀危险源的种类，并根据使用环境的工艺特点对无杆汽缸进行特殊设计。

3）无杆汽缸要在水平面上安装，如果安装面不平，可能造成动作不良和使用寿命缩短。

4）在定位点（端点、中间点）停止时，要采用缓冲的停止方式，防止惯性冲击造成汽缸损坏。

（4）无杆汽缸的多点定位运行方式

如图 12-8 所示为无杆汽缸的多点定位系统，1 为辅助导向工作台，2 为无杆汽缸，3 为辅助导向滑道，4 为中间定位点 1 的回程限位挡铁，5 为无杆汽缸与辅助导轨的连接滑块，6 为中间定位点 1 的限位挡铁，7 为中间定位点 2 的回程限位挡铁，8 为中间定位点 2 的限位挡铁，9 为中间定位点 1 的回程限位检测，10 为中间定位点 1 的限位检测，11 为中间定位点 2 的回程限位检测，12 为中间定位点 2 的限位检测。

图 12-8　无杆汽缸多点定位系统

在图 12-8 所示无杆汽缸的多点定位系统中，要注意以下几点：

1）无杆汽缸的定位装置可以采用电磁挡铁或直线伸缩汽缸限位，其接触限位点不能与无杆汽缸形成较大力矩，以免造成无杆汽缸的损坏、寿命缩短、漏气严重等。

2）无杆汽缸的每个中间定位装置，可以采用只有前进方向的一个限位，也可以采用前进方向和回程方向两个限位。

当采用无杆汽缸实现直线输送，同时要求有中间点定位的停止过程时，当中间点定位的工作过程结束并准备运行到下一个前进方向的定位停止点时，无杆汽缸在前进之前一定要有一个回缩短行程即短距离回程，这个短距离回程是为了消除无杆汽缸与限位挡铁间的阻力，防止限位挡铁不能按要求顺利回缩复位，更不能使限位挡铁受力变形，也防止在限位挡铁回缩复位过程中使无杆汽缸的移动执行机构损坏。因此一个中间定位点采用前进方向和回程方向两个限位时，一可以保证定位点的准确限位，二可以保证回程的短距离。

中间定位点也可以不加回程限位，但也必须对无杆汽缸采用短回程的定时控制过程。定时短回程控制过程中，汽缸的回缩速度要能够限制和调整，回缩距离的长短要采用时间定距的定时控制方式，同时回程距离要进行检测。

3）定位点的检测可以采用光电开关、霍尔开关、电感式接近开关、电容式接近开关等检测元件来实现。

7．气动机械手的检测系统

由气动机械手的各执行元件（汽缸、马达等）的检测元件（位置及行程检测开关和旋转编码器等传感器件）构成了机械手的检测系统，每个执行元件都必须设有检测元件才能使该机构实现行程及位置的逻辑反馈控制，否则就要采用时序控制，而时序控制是无反馈的开环控制，时序控制一般应用在对执行结果无定量要求的定性场合。

8. 气动机械手的控制系统

气动机械手的控制系统，一般是由 PLC 或单片机作为主控单元的控制系统，由于 PLC 和单片机的内部完全是脉冲数字信号的逻辑控制模式，因此，作为输入和输出信号必须是脉冲数字方式，如果输入和输出信号采用模拟量的方式则必须进行模数（A/D）和数模（D/A）转换。而气动机械手的控制系统其输入和输出信号一般为数字开关信号，不存在模数（A/D）和数模（D/A）转换的问题。但对机械手的环境温度的检测，其温度反馈信号一般是通过热电阻测量，并通过测量仪表给 PLC 一个标准的模拟信号，这个信号必须经过模数（A/D）转换后采集，并在 PLC 内部进行数据转换处理，而后才能输出显示。

对 PLC 高速计数脉冲的输入，当旋转编码器、光栅尺数据的输出采用 TTL 电平（即 0~5V 传输脉冲信号）时，PLC 高速计数器却要求接收 0~24V 传输脉冲信号，由于电平的高度不同，造成信号识别混乱而不能正常工作，因此必须增加一个电平转换接口专门接收 TTL 电平信号或其他形式的专用电平。旋转编码器、光栅尺等测量元件工作在非单方向匀速运动场合，其运动速度具有时快时慢、时动时静止、时正时反的不确定性；或者在运动速度非常低的场合，使计数脉冲频率不高，而忽略了 PLC 高速脉冲计数器对计数脉冲的上升沿是有速率要求的，即脉冲形成的上升沿和下降沿要陡峭，尤其是适应较高转速的旋转编码器低速运行时，由于传动机械的磨损和运动的细微抖动，引起旋转编码器输出脉冲的前后沿上会出现锯齿口，造成干扰信号；许多工业现场的 PLC 应用场合，干扰信号也是造成高速计数不准的原因，如电动机的启动停止、大容量接触器的切换、可控硅的调相干扰、电弧及电磁波信号等也是强烈干扰源。由于上述原因，使计数脉冲产生了寄生毛刺信号或寄生干扰脉冲，而这个寄生毛刺脉冲又没有得到有效遏止，就必然会导致 PLC 高速计数器的计数不准确，从而使系统的测量精度不稳定、不可靠、产生累计误差、计数错误等一系列问题。因而必须针对旋转编码器、光栅尺等具有高速脉冲输出的检测元件，设置与其电路相匹配的转换接口，才能可靠接收和识别输入的脉冲，使 PLC 长期安全可靠地稳定工作。

12.3.3 气动控制回路

气动控制回路中主要采用单控阀和双控阀等方向控制阀来控制气动执行元件的运动方向，用单向节流阀来调节气动执行元件的运动速度，用压力调节阀对气动执行元件的输出驱动力和工作压力的保护指标进行调节，使气动系统符合现场的工艺控制过程，从而在理想可靠的状态下工作。

具有换向功能的方向控制电磁阀直接受控于控制系统的主控单元，对于 PLC 控制系统的继电器输出形式，其电磁阀线圈可以直接接入 PLC 的输出端；对于 PLC 控制系统的晶体管输出形式可以通过控制固态继电器间接控制气动电磁换向阀线圈。对于单片机控制系统，则要将其单片机的逻辑接口加入转换的专用功率驱动接口，用专用功率驱动接口来控制气动电磁换向阀线圈。

如图 12-9 所示为气动机械手执行元件的气动控制回路原理图，在气动控制过程中要注意以下几点。

1）手爪汽缸、手腕汽缸、手臂汽缸、立柱汽缸、行走汽缸等执行元件必须选用双作用形式的汽缸，各执行元件的电磁控制阀必须选用具有记忆保持特点的双控阀，防止机械手工作过程中控制系统发生意外断电时，汽缸不会产生复位动作而造成手爪松开、手腕转位、手臂回缩、立柱下降与回转、行走退回原位等危险。

定位和限位汽缸可采用具有复位特点的单控阀形式，但原位应为汽缸活塞杆伸出状态，即定位和限位状态。

2)气动控制回路中,在压力一定的条件下,一般采用加节流阀(流量调节阀)的形式对执行速度进行调整,各执行元件的行程都存在前进和返回两个过程,而两个行程的执行速度一般是不同的,因此通过加单向节流阀来解决一个执行元件两个过程速度问题,图12-9所示为汽缸进口实现节流调速控制原理图,采用在各执行元件的两个作用端都加一个单向节流阀,使气动执行元件的出口节流阀被单向阀短路,而进口可以实现节流调速,从而实现一个行程两个过程速度。

图12-9 气动控制回路原理图(进口节流调速)

当负载较大时,采用气动执行元件进口实现节流调速易产生爬行颤动现象,可将气动执行元件的进口节流调速方式改成出口节流调速形式,如图12-10所示。

图12-10 气动控制回路原理图(出口节流调速)

3)对于PLC输出口的负载,直流电磁阀线圈两端要加续流二极管才能对线圈的储能进行有效释放,从而实现可靠的通断控制;对于交流电磁线圈两端要加阻容吸收回路才能消除通断产生的高压谐波,从而实现可靠的通断控制。

4)对于一个气动机械手控制系统的设计,一定要按搬运对象的形状特点和搬运过程要求确定好气动机械手的结构,并根据气动机械手结构实现合理控制,一般包括以下几个方面的顺序内容。

① 根据搬运对象和搬运过程确定气动机械手的原理结构,包括自由度、机械手强度、工作压力、动作过程等。

② 根据气动机械手的结构特点与运动和动作的过程要求确定气动控制回路,包括气动控制阀的形式、气动调速控制方式、气动压力保持保护回路等(气路图)。

③ 拟定电气控制回路主控单元的输入与输出控制点数及输入与输出信号形式(数字量、模拟量、高速脉冲),即确定主控单元 I/O 口。

④ 绘制气动控制系统的电气原理图(电路图)。

⑤ 绘制电气控制系统的接线图。

⑥ 对气动机械手进行综合调试,特别注意动手进行机械性调试操作时,一定要切断气源,使气动回路压力为零,防止挤压手指出现工伤。

5)气动机械手的特点

① 气动装置结构简单、轻便、安装维护简单。压力等级低,使用安全。

② 工作介质是取之不尽的空气,不污染环境,成本低。

③ 输出力的大小和执行元件的工作速度的调节非常容易,且汽缸的动作速度一般比液压和电气方式的动作速度快。

④ 可靠性高,使用寿命长。理论上认为气动电磁阀的寿命大于 100 万次,小型阀可达 1000 万次以上。

⑤ 利用空气的可压缩性,可储存能量实现集中供气。既可短时间释放能量,以获得间歇运动中的高速响应,也可实现缓冲,对冲击负载和过负载有较强的适应能力。在一定条件下,气动装置有自保持能力。

⑥ 全气动控制系统具有防火、防爆、防潮的能力,并可在高温场合下使用。

⑦ 由于空气有可压缩性,汽缸的动作速度易受负载的变化而变化,且汽缸在低速运动时,由于摩擦力相对较大,汽缸的低速稳定性不好。

以上是针对气动机械手的工作原理和特点的概述。对于液压机械手其工作原理与气动机械手原理相同,但液压机械手相对重量轻、体积小、运动惯性小、操纵控制方便,并可实现大范围的无级调速、采用矿物油作为工作介质,其运动面可自行润滑从而使用寿命较长。液压机械手也有一定的不足之处,一是流体的阻力相对较大因而效率较低,同时易泄漏而污染工作场地,且还可能引起火灾和爆炸事故。二是其工作性能容易受到温度变化的影响,因此不宜在很高或很低的温度条件下工作。三是液压元件的制造精度要求较高,因而价格较贵。

由以上可以看出,单一的气动机械手或液压机械手都有一定的缺陷,因而在实际机械手系统中,一般采用气动控制系统,利用气动执行元件和气液复合执行元件实现机械手的控制,从而克服单一的气动或液压系统的弊端,达到相对优化的综合性控制。

12.3.4 复合式机械手的结构特点

目前的机械手很少有单一驱动的形式,大都是复合形式,并具有以下特点。

(1)手爪的驱动一般选用气动或液压的驱动方式,对于较轻的搬运对象一般选用气动驱动方式;对于较重的搬运对象一般选用液压的驱动方式。

(2)手腕和回转立柱的驱动一般选用电动驱动,对于轻负载,由手腕和回转立柱对其实现回转时的扭矩也相对较小,可以选用步进电机和减速机的驱动形式;而对于重负载,可以选用伺服电机或开关磁阻电机和减速机的驱动形式。

(3)手臂的驱动一般采用电动推杆的形式,电机选用步进电机或伺服电机,手臂应采用滑动或滚动运动的机械伸缩结构,并具有一定强度以保正悬臂时的机械受力。

(4)立柱一般选用多个汽缸或液压缸的串联连接形式,如图 12-11 所示。

利用液压锁和液压平衡阀虽然可以实现汽缸在行程上任一点的定位,但液压系统和电气控制系统在回路和线路上相对复杂。

(5)行走机构一般选用电动驱动,对于小负载和近距离的传输,一般选用步进电机和减速机在定向导轨上利用皮带进行传动;对于较大负载和远距离的传输,一般选用异步电机和减速机直接驱动转轮在定向导轨上行走,并采用变频调速控制,实现货物运送。

图 12-11　汽缸串联实现立柱升降

(6)气动爪与液压爪一般采用双控阀控制,使爪具有断电记忆保持特点。由于空气的可压缩性大,压缩机产生的压缩空气由储气罐储存并作为压缩气源提供,当气动系统断电后,储气罐依然具备一定的压缩气源能力;而对于液压系统,由于液压油的不可压缩性,其压力主要由液压泵提供和保持,因此由液压缸实现的夹紧机构,在夹紧驱动油路中要加入单向阀,使夹紧机构在事故断电后仍具有一定的压力保持性能。

(7)电动手腕与回转立柱采用步进电机或伺服电机的驱动控制形式,可以实现任意角度的回转,回转的驱动一定要在有机械回转支撑的结构条件下实现,否则容易造成驱动电机不合理受力而使回转机构不能正常工作。

12.3.5　机械手设计使用注意事项

(1)机械手中爪的结构形式一定要符合搬运对象的特点要求,必须从安全可靠运行的前提要求出发,做到一种产品一个爪或一类产品一个爪或相似产品一个爪,充分体现爪的专用型。

(2)机械手的自由度选择一定要符合搬运现场的过程要求,机械手刚度的选择特别是悬臂的支撑强度要满足搬运对象的重量和运行速度以及加速度的强度需要,机械手抓放物品的精度要满足物品放置的准确性或平衡的稳定性。

(3)驱动电机的选择是机械手很重要的参数,对于电动式、机式、复合式等机械手的驱动电机主要选择步进电动机、伺服电机、变频电机或异步电机。

(4)对于机械手的一些机械式的传动轴机构,其联轴器的选择非常重要,联轴器的种类很多,但其主要作用就是消除传动轴之间的连接应力、减小振动、过载保护、万向传动等,要根据传递的形式合理选择联轴器连接形式。

(5)机械手对于往复直线运动形式,一般采用电动推杆和电液推杆的形式。电液推杆是一种机、电、液一体化的新型柔性传动机构,它由执行机构(油缸)、控制机构(液压控制阀组)和动力源(油泵电机等)组成。电动机通过驱动液压泵实现活塞杆的往复运动,从而在直线油缸的行程上,可以实现任意点的推出自锁、拉回自锁和推拉都自锁;运行速度有可调型和不可调型;

整体推杆可水平使用、向上使用、向下使用等。电液推杆在过载保护、带负荷启动能力、高低调速过程中的输出力、机械效率、节能效果、故障率、投资成本等方面优于电动推杆。

（6）利用双向液压锁或液压平衡阀可以实现液压缸任意位置的定位。

① 如图 12-12 所示，在液压回路中，如果需要对液压缸等直线往返运动形式的执行元件进行检测后的定位或自锁，可利用双向液压锁实现其控制功能。

双向液压锁是由两个液控单向阀并联组成的，在承重液压缸或液压马达油路中，当回路断电失压后，可以防止液压缸或液压马达在重物作用下自行下滑，在驱动过程中，压力回路必须向卸放回路提供压力供油回路，通过内部控制油路打开单向阀使卸放油路接通，从而使液压缸或液压马达动作运行。

② 如图 12-13 所示，在液压回路中，也可以用液压平衡阀对液压缸等直线往返运动形式的执行元件进行检测后的定位或自锁。

（7）使用磁性检测元件时，要注意安装时不能受力过大；同时避免在有强磁场、大电流（大型磁铁、电焊机等）、水或冷却液的环境中使用，更不能把检测电缆与动力电缆放在一起；两个以上磁性检测元件平行使用时，为防止磁性体移动时互相干扰，影响检测精度，两磁性检测元件间的距离应大于 40mm。

（8）机械手的主控单元，要依据性能特点、控制过程的复杂程度等进行控制形式选择，一般工业机械手都采用 PLC 或单片机控制，而机械手的生产批量相对较大，专业应用性更强，更需要有保护性的机械手产品。

（a）双向液压锁符号　　（b）双向液压锁的结构原理　　　（a）平衡阀符号　　（b）平衡阀结构控制原理

图 12-12　双向液压锁的控制原理　　　　　　　图 12-13　平衡阀控制原理

（9）配线时，导线不宜承受较大的拉伸力和弯曲力。用于机械手等可移动场合，应使用具有耐弯曲性能的导线，尽量选择控制电缆。

（10）机械手检修过程中，要注意切断执行机构的动力源，防止检修过程中出现安全事故。

12.4　六自由度搬运机械手的控制

以六自由度机械手将工件从 A 平台搬运至可升降的 B 平台为例说明其控制过程。如图 12-14 所示为搬运平台的工件运动要求和机械手结构。机械手由气动爪、腕、升降臂、伸缩臂、升降柱、回转柱等组成。

图 12-14 搬运平台的工件运动要求和机械手结构

12.4.1 搬运要求

工件从 A 平台搬运至 B 平台后要求工件旋转 90°；机械手的工作原位状态为升降柱升位、爪放松，其余各汽缸应在杆缩回和回转马达 0°状态；各汽缸和气马达均设有电磁开关进行位置检测。

按照机械手结构其动作循环过程如图 12-15 所示。要根据系统的特点，合理选择系统动作表、系统动作时序图、系统流程图等来表达出系统的典型工作过程和典型工作步骤。

图 12-15 机械手动作循环过程示意图

12.4.2 主回路原理图

主回路原理图主要是气动系统回路原理图，如图 12-16 所示，包括机械手和可升降的 B 平台等两部分的气动回路。每个执行汽缸或气马达的行程两端都采用磁性开关进行检测，因此应有 14 个磁性检测开关（$SQ_1 \sim SQ_{14}$），除爪和柱汽缸采用二位五通双控电磁阀控制外，其余各汽缸或气马达由于是短时动作,因此均采用二位五通单控电磁阀控制,从而共有 5 个断电复位的单控阀,2 个具有记忆功能的双控阀,即($YA_1 \sim YA_9$)九个电磁阀线圈。各汽缸或气马达所显示的状态应是系统上电后的原位状态。各汽缸或气马达的运行速度采用出口节流调速形式,实现汽缸杆伸出和缩回的速度整定。

图 12-16 气动系统回路原理图

12.4.3 PLC 系统 I/O 接线图

如图 12-17 所示为 PLC 系统外部接线图,系统的输入输出均为开关量控制的形式。外部接线图主要根据执行元件的检测方式,在 PLC 的输入端 I 端,要列出其所有能检测到的结果条件,包括目前暂时用不到的可形成检测结果的条件,这些条件在系统调试过程中,都可能发挥重要的作用,因此要全部列出。在 PLC 的输出端 O 端,要列出所有系统执行元件的电气控制元件,如控制元件输入电流大于 PLC 的输出电流,应加继电器或小型接触器或无触点开关等进行中间转换,以防止过流烧毁 PLC 的输出单元。根据输入和输出的点数和 I/O 信号形式合理选择 PLC 的型号。选择的 PLC 输入和输出的点数一定要加足够的冗余,这一点对于一个新系统的调试控制过程尤为重要。

图 12-17 气动机械手控制系统外部接线图

12.4.4 功能表图

如图 12-18 所示为 PLC 系统的功能表图。功能表图主要考虑到所有 PLC 输出状态的变化，和变化过程中要求的前提条件，即输出状态的变化要根据输入转换条件的要求。只要输出状态有变化，即为一个过程结构，一定有相对应的输入转换条件。

图 12-18　PLC 控制系统功能表图

12.4.5 梯形图

如图 12-19 所示为 PLC 系统的梯形图。梯形图按置位复位方式设计，在梯形图的实际设计过程中，应按自己擅长的编程方式设计，且功能表图与梯形图应有对应性。梯形图的设计主要是寻找输出状态变化的"唯一的转换条件"，防止不同步骤下的某些"相同转换条件"导致输出状态"混乱"，要将某些"相同转换条件"通过"与""或""非"的组合而形成"唯一的转换条件"，才能保证输出状态正确，可以说，编程过程就是寻找使输出状态正确的"唯一的转换条件"过程，

"唯一的转换条件"找到，程序自然正确。

图 12-19 PLC 系统梯形图

思考题

1. 什么是机械手？
2. 说明机械手的组成结构。
3. 说明机械手的分类方式。
4. 各类机械手有什么特点？
5. 说明机械手操作方式和特点。
6. 说明空间坐标形式及特点。
7. 说明机械手的发展方向。
8. 说明气动与液压机械手的结构组成及特点。

9．说明无杆汽缸的类型和特点。
10．气动执行元件的调速控制有什么特点？
11．双向液压锁的作用及工作原理是什么？
12．平衡阀的作用及工作原理是什么？
13．使用磁性检测元件应注意什么？

第五篇
使用维护篇

　　本篇共两章，第一章针对液压系统的设备维修与维护过程，讲述了如何通过观察常态环境的异常状态和经验法实现对液压系统的故障判断，介绍了一般故障现象和相应的故障问题以及排除方法、如何评估液压油使用状态、液压系统的油路清洗原则和步骤以及液压系统的参数调整过程。第二章针对启动系统的安装、调试、维护、维修等实际应用的程序操作过程讲述了气动系统应具有的工作环境，汽缸及气动方向、压力、流量等控制元件的安装要求与调试过程以及空气压缩机安装与运行过程要求。

第 13 章 液压系统的设备维修与维护

要点概述

本章第一节讲述了如何通过观察常态环境的异常状态和经验法实现对液压系统的故障判断。第二节讲述了液压系统的故障现象和相应的故障问题以及排除方法。第三节讲述了通过对液压油颜色和气味的评估判断其使用状态。第四节讲述了液压系统的油路清洗原则和步骤。第五节讲述了清洗后的液压系统的参数调整过程。通过本章的学习应掌握液压系统的设备维修与维护过程。

本章教学目标：掌握液压系统经验法的故障判定原则与方法，熟悉故障现象与故障问题之间的必然联系和故障排除的手段，清楚液压油颜色的变化所带来的故障问题，同时应具有液压系统的清洗和系统参数整定的操作能力				
	重 点	难 点	教学方法	教学时间
第一节	液压系统经验法的故障判断方法	液压系统常态环境的条件界定	讲授	0.5 课时
第二节	液压系统故障现象、故障问题、排除方法	故障问题的条件界定	讲授	0.5 课时
第三节	液压油颜色和气味的评估方法	液压油问题处理方法的选择	讲授	0.5 课时
第四节	液压系统的清洗过程	液压系统的清洗操作方法	讲授	0.5 课时
第五节	液压系统的参数调整步骤	液压系统的元件调整过程	讲授	0.5 课时
实践环节	液压系统的清洗	液压系统的清洗步骤	实训	5 课时
合计学时（min）				7.5 课时

由于液压系统大多应用在中大型压力传动系统中，设置在专用的厂房和车间，并遵循日常的维护保养规程和定期的大修操作，因此液压系统应在专用维护保养手册指导下进行问题诊断、故障检修和清洗。

13.1 液压系统的故障检修方案

在液压系统中，虽然系统所有的故障现象大都体现在执行元件上，但不同的元件故障所体现出的问题现象和动作过程是有区别的。因此首先应了解各种液压元件的结构特点和常见故障现象，并通过人的观察力发现故障现象，分析故障因素，按照具体的回路结构综合排列故障的先后次序，按照回路和元件的安装条件准确筛选出故障点与排除故障的维修方案，并在故障排除后进行多次的稳定运行以确认设备的可靠。

1. 掌握设备结构特点并熟知其常态工作环境

设备维修人员和操作人员应掌握所辖液压系统的结构特点，通过对所辖"设备使用说明书"的阅读，将设备中的元件和回路按结构特性划分成"特点型"或"通用型"的元件或回路，并通过档案的形式进行元件和回路性能特点的统计，便于今后设备发生故障的判断和处理。同时也要对设备日常运行过程中的常态特征有一定的记载与了解。例如由于设备冷却问题会形成热风和冷风的对流通道，要掌握通道位置，一旦风通道的风速、声响、温度、味道等发生异常，应能判断风机是否运行或是否有冷风口过滤网堵塞、轴承损坏、电机过热等问题。一般当故障状态出现之前都会有各种异常现象，而当异常到来时首先是操作人员应有感知，并能按照处理异常现象的方法进行设备操作，采用设备应急处理手段避免或减小设备故障带来的损失。

2．利用人的感官判断故障方向与范围

（1）"眼观"判断设备的"动作"故障

利用人眼观测设备的运行故障，利用常识性的推理判断其故障部位，如观测控制柜的显示灯、液压表的读数、液压缸的运行速度变化（快、慢、爬行）、液压执行元件及管路的渗油泄漏状况以及液压软管的承压变形状况等。

（2）"耳听"判断设备的"噪声"故障

利用人的听力确定正常的设备运转声，并通过对比辨别其非正常的设备运转声响，如回转体不平衡、联轴器不同轴、轴承的滚动或滑动运行、零件的刚性撞击、电机的运转等引起的机械噪声，以及压力变化（脉动）、液体的剪切流或紊流或涡流等漩涡脱离声、气穴现象产生的气蚀噪声（1000Hz以上嗡嗡尖叫声）、阀门关闭产生的压力冲击等引起的流体振动噪声等。噪声因素的大小按液压泵、溢流阀、节流阀、换向阀、液压缸、滤油器、油箱、管路等部位顺序分布。

（3）"鼻闻"判断设备的"温度"故障

利用人的嗅觉闻出设备环境的焦糊味，从而判断出是油温过高蒸发的"油味"，还是绝缘材料过热散发的"漆味"，以及导线过热发出的"塑料味"等。

（4）"手触"判断设备的"振动、发热、泄漏"等故障

利用人的肢体（脚或手）通过中间媒介（平台、工具等）与设备接触，感触其振动点位置和振动的强弱节奏，并结合噪声形式和设备结构特点等综合判断其故障点的位置。

（5）"面感"判断设备的"冷却"故障

由于人的面部对温度和粉尘有很高的敏感度，在经过"配电柜"或"冷却风机"附近时，由于噪声和防护板的问题，使人的眼、耳、手、鼻不能正确判断设备运行的故障状况时，还可以通过人面部对风、温度、粉尘等的敏感度，利用是否有循环风、局部环境的温度变化、粉尘扑面的感觉等，判断冷却风机的运行状况、设备过热状态等。

总之，利用人的五官敏感性和实践经验的观察力是判断故障的第一环节。

3．访问现场确认故障发生前后的状况

在确定维修方案前除进行现场排查和必要的设备运行外，还要通过现场设备操作人员了解设备故障前后的运行状况、曾经出现的故障情况、以往排除故障的手段、大修时间和方案、日常维护的方法要点等，从而进一步确定故障的部位。

4．查阅技术档案，根据具体问题确定维修方案

通过研究液压设备技术图纸，了解元件的结构、功能、特点以及设备整体元件的运行状态，查阅设备的检查维修记录，检查设备系统关键环节，从而确定设备的故障部位与维修方案。

13.2 液压系统的故障检修与诊断

液压系统的故障检修过程，首先取决于对故障现象的敏感观察，其次取决于对故障现象的原

因判断,最终结束于按照正确的思路和可靠的手段实现对系统的改革完善。

1. 执行元件的故障现象与维护

在液压系统中,所有控制元件、检测元件、动力元件出现问题后,其故障现象在执行元件都有体现,包括执行元件本身的故障问题都能通过动作过程的异常进行观察。液压执行元件包括液压缸和液压马达,液压执行元件的故障问题与故障现象以及排除方法如表 13-1 所列。

表 13-1 液压执行元件的故障问题与故障现象以及排除方法

元件	故障问题	故障现象	处理方法
液压马达	输出轴同心度超差	过热	调整
	油杂质导致活塞环损坏	内泄漏,泄油量大、转动无力	换活塞环,系统清洗
	转子变形或定子磨损		加工或更换转子或定子,系统清洗
	过压或密封圈的老化导致密封圈损坏	外泄漏	换密封环
液压缸	活塞杆弯曲或直线受力差	过热	调整
	油杂质导致活塞环损坏	内泄漏,泄油量大、转动无力、缸体发热	换活塞环,系统清洗
	活塞变形或缸筒磨损		加工或更换转子或定子,系统清洗
	过压或密封圈的老化导致密封圈损坏	外泄漏	换密封圈

2. 控制元件的故障现象与维护

液压控制元件包括液压方向控制元件、液压压力控制元件、液压流量控制元件。

(1) 液压方向控制元件的故障现象与维护

液压方向控制元件主要包括二位或三位电磁换向阀和单向阀,液压方向控制元件的故障问题与故障现象以及排除方法如表 13-2 所列。

表 13-2 液压方向控制元件的故障问题与故障现象以及排除方法

元件	故障问题	故障现象	处理方法
二位或三位(电磁)换向阀	线圈烧毁	阀芯不动导致液压执行元件不动	换线圈
	油杂质卡阀芯	阀芯不动或动作缓慢使液压执行元件不动或缓慢动作	系统清洗
	油杂质导致阀体磨损	内泄漏,泄油量大、阀发热、液压执行元件动作无力	加工或更换阀体,系统清洗
		三位阀不能实现中位机能,液压执行元件中位可能有浮动	
	过压或密封圈的老化导致密封圈损坏	外泄漏	换密封圈
单向阀	油杂质磨损导致密封环损坏	内泄漏、不能反向完全截止	换密封环
	油杂质卡阀芯或弹簧无弹力	内泄漏、不能反向截止	系统清洗
	过压或密封圈的老化导致密封圈损坏	外泄漏	换密封圈

(2) 液压压力控制元件的故障现象及排除

液压压力控制元件主要指溢流阀、减压阀、顺序阀，液压压力控制元件的故障问题与故障现象以及排除方法如表 13-3 所列。

表 13-3 液压压力控制元件的故障问题与故障现象以及排除方法

元　件	故 障 问 题	故 障 现 象	处 理 方 法
溢流阀	油杂质卡阀芯或弹簧无弹力	当其入口压力表压高于调定值时，油杂质卡阀芯不动作，溢流口不起作用；当其入口压力表压低于调定值时，油杂质粘结弹簧使其不能完全复位，使溢流口长期溢流；导致液压执行元件移动过快或过慢以致爬行	系统清洗
	过压或寿命导致密封圈损坏	外泄漏	换密封圈
	双泵双压供压回路易谐振	鸣笛般啸叫	调整两个溢流阀整定压力
	泵压与溢流整定压差过大	阀体发热	降低泵压
减压阀	油杂质卡阀芯或弹簧无弹力	当油杂质卡阀芯不动作时易造成其出口压力的表压高于或低于调定值	系统清洗
	先导阀与阀体密封不严	其出口压力表压低于调定值，导致液压执行元件移动过慢或爬行	换密封圈、系统清洗
	减压阀在超过额定流量下使用	其出口压力表压往往会出现主阀振荡现象，使减压阀不稳压，会出现"升压—降压—再升压—再降压"的循环	换大流量减压阀
	出口压力几乎等于进口压力	其出口压力表压不减压	调整压力范围
	主阀芯配合过松或磨损过大	当减压阀出口压力调定后，如果出口流量为零时（0 负载），出口压力会升高	应避免 0 负载
顺序阀	油杂质卡阀芯或弹簧无弹力	顺序阀始终接通或关闭，液压执行元件不受顺序阀控制，随系统处于动作或不动作过程中	系统清洗
	液压缸工作压力大大低于顺序阀整定压力	其阀易发热并产生振动与噪声	调整工作压力
	油杂质卡单向顺序阀的单向阀阀芯	单向顺序阀不能回油	拆阀检修并系统清洗

(3) 液压流量控制元件的故障现象与排除

液压流量控制元件主要指节流阀、调速阀等，液压流量控制元件的故障问题与故障现象以及排除方法如表 13-4 所列。

表 13-4 液压流量控制元件的故障问题与故障现象以及排除方法

元　件	故 障 问 题	故 障 现 象	处 理 方 法
节流阀	油杂质卡阀芯	流量调节失灵，液压执行元件没有速度调节过程	系统清洗
	节流阀调整后没锁紧	流量发生变化，液压执行元件速度有变化	可靠锁紧
调速阀	油杂质卡阀芯	流量调节失灵，液压执行元件速度有变化	系统清洗
	调速阀锁紧装置松动	流量不稳定，液压执行元件速度有变化	可靠锁紧
	密封面（减压阀芯、节流阀芯和单向阀芯密封面等）磨损过大	内泄漏量增大，使流量不稳定，特别会影响最小稳定流量	换阀芯密封、系统清洗

3. 检测元件的故障现象与维护

液压检测元件主要指检测执行元件是否到位的行程开关、行程阀等行程检测元件和压力继电器、压力阀等油压检测元件。液压检测元件的故障问题与故障现象以及排除方法如表 13-5 所列。

表 13-5 液压检测元件的故障问题与故障现象以及排除方法

元 件	故 障 问 题	故 障 现 象	处 理 方 法
行程检测元件	输出触点接触不良	行程到位其检测元件不动作，相应液压执行元件无动作	换检测元件
行程检测元件	行程检测元件位置不合理	行程到位其检测元件及相应液压执行元件早动作或晚动作	移动监测位置
行程阀	行程检测元件位置不合理	行程到位其检测元件及相应液压执行元件早动作或晚动作	移动监测位置
行程阀	油杂质堵输入输出控制通道	行程到位其检测元件动作无输出，相应液压执行元件无动作	系统清洗
压力检测元件	压力继电器输出触点接触不良	输出压力表压到设定值其继电器触点不吸合，相应液压执行元件无动作	换压力继电器
压力检测元件	压力设置不合理	输出压力表压到设定值其阀及相应液压执行元件早动作或晚动作	调整设定值
压力阀	压力设置不合理	输出压力表压到设定值其阀及相应液压执行元件早动作或晚动作	调整设定值
压力阀	油杂质堵输入输出控制通道	输出压力表压到设定值其压力阀动作无输出，相应液压执行元件无动作	系统清洗

4. 动力元件的故障现象与维护

液压动力元件主要指提供压力的并把机械能转换为压力能的液压泵，保持压力能量的储能器，保存并储存介质的油箱，对液体介质实现加工过滤的滤油器等动力机构元件。动力元件的故障问题与故障现象以及排除方法如表 13-6 所列。

表 13-6 动力部分的各元件故障问题与故障现象以及排除方法

元 件	故 障 问 题	故 障 现 象	处 理 方 法
液压泵	泵吸油与压油间密封不良	内泄漏，泵不排油或压力与排量减小，其输出压力表压低，相应液压执行元件无动作或动作缓慢	换密封圈
液压泵	零件磨损，间隙增大		换泵
液压泵	轴承磨损或缺润滑	泵发热，转子转动不灵活	换轴承或加油
液压泵	过压或寿命导致密封圈损坏	外泄漏	换密封圈
储能器	储能器储油腔有泄漏	内泄漏，储油压力相对快速降低，其输出压力表压降低，相应液压执行元件无动作或动作缓慢	换气囊或活塞环
储能器	储能器密封圈损坏	外泄漏，储油压力相对快速降低，其输出压力表压降低，相应液压执行元件无动作或动作缓慢	换密封圈
储能器	弹簧式蓄能器的弹簧损坏；重锤式蓄能器无重物	储压时其压力表有压力，输出时其压力表无压力	换弹簧，加重物

续表

元　件	故障问题	故障现象	处理方法
油箱冷却器	冷却泵或冷风机损坏	油箱油温计显示温度高	换冷却泵或冷风机
	冷却泵或冷风机不受控	温度检测传感器或控制接点故障	换温度检测传感器或控制接点
油箱加热器	加热器损坏	油箱油温计显示温度低，油液黏度大，液压泵噪声大	换加热器
	加热器不受控	温度检测传感器或控制接点故障	换温度检测传感器或控制接点
过滤器	过滤器堵塞	泵不排油或压力与排量减小，其输出压力表压低，相应液压执行元件无动作或动作缓慢	清洗过滤器
压力及回油管路	管道堵塞	泵不排油或压力与排量减小，其输出压力表压低，相应液压执行元件无动作或动作缓慢，油温相对高，有噪声，有振动	系统清洗
	吸入管太长、太细、弯头太多	系统易进入空气，油温相对高，有噪声，有振动	增加管径
	管接头密封不良		加密封
	管道缺少固定	管道振动，有撞击声，有噪声	增加固定点
液压介质	有空气	泵振动，泵过热，管道噪声大	
	油黏度大	油温热，泵输出压力相对低，其输出压力表压低，如管道的内径和需要的流量不相适应或者由于相对阀规格过小，能量损失过大，有噪声，振动大	换油
	油黏度低	泵输出压力相对高，其输出压力表压高，油液流速高，油温热，有噪声，振动大	换油
	使用时间长	油液阻力会过大，油温高，有噪声，振动大。油温高会引起所有液压元件温度升高	换油
	液面过低	循环次数增加，易进入空气，相对油温高，有噪声，振动大	加油

13.3　液压系统的油污染问题

由液压系统的故障状态和故障原因可以看出，由于液压油的过期使用和液压油受严重污染，使得液压油中的杂质较多，引起液压元件的磨损致运行间隙变大、异物及沉淀物使通路堵塞、杂质等硬化物使相对运动的动、静元件卡紧，造成液压系统的故障频出，据有关部门的统计，液压元件的故障有75%甚至有些液压系统85%的因素都是由所使用的液压油出现问题引起的,因此我们必须了解液压油变质原因和液压系统的清洗过程,才能保证液压系统正常运行。

1. 液压油变质原因

系统油液变质的原因与污染物的侵入、内部压力与冲击、过热、使用时间等因素有关,包括以下几个方面。

(1) 外部污染物侵入液压系统的内部

外部侵入的污染物主要是使用环境造成的,由于环境气压的作用,当液压系统内部出现低于大气压的流动环境时,大气中的沙砾或尘埃,可以通过油箱的气孔、管路的接头、油缸及马达以及泵的轴封等缝隙,并经过反复的渗入方式而侵入其系统内部。

(2) 液压系统内部固有污染物的作用

液压元件在加工、装配、调试、包装、储存、运输和安装等环节中残留的污染物,在液压油的流动冲击下,随液压油在系统内部流动,这些污染物包括固态污染物、液态污染物、气态污染物。固态污染物主要有金刚石、切削、硅沙、灰尘、磨损金属和金属氧化物等硬质污染物;和添加剂、水的凝聚物、油料的分解物与聚合物和维修时带入的棉丝、纤维等软质污染物。液态污染物主要有水、涂料和氯及其卤化物等不符合系统要求的腐蚀性液体。而气态污染物主要是混入系统中具有氧化作用的空气。

(3) 液压系统工作过程中自身产生的污染物

液压系统在工作过程当中,由于液压油和其中杂质的冲击作用,造成元件的磨损而产生的颗粒,铸件体上脱落下来的砂粒,泵、阀和接头上脱落下来的毛刺等形成的金属颗粒,管道内锈蚀剥落物以其油液氧化和分解产生的颗粒与胶状物等,都属于系统内部产生的杂质。

这些污染物的颗粒虽然很细小,以至于不能沉淀下来而悬浮于油液之中,而当被带到各种阀的间隙之中时,就会形成沉积与堆积,随着油液的老化会使堆积物结粒、成块并成为硬化杂质,造成对液压元件阀、道、路的卡、堵、阻的问题。

(4) 液压系统内部压力与过热促使液压油老化

液压系统工作过程是在一个具有压力、流动冲击、摩擦生热的密闭环境中进行的,因此其液压油在压力、温度、分子摩擦条件下会加速其老化过程,当油温达到60℃的工作极限温度时,如果油温再逐步升高时,则每升高10℃,其油的老化速度会加倍。

(5) 液压油超期使用

任何种类的液压油,都要求在密闭、干燥、遮光、阴凉的环境中储存,且要求的温度在15~30℃范围内,同时要防尘、防水、放空气的侵蚀,其保质期的时间应依其液压油种类的不同一般应大于2年小于5年。而液压系统工作环境温度一般在30~55℃的范围,是一个有温度、有冲击、有摩擦、有压力、有污染、有氧气等接触的半密闭环境,因此其液压油的老化加速,保质时间缩短,不能按照保存环境的保质期确定使用环境的保质期,因此导致液压油在老化后依然作为正常油使用,形成液压油变质的超期使用,从而加速液压系统的故障频出。液压油一般会因为蒸发、氧化、污染、混油、融水等原因引起变质。

2. 液压油的污染对系统的主要危害

污染物对液压油形成的主要危害及对液压系统带来的危害如表13-7所列。

表 13-7　污染物对液压油形成的主要危害及对液压系统带来的危害

污 染 物	污染物与油的结合物	对液压系统危害
固体颗粒：灰尘、磨屑、毛刺、锈迹、漆皮、焊渣、絮状物等	随油移动形成游离杂质	加速液压元件磨损、堵塞、卡死，并使系统性能下降，产生噪声
水	氧化油液，与添加剂作用产生胶质物，可凝结油内杂质	单纯的水使液压油乳化，产生噪声，凝结油内杂质成相对大颗粒，使液压元件磨损、堵塞、卡死问题快速增加，系统性能下降
空气	引起气蚀并加速油液变质	降低油液润滑性和体积模量，产生噪声
溶剂、表面活性化合物等	加速油液变质	腐蚀金属
微生物	加速油液变质	降低润滑性和加速元件腐蚀
温度（摩擦热源）	加速油液变质	导致密封不良，元件损害，系统性能下降
压力（内压冲击）	加速油液变质	

3. 液压油使用状态的判断

液压系统是否需要清洗，应根据油质情况决定，首先应判断油质的使用状况。由于液压油具有良好的粘温特性、良好的抗氧化性、良好的水解安定性、良好的阻燃性、良好的剪切安定性、良好的抗磨性、良好的润滑性等特点，而当液压油的使用环境恶劣时，同样会出现油液质量问题。当液压油出现问题时，一般采用三种处理形式：一是当油质脏，但不存在乳化问题，可对进回油口加过滤器进行清理，并用精滤油器对油质过滤后继续使用；二是油质脏并有乳化问题，就要采用过滤加分离方法去除杂质和水分；三是液压油已变质，必须进行更换。因此首先要判断液压油的使用状态，然后选择其处理方式。液压油使用状态常规目测的检验方法如表13-8所列。

表 13-8　液压油使用状态常规目测的检验方法

1. 液压油黏度检验		
黏度表示了油液流动时分子间磨擦阻力的大小，黏度过大会增加管路中的输送阻力，工作过程中能量损失增加，主机空载损失加大，同时会使油温升高，在主泵吸油端可能出现"空穴"现象；黏度过小则不能保证机械部分良好的润滑条件，加剧零部件的磨损，并使系统泄漏增加，引起泵的容积效率下降。因此液压油应具有适当的黏度，这也是油液关键的流动性能指标		
液压油状态	判 断 手 段	处 理 方 法
黏度高或低的比较判断	玻璃倾斜观测法： 将两种不同的油放在倾斜的干净玻璃上，看哪种流动较快，则其黏度较低 "手捻"法： 用"手捻"的方式判断同一油品使用前后"沾手"的变化，从而判断黏度的大小，尽管黏度随温度的变化和个人的感觉往往有较大的误差，但用相同的手法进行黏度比较是可行的检测方法	黏度高但可回用需要进行过滤处理； 黏度低但可回用需要进行油水分离处理； 油变质后应进行更换处理
黏度高或低的比较判断	油液污染的油滴斑点试验： 取一滴液压油滴在滤纸上，观察斑点的变化情况，液压油迅速扩散，中间无沉积物，表明油品正常；液压油扩散慢，中间出现沉积物，表明油已变质	
黏度低	液压油黏度的大小取决于其性质与温度，温度升高，黏度减小，因此应在温度一定的条件下检验黏度。而系统管路结垢或冷却系统有问题，会造成油液温度高黏度低问题	系统清洗或检修冷却系统
2. 气味的判断 由于液压油在氧化变质后会出现刺激性臭味，因此可以通过气味判断液压油是否变质		

续表

液压油状态	判 断 手 段	处 理 方 法
酸味	闻：嗅味道，有微微的酸味是液压油的正常味道	正常
挥发性油气味	闻：有柴油或汽油的挥发性气味时则有可能误加入了燃油	换油
恶臭或焦臭气味	闻：与新油比较异味大	更换

3. 外观颜色的判断

由于油品具有正常的颜色（不同牌号油品颜色略有不同）和透明性，因此可以通过油品颜色判断液压油是否变质

液压油状态	判 断 手 段	处 理 方 法
颜色透明	看：与新液压油比较颜色无变化	继续使用
气泡	摇后看：气泡产生后易消失	正常
透明，有小黑点	看：有杂物混入	过滤
呈现乳白色	看：有水分混入	油液分离
颜色变淡	看：混入异种油，可进行黏度比较判别混入的比例	混入少可继续使用，混入多应更换掉
变黑、变浊、变脏	看：污染与氧化	更换

4. 油中含水分的判断

当液压油与大气接触时，溶解于液压油内的水和大气中的水汽之间存在着动态平衡，在典型的运行温度下，一般液压油吸水可达 0.02%～0.03%。当气候温暖潮湿时其油液中的水含量也相应增大；当气候干燥时，油液中的溶解水便过饱和，部分逸出进入空气而另一部分则在液压油中生成微小水滴；在气候反复变化中，液压油中的水分将呈现溶解水（油水相容的单相物质）、游离水（油中呈悬浮或缔接或逐渐沉降或沉淀水等）、乳化水（当游离水珠被乳化膜包围时就形成了稳定的乳化水）等三种形式。油中水分可以通过静置后的沉淀分层，或采用加热蒸发，或采用油水分离机等进行油水分离

液压油状态	判 断 手 段	处 理 方 法
液压油颜色变化不明显，但运行过程中出现噪声、振动等问题，或噪声、振动问题加大	爆裂试验 把薄金属片加热到 110 摄氏度以上，滴一滴压油，如果油爆裂证明液压油中含有水分，此方法能检验出油中 0.2%以上的含水量	油水分离
	试管声音试验 放出 2～3 毫升的液压油到一个干燥试管中，并放置几分钟使油气泡消失。对油加热，同时倾听油的"砰砰"声，该声音是油中的水粒碰撞沸腾时产生水蒸气所致	
	棉球试验 取干净的棉球或棉纸蘸少许液压油，然后点燃，如果听见发出"噼啪"炸裂声并有闪光现象，证明油中含有水	
	玻璃倾斜观测法：将两种不同液压油各取一滴，滴在一块倾斜的干净玻璃上，看哪种流动较快，则其黏度较低，含水量较多	
乳白色	看：有水分混入	油水分离
变黑、变浊	看：水和空气已将油氧化变质	换油

13.4 液压系统的清洗过程

清洗要掌握好其正确的清洗步骤和必要的操作过程以及操作方法，避免错误的清洗手段带来设备的故障隐患。

1. 排放旧油

首先停止设备运行，待油泵完全停止后，打开油箱底部上的放油阀，将油箱内旧油放尽。如底部无排油阀，可用小型油泵将箱内旧油抽出。

① 抽出的旧油应按品种、牌号、分类存放，并将可回用油静置后过滤、脱水与氧化油分开。避免高温和明火环境，这是由于一般液压油的闪点按国内标准温度应在 230~250℃ 之间。

② 过滤后的净化油可回用，也可作小型液压系统的液压油使用。

③ 过滤后的沉淀废油与氧化油做相应的环保回收处理，禁止直接排放到下水道等处，造成二次环境污染。

2. 清洁油箱

打开油箱盖，彻底清洁油箱内的旧油和油泥等污物，如箱内油渍严重，可同轻质油品（如煤油）进行简单清洗，清洗油箱时避免箱内有灰尘、磨屑、毛刺、锈迹、漆皮、焊渣及丝、棉、纱、毛、发等絮状物的异物等。

3. 注入清洗油

油箱清洁完成后，确认已干净，可加入清洗油至最低油位。

（1）选择清洗油

当系统管路、油箱较干净时，可选用与工作油液相同黏度的液压油或试车油作为清洗油；如系统内不干净，可选用黏度稍低的清洗油清洗。清洗油应与系统工作介质、所有密封件的材质相容。清洗油用量通常为油箱标准油量的 60%~70% 或最低油位。

（2）加热清洗油

由于液压系统内的附着物在热油条件下容易游离脱落，因此应对清洗油加热，温度加热的范围一般在 50~60℃（最高必须小于 80℃），油液的清洗压力在 0.1~0.2MPa 设定范围，清洗油流量应尽可能增大，以利于带走污物。

（3）安装滤油器

在清洗回路中，进油口应安装 50~100μm 的粗滤油器，回油口安装 10~50μm 的精滤油器。按照粗、中、细顺序进行阶段性冲洗过滤，一般每隔半小时拆开滤油器清洗一次，然后视情况逐步延长清洗时间间隔，直至达到正常工况要求，即整车液压系统滤油器的清洗时间为 8h 的连续工作间隔。

（4）选择加热形式

可利用原液压系统的油箱装置和其中的加热器，并重新设置加热温度控制装置后可实现对清洗油加热。也可单独设置一个独立的清洗油加热油箱装置，并配置相应清洗泵、进出油口过滤器等。还可选择通用型的液压系统清洗机。

4. 系统冲洗

首先应按各个液压系统维修手册规定的步骤和要求进行清洗。一般将液压各执行元件处于无负载的手动或自动工作状态，当只清理油路时，可将液压执行元件进行短接处理，当确认滤油器安装好、清洗油已加至要求液面、加热器温度控制设置完成并加热至要求温度后，方可进入清洗阶段。

（1）系统清洗

① 清洗过程中，液压泵运转和清洗介质的加热同时进行。

② 清洗过程中，应当也可以用非金属锤击打油管，以利于清除管内的附着物。

③ 清洗过程中，应对冲洗油样及时检查，定期更换和调整油品过滤器，清洗过程是一个多次重复过程，直至抽取的油样达到清洁后才能结束加热清洗过程。

④ 为防止系统管路热态直接变冷后外界湿气会进入内部管路引起锈蚀，因此在清洗结束时，液压泵应在油不加热的条件下继续运转一段时间，直到温度恢复正常后停机。

⑤ 冲洗完成后应尽量排空冲洗油。排出的冲洗油应做相应环保回收处理。

（2）元件及零部件清洗

当系统中的元件及零部件有损坏需要更换时，更换前应进行清洗处理。

新的液压元件在出厂时是清洗干净并对各油口用塑料塞等进行密封，一般情况下，只要存放时间不超过两年，其元件内部一般是可以不必清洗；但如果发现元件的油口堵头、管密封、塑料帽等有脱落时，应视情况采用清洗液进行冲洗或简单拆卸清洗，对于一些系统待修善元件，修缮后各件组装前应进行清洗，清洗后的各油口应做封闭处理直至安装时拆封。

5．加入新油

加入新油前应换下油箱上清洗过程中使用的过滤器，并按要求换上工作时的过滤器，然后加入新的液压油至合适油位，安装好注油器盖后即可开机运行，同时注意观察油压和油温变化是否正常，油箱或油泵等处是否有异响。

油泵开始运行时，应将高点处的排气孔打开进行排气处理，排气后应拧紧排气螺丝，或利用执行元件的作用端（进出油口）进行排气。

经空载试运行后如无异常，即无油温高、噪声、振动、爬行等问题，则系统清洗和换油成功并可以进入设备清洗后的试压与参数调整阶段。

13.5 液压系统清洗后的参数调整

一般液压设备按照上述过程清洗完成后，就要进入液压系统参数的整定过程，这个过程也称清洗后的试车过程，一般主要设定以下几个参数。

1．系统试压

试压前应对设备进行最后一次检查，防止所有连接件、接头等发生松动现象。

系统试压是为了检查系统和回路的耐压和漏油问题以及接头的连接可靠性，在小于 10MPa 的中低压系统按照系统额定压力 1.5~2.0 倍的最高压力试压，在大于 10MPa 的高压系统按照系统额定压力 1.2~1.5 倍的最高压力试压，系统应按照最高压力划定等级进行分级试压，每试一次，检查一次，直至整个试压完成。

试压时系统溢流阀作为安全阀设定到最高压力。

试压前应检查系统各压力控制过程的要求状态，防止试压过程失败，如压力控制的卸荷过程，这些都应进行参数调整。

在分段试压过程中，试压时人员应远距离观察，不能与设备有正面接触，防止加压过程管路爆裂，出现危险，当加压并承压一段时间后，可认为系统管路元件正常。停机后进入下一压力段的试压过程。

2．液压泵工作压力的设定

通过液压系统压力稳压阀的溢流阀调节，使系统液压泵的出口稳定压力值是液压设备最大负载压力的 1.10~1.20 倍的运行范围，以满足系统的整体工作压力要求。

3．调节系统快速行程的压力（卸荷阀压力）

卸荷阀是为节能运行而设计的，因此当系统结束工作周期前的系统快速行程（回程或轻载快进）的过程属于卸荷阶段，调整卸荷阀的卸荷压力是系统快速行程压力的 1.15~1.20 倍的运行范围，以满足快速行程的可靠工作压力。

4．压力继电器的压力设定

压力继电器的工作压力是一个区间范围，即开起压力和闭合压力，此区间压力差可设定在 0.1~0.5MPa 范围，在满足要求时应缩小其压力差，同时压力继电器的最高设定压力应低于系统压力的 0.3MPa 或 0.5MPa 的范围。

5．动作过程的行程与顺序压力的调整

按系统动作过程顺序调节其行程开关、行程阀（行程设定）、顺序阀（压力设定）、气控阀（先导阀）、挡铁、橦块等的精确定位值（位移或调整进给量），使其动作过程中的压力、距离等参数满足系统工作要求。

6．各执行元件的平衡性及速度的调整

按系统的功能模块特性和元件的压力、流量等的参数以及动力源中的泵压、系统润滑等逐一对系统进行调整，使系统达到工作平稳、满足效率、无振动、无冲击、无外泄漏、负载下运行其速度的下降率小于 10%~20%的变化。

经以上的调试过程后，系统无问题发生，则系统可进入生产运行。

第 14 章 气动系统的安装、调试、维护、维修

要点概述

本章第一节讲述了气动系统应具有的工作环境,以及气动系统的结构制作与系统控制的要求等。第二节讲述了汽缸的安装形式、安装要求等。第三节讲述了气动方向、压力、流量等控制元件的安装要求与调试过程。第四节讲述了液压系统的行程检测与压力检测的调试过程。第五节讲述了空气压缩机、后冷却器、分水过滤器、储气罐、气源三联体、干燥器、管路等气源系统的安装与运行。第六节讲述了气源、检测元件、控制元件、执行元件等的使用与维护。通过本章的学习应掌握气动系统的安装、调试、维护、维修等实际应用的程序操作过程。

本章教学目标:掌握气动系统的安装、调试、维护、维修等实际应用过程,熟悉汽缸的安装形式,清楚气动控制元件的安装要求,知道气动检测元件的调整方法,了解气源的配置要求与安装条件,同时应具有气动系统的安装、调试、维护、维修的操作能力				
	重 点	难 点	教学方法	教学时间
第一节	气动系统的工作环境和结构制作与系统控制等常识性的条件要求	系统常态环境的条件界定	讲授	0.5 课时
第二节	汽缸的安装形式	汽缸的安装要求	讲授	0.5 课时
第三节	气动方向、压力、流量等控制元件的安装要求	气动方向、压力、流量等元件的调试过程	讲授	0.5 课时
第四节	行程检测与压力检测的要求	行程检测与压力检测的调试过程	讲授	0.5 课时
第五节	气源的安装	气源的运行过程	讲授	0.5 课时
第六节	系统的使用与维护	系统的安装与调试	讲授	0.5 课时
实践环节	设置一简单系统实现气动系统的使用与维护	使用与维护的方法掌握	实训	2 课时
合计学时(min)				5 课时

由于近年来气动元件成形制造技术水平越来越高,而制造成本越来越低,因而气动技术应用行业越来越广,应用规模越来越大,其气压传动控制技术凭借低廉的成本,丰富的功能,高可靠的性能,使产品种类和技术应用范围发展迅速。目前小压力传动控制系统基本由气动控制系统实现,而中压力小流量系统,也可以通过气液增压缸提供动力而代替相对较高压力的液压系统。因此在工业生产中,气动系统大多呈现在中小型压力传动控制系统中,其机动灵活性的适用范围和操作条件在中小型气动系统中得到体现,气动系统的安装调试和使用维护则是系统工作的保证也更显得举足轻重。

对于气动系统而言,由于空压机的工作压强分低压型(0.1~1.0MPa)、中压型(1.0~10MPa)、高压型(大于10MPa)等三个压力等级,而中压型和高压型气动系统的使用环境与液压系统的使用环境都具有厂房内安装与操作的特点,因此使用广泛的尤其是户外的设备大都是低压型气动系

统。目前的气动系统大都采用集中供应压缩空气，并可远距离输送，同时具有防火、防爆、防潮、适用高温环境的能力，其汽缸的动作速度在 50～800mm/s 范围，电磁阀的寿命一般大于 3000 万次，气动元件的使用寿命都能达到 3～5 年的期限。但在自控系统中，气动元件的使用寿命还与系统的工作环境、运行状态、受力结构等有很大关系，而这些决定着设备可靠运行状况的因素都应在气动元件的安装与调试过程中得到可靠的解决。

14.1 气动系统的工作环境与传动控制方案的确定

系统的工作环境决定着所选元件的性能和系统的结构特点以及可靠的工作方式。

14.1.1 气动系统的工作环境要求

① 一般的气动系统应避免工作在有腐蚀性气体、化学药品（如有机溶剂）、油、海水、水及水蒸气或湿度大的环境中。

② 当气动系统必须在有爆炸性气体的场所工作时，必须采取防爆措施（如煤气等场合，一般采用惰性气体当压力介质），同时电磁阀应选防爆形式或做防暴处理。

③ 气动系统的工作环境应避免和回避有振动和冲击的场合，当必须处于恶劣环境时，应选择具有耐振动和耐冲击能力的各类气动元件，或采取隔振措施。

④ 气动系统的工作环境应避免处于周围有热源、受到辐射热影响的场所，当不能回避时应采取措施遮断辐射热。

⑤ 气动系统上各元件应避免阳光的直射，采取保护罩方式遮阳。

⑥ 气动系统上各元件应避免与气焊或电焊等焊花接触，当不能回避时要采取适当防护措施加以回避。

⑦ 气动系统应避免处于粉尘多的场所，当不能回避时要采取必要的防护措施。

⑧ 气动系统应避免工作在强磁场的环境里，如不能回避则必须将系统中的电磁阀控制用气动控制等形式替代，并将开关汽缸换成没有磁性元件的形式。

⑨ 气动系统应有足够的日常检修通道和元器件维护的拆装空间。

14.1.2 气动系统传动结构和控制方案的确定

① 应按照气动系统的环境要求选择气动系统的结构和元件的性能。即在多尘条件下，尽量选择无油或无润滑元件，同时增加防尘罩进行防护；而在有腐蚀性气体的条件下，尽量选择耐腐蚀性（不锈钢或专用防腐工程材料）元件；在易燃易爆环境中则应选择无火花放电的工作元件，或对相关系统元件建立安全的防爆密闭工作环境进行工作等，总之应针对不利的环境因素采取必要的应对措施，以保证系统元件的可靠工作。

② 气动系统的工作压力应尽量选择 0.1～1.0MPa 的压强范围，在系统可靠工作的前提下，尽量采用低压力进行工作；对于相对高压力小流量的分支系统可采用增压缸或气液增压缸提供压力源，而其分支系统则可采用相对高压力的工作状况或采用液压系统。

③ 在自控系统中尽量采用机、电、气、液的控制形式，以简化传动过程。一般汽缸可作为直线短距离运行的拖动设备；往复小角度（小于 360°）回转频繁的设备一般采用摆动马达；连续回转设备则应根据实际情况选择旋转马达（易燃环境可防爆）或电机的形式。因此一个设备的结

构应当在满足功能条件下按照结构相对简单、维护方便、节能环保的原则进行选取。

由于每类执行元件的种类和规格繁多，还应根据具体的工作要求和条件，正确合理的选择执行元件的参数和结构。例如在汽缸的选择上应遵循以下原则：要求汽缸到达行程终端无冲击现象和撞击噪声应选择缓冲汽缸；要求重量轻，应选轻型缸；要求安装空间窄且行程短，可选薄型缸；有横向负载，可选带导杆汽缸；要求制动精度高，应选锁紧汽缸；不允许活塞杆旋转，可选活塞杆不回转功能汽缸；高温环境下需选用耐热缸；在有腐蚀环境下，需选用耐腐蚀汽缸。在有灰尘等恶劣环境下，需要活塞杆伸出端安装防尘罩。要求无污染时需要选用无给油或无油润滑汽缸等。

总之在系统设计的方案初期，首先应按照工艺过程落实好现场的工作条件，同时按照控制特点备选好可能实施的几种方案，并在安装调试过程中得到最终确认和选型。

④ 由于气动系统具有压力源的单管路输送和压力容气罐储能的特点，因此气动系统可采用远距离的压力源输送方式，视具体情况空压机可采用单机或一用一备的配置，同时设备现场和各相对用气量大的分支系统应设置储气罐以满足设备系统工作压力的稳定和瞬时大气量的供应。

⑤ 输送压力气体的主管路及分支管路，或主管路支架及分支管路支架应与系统本体设备同时规划、设计、施工，避免返手工程。管路施工时应保持管道内部的洁净，保证管道端口在保存、施工、施工后等过程处于封闭状态（管道端口封头只有在对接前拆封，对接后管道整体内部依然保持洁净和封闭）。管线要求水平或垂直，管道中间可采用管接头螺纹连接或法兰连接或焊接形式；主管道应按后期规划设置若干通断阀门，同时预留若干三通及四通分支接口（法兰连接或管接头螺纹连接），以保证后期规划施工的需要。

⑥ 气动系统的管道、容器等的设计、选型、制造应符合压力容器的质量标准。

⑦ 气动设备的组装、操作和维护等工作应由受专门培训和具有一定实际经验的人员来进行。绝对不允许在没有确认安全使用或操作设备之前对气动设备进行使用或操作，更不允许在相关系统没有切断电源和气源的情况下，对其系统进行维修或拆卸。在气动设备的调试工作过程中，人们应远离其执行元件进行观察和确认，避免发生类似活塞杆急速伸出伤人的问题。

14.2 气动执行元件的安装与调试

气动执行元件主要指汽缸和气马达，由于气马达和小型电机的安装形式相似，因此主要以汽缸的安装与调试说明其气动执行元件的安装与调试过程。

14.2.1 汽缸的安装形式

汽缸的安装形式如表 14-1 所列。

表 14-1 汽缸的安装形式

结 构 类 型	安装简图形式	说　　明
基本型		无安装附件，可采用螺栓固定

续表

结构类型	安装简图形式	说明
支架型		脚架固定
前法兰		前法兰固定
后法兰		后法兰固定
耳环型		尾部单耳固定
双耳型		尾部双耳固定
轴销型		带有头部、中部、尾部的轴销型附件

汽缸的安装形式应由负荷运动的方向和形式来决定。

① 水平负荷可采用如图 14-1 所示的脚架固定方式或如图 14-2 所示的前法兰固定方式。采用脚架式、法兰式安装时，应增加固定座或固定加强板，尽量避免安装螺栓本身直接受推力或拉力负荷，同时，要求安装底座有足够的刚度。如果安装底座刚度不足，受力后将发生变形，这对汽缸的活塞运动会产生侧向力等不良影响。安装时，活塞杆顶端连接销位置与安装件轴的位置应处于同一方向。

② 垂直负荷可采用如图 14-3 所示的后法兰固定方式，同时应加负荷上下运动的滑动导向槽。一般底座型和法兰型的安装形式，应注意汽缸的受力固定结构，使负荷的运动方向和活塞的运动方向在同一轴线上或保持平行。

图 14-1　脚架固定方式　　　　　　　　图 14-2　前法兰固定方式

③ 弧形曲线运行轨迹负荷可采用如图 14-4 所示的尾部回转（耳环中间轴销或摆动式）固定方式。支撑汽缸的耳环或轴销的摆动方向和负荷的摆动方向一致。另外，活塞杆前端的金属零件的摆动方向也要相同。

④ 斜向运动轨迹负荷可采用如图 14-5 所示的耳环悬挂中间摆动固定方式。当行程过长，或负荷的运动方向和活塞的运动方向不平行，而且不在同方向上，或其动作负荷在同一平面内摆动时，一般采用轴销型或耳环型的安装形式。

无论汽缸采用那种安装形式（支架型、前法兰型、后法兰型、耳环型、轴销型等），要注意不能对活塞杆和轴承施加横向载荷。

图 14-3　后法兰固定方式　　图 14-4　尾部耳环回转固定方式

图 14-5　耳环悬挂中间摆动固定方式

14.2.2　汽缸的安装要求

1. 汽缸结构选择

安装形式是由安装位置、使用目的、工作环境等因素决定。在一般情况下，尽量采用固定式汽缸。在需要随工作机构连续回转时（如车床、磨床等），应选用回转汽缸。当要求活塞杆除直线运动外，还需作圆弧摆动时，则选用轴销式汽缸。当有特殊要求时，应选择相应的特殊汽缸。

2. 缸径的选择

缸径要根据作用力的大小进行选择。根据负载力的大小来确定汽缸输出的推力和拉力。一般均按外载荷理论平衡条件选择所需要的汽缸作用力，根据不同速度选择不同的负载率，使汽缸输出力稍有余量。缸径过小，输出力不富裕，易产生爬行和抖动；但缸径过大，会使设备笨重，成本提高，又增加耗气量，浪费能源。在低流量高压力的保持系统中，应尽量采用扩力机构，以减小汽缸的外形尺寸。

3. 活塞行程

活塞行程与环境条件和机构行程及负载结构有关，但一般情况下汽缸不应工作在满行程的状态，以防止活塞和缸盖相碰。应在实际行程的基础上增加（10~20）mm 的余量。

4. 活塞的运动速度

活塞的运动速度主要取决于进入汽缸的压缩空气流量，它与汽缸进排气口大小和导管内径的大小有关。汽缸活塞的运动速度一般控制在（50~800）mm/s 的速度范围。对于高速运动的汽缸而言，应选择相对大内径的进气管路；对于负载有变化的情况，为了得到缓慢而平稳的运动速度，可选用进出口带节流装置的汽缸或气—液阻尼缸或增加节流调速装置等以实现速度控制。一般对于水平安装的汽缸推动负载时，可采用排气节流调速；对于垂直安装的汽缸举升负载时，可采用进气节流调速；当要求行程末端运动平稳并避免冲击时，可选用带缓冲装置的汽缸。

5. 汽缸安装与调试过程

① 汽缸安装使用前，应先检查汽缸在运输过程中是否有损坏，各连接部位是否有松动等，同时将汽缸进行固定（简单支架固定或机构固定），并按 1.5 倍的最高工作压力进行试压和空载试运转，观察其运转是否有漏气现象或活塞杆弯曲后的卡、刮、蹭引起的振动、噪声、爬行等非正常现象，如无异常方可安装使用。

② 汽缸安装时，应用水平仪进行三点位置校验，特别是长行程汽缸更应注意直线度，同时调整汽缸的活塞杆不得承受偏心负载或横向负载，应使负载方向和活塞杆轴线相一致。

③ 汽缸与管道连接前，应先检查管道的密封是否严紧，与汽缸连接时才能将管道连接口的密封塞打开。如管道连接口密封较差，要将管道内的污物清除干净，管道不能锈蚀，检查清理后方可进行安装，安装前应注意进气口的方向和连接管路的规整性。

④ 汽缸应首先固定后再进行进出气口的连接，进出气口连接时才能将各自的端口密封塞打开，以保证汽缸及管内部的清洁。

⑤ 汽缸连接后首先进行速度调整，一般将速度控制阀（节流阀或单向节流阀）调整在中间位置，然后从 0 压力逐渐调节减压阀的输出压力，当汽缸接近预定速度时可确定此时为工作压力，然后用速度控制阀进行微调，最后调节汽缸的缓冲速度（一般缓冲汽缸的速度出厂前已整定好）。如需调整缓冲汽缸，则在汽缸开始运行前，把缓冲节流阀调节到较小的流量位置，然后逐渐变大直到调节到满意的缓冲效果。同时在汽缸安装好后，应进行汽缸行程检测元件的安装与调整，如果选定的是开关汽缸，应检查汽缸内置磁环与磁感开关配合位置的检测可靠性，并调整检测位置和汽缸速度使其达到最佳工作范围。

⑥ 汽缸安装完成后，应在工作压力范围内，进行空载运行，以检查汽缸工作是否正常。

⑦ 如发现汽缸满量程工作，或汽缸活塞应采用多速控制，才能满足工作任务、效率等的可靠性时，应及时进行设计调整（汽缸行程或参数）。

⑧ 在进行负载试车时，一般要通过减压阀的输出压力，调速阀的流量、压力保持时间、延时动作等过程的调节，来满足系统工作参数的要求。如发现缸体产生变形，则应检查汽缸的安装底座的刚度是否足够，不允许负载和活塞杆的连接用焊接形式。

⑨ 设备整体试车完成后再进行设备的整体涂装和防护（要求所有与人有危险性接触的运动部件都应增加防护）。

14.3 气动控制元件的安装与调试

气动执行元件的状态和性能是由气动控制元件进行控制的,而气动控制元件包括方向控制元件、压力控制元件、流量控制元件,因此其各类气动控制元件的正确安装与调整是系统可靠工作的保证。

1. 气动控制元件的泄漏特性

气动控制元件虽然工作压力低,对系统外部而言与液压控制阀相比虽然有很大的泄漏量,而对元件内部的泄漏是决不允许的,当然间隙密封的气动阀除外,这与液压系统不同,液压系统是允许少量的内部泄漏而不允许外部泄漏。这是由于对于气动系统而言,内部泄漏最直接的后果就是阀门动作不到位或阀门不动作或阀门误动作等,从而引起后续管道内部的工况波动,导致发生事故的危险性。因此气动元件的正确选型、安装、调试等过程是设备正常运行的保证。

2. 气动控制元件的选型要求

① 气动控制元件要根据流量选择阀的通径。
② 要根据工作要求和使用条件选择二位阀或三位阀的结构形式,包括中位机能的结构。
③ 要根据控制要求选择阀的手动或气动或电动等控制方式。
④ 要根据工作要求,选择阀的误差、回差、死区、始终点偏差、额定行程偏差、泄漏量、密封性、耐压强度、外观、额定流量系数、固有流量特性、耐振动性能、动作寿命等基本性能。
⑤ 要根据使用条件,选择阀的温度、压力等的适用范围。
⑥ 要根据实际情况,选择集中或分散的布件方式,选择水平或垂直等形式的安装方式。同时阀的选择应提倡标准化、通用化,减少多品种多规格的备品备件储备方式。

3. 气动控制元件的通用安装要求

① 安装前应查看各控制元件的的说明书,注意型号、规格与使用条件是否相符,包括电源、工作压力、通径、接口螺纹的尺寸等,并进行通电、通气试验。例如检查换向阀时应注意其换向动作是否正常,采用手动操作其换向和复原应动作可靠。
② 各阀与管道连接前应先检查管道的密封是否严紧,当与阀连接时才能将管道连接口的密封塞打开。如管道连接口密封较差,要将管道内的污物清除干净,管道不能锈蚀,检查清理后方可进行安装,连接时应防止密封带碎片等进入阀内或管道。
③ 应注意各阀的安装方向,多数阀对安装位置和方向等都有特别要求。
④ 应严格控制进入阀的压缩空气质量,注意空压机输出的压力气体必须除去冷凝水等有害杂质。
⑤ 滑阀结构的控制元件必须采用水平安装。
⑥ 气动控制元件安装时应注意预留检修通道和调整检修空间。
⑦ 气动控制元件选型时,应注意压力、流量(工程通径)等参数以及连接管路和管接头等形式与执行元件的一致性和配套性。

1. 气动方向控制元件的安装与调试

气动方向控制元件包括换向阀、单向阀、梭阀(或门型梭阀)、双压阀(与门型梭阀)、快速排气阀、气动截止阀等。

（1）电磁换向阀

方向控制阀一般可独立安装，也可用汇流板将多个阀集中安装。

汇流板是一种能将多个流体通道汇集到一起的气路板，主要应用于气动控制回路，可以实现多个气动控制元件集中供气和集中排气的作用。

电磁换向阀的轴线必须按水平方向安装，如垂直方向安装，受阀芯、衔铁等零件重量影响，将可能造成换向或复位不正常。

电磁换向阀的通电线圈分直流型和交流型，直流型线圈应并联续流二极管，交流型线圈应并联 RC 吸收回路。

对于二位或三位双控电磁换向阀，应注意两端电磁阀应采用互锁的工作方式，即右侧电磁铁得电或左侧电磁铁得电，不允许两侧电磁铁同时得电，但可同时断电，断电时二位阀保持断电前的状态而三位阀则处于中位机能状态。

在选购气动换向阀时，应注意以下几点：

① 气动换向阀的公称通径与进出气口的连接螺纹并不是一一对应，因此要注意换向阀的接口螺纹尺寸。

② 相同型号、相同功能的换向阀因生产厂家不同其外形和安装尺寸不尽相同。

③ 换向阀应无外泄漏且内泄漏越小越好，否则既影响系统的正常工作又浪费能源。

④ 换向阀安装时应注意阀的出厂日期，如果放的时间太长，其润滑油脂会老化，会影响换向阀的正常工作。

⑤ 大于 24V 的交流电磁阀应注意其绝缘性能，以保证操作者的人身安全。（虽然 GB3805-83 标准中《安全电压》等级包括 42V 和 36V，但直接接触的安全电压为 24V）

（2）单向阀

单向阀就是止回阀，单向阀的安装位置一般不受限制，通常安装于水平管路上，也可以安装于垂直管路或倾斜管路上。安装止回阀时，应特别注意介质流动方向，应使介质正常流动方向与阀体上指示的箭头方向相一致，否则就会截断介质的正常流动。如果在液压系统中，当止回阀关闭时，会在管路中产生"水锤效应"，严重时会导致阀口、管路或设备的损坏，尤其对于大口径管路或高压管路等系统，更应引起止回阀选用者的高度注意。而在气动系统中，止回阀的关闭不会产生强烈的惯性冲击问题，更不会产生倒灌现象。

（3）梭阀

梭阀属于直行程阀门，也叫或门阀门，有两个进气口和一个出气口，当任意一个进气口进气或两口同时进气时，阀便开通。其阀体积小、安装方便，并可在任意方向安装，是压力损失较小的快速开关，可以实现两个口为一个口分时或同时提供压力（动力）。

（4）双压阀

双压阀属于梭阀的一种，是气动管路中的逻辑元件，具有两个输入口和一个输出口，只有当两个输入口同时有输入时，才有输出，即相当于"与门"逻辑功能。例如气动设备的双手安全操作装置等，其逻辑过程属于"与"运算。

（5）快速排气阀

快速排气阀属于梭阀的一种，必须垂直安装，即必须保证其内部的浮筒处于垂直状态，以免影响排气。同时快速排气阀一般安装在系统的最高点，有利于提高排气效率。

（6）气动截止阀

截止阀也叫截门，是使用最广泛的一种阀门，一般高性能气动截止阀的介质流向应遵循"高进低出"的原则，只许气体单向流动，因此安装时有方向性，气体介质的流向应与阀体所指示的箭头方向一致。如介质流向是双向流动时，可根据现场情况进行安装。

气动截止阀一般只允许安装在水平管道上，而将气动执行机构安装在阀体和管道的上方。

高性能气动截止阀也应在允许的温度和压差范围内使用。温度过高会使密封元件老化变质，温度过低会使密封元件硬化变脆；如果超出压差范围使用，则会损坏密封材料或导致阀门泄漏或动作失灵等问题。

2．气动压力控制元件的安装与调试

气动压力控制元件主要包括安全阀（溢流阀）、减压阀、顺序阀等压力控制阀。

（1）安全阀

安全阀属于自动阀类，主要用于压力容器和管道上，控制压力不超过规定值，对人身安全和设备运行起重要保护作用。安全阀安装和维护应注意以下事项：

① 各种安全阀都应垂直安装于储气罐或管道的顶部，并设置压力表显示，压力显示值应在表压显示范围的（1/3～1/2）区间。

② 安全阀出口处应无阻力，避免产生受压现象而导致安全保护压力不动作。

③ 安全阀在安装前应专门测试，并检查其密封性。而对使用中的应作定期检查。

④ 安全阀多采用不封闭式安全阀，在有毒和腐蚀性气体介质中，应采用封闭式安全阀即排除的气体介质不外泄，可全部沿着出口排泄到指定地点。

⑤ 由于气动系统不同于液压系统，一般每一个液压系统都自带液压源（液压泵）；而在气动系统中，一般来说空气压缩机先将压缩空气送入储气罐内进行储存，然后再经管路输送给各个分支系统的储气罐或直接供各气动装置使用。动力源处储气罐的空气压力往往比各分支系统的储气罐或设备实际所需要的压力要高。因此系统储气罐的安全阀排放压力高于各分支系统的安全阀排放压力。

⑥ 对于安全阀产品的选用，应按实际密封压力来确定。对于弹簧式安全阀，在一种公称压力（PN）范围内，具有几种工作压力级的弹簧，订货时除注明安全阀型号、介质名称和使用温度外，尚应注明阀体密封压力，否则会按最大密封压力供货，使阀体的调节压力范围大于容器和管路的实际安全保护压力而使安全阀不起作用。

（2）减压阀

减压阀的作用是将系统压力进行降低以满足其分支系统中执行元件的回路工作压力。

① 减压阀应采用水平安装。

② 减压阀的前后都应设压力表显示，更便于压力的调整。

③ 减压阀的调压范围必须满足执行元件的工作压力调整范围。

④ 减压阀的输出压力必须低于输入压力一定值，否则其压力特性很差，即当输入压力变化时，输出压力也跟着变化。

⑤ 减压阀的流量特性必须稳定，即减压阀的出口流量增大或减小时其出口压力应保持稳定，不能因流量增大或减小而使减压阀的出口压力发生变化。

⑥ 减压阀应按气体介质选择相同种类的减压阀，气体减压阀可以分为空气减压阀、氮气减压阀、氢气减压阀、氧气减压阀、液化气减压阀、天然气减压阀等。

（3）顺序阀

顺序阀在系统中属于开关阀，利用系统的压力来控制其他元件（主要是执行元件）先后动作的顺序，当系统达到调定值时，顺序阀或开或关以实现后续元件的自动控制。顺序阀在选型和安装时应注意以下几点：

① 顺序阀与安全阀（溢流阀）有许多相似之处，应注意不要把二者功能混淆。一是阀的控制信号均来源于进口，二是常态位均为阀口关闭，只有当进口的压力达到一定值时才开启。但安全阀要求阀口开启时动作灵敏，打开后直接排空，保证罐内压力基本恒定；而顺序阀阀口开启前应安全可靠，打开后用于接通后需要控制的元件，相当于被控元件前的一个压力开关，压力达到设定值时接通，否则关断。

② 一般顺序阀可单独作为控制元件使用，更多与单向阀并联使用而构成单向顺序阀。单向顺序阀只受单向压力控制。

③ 单向顺序阀主要串联在回路中使用，一般可水平或垂直安装或按照说明书要求的安装形式。

3．气动流量控制元件的安装与调试．

气动流量控制元件主要包括节流阀、单向节流阀、节流排气阀、柔性节流阀等种类。在安装调试过程中应注意以下问题：

① 由于单向节流阀是节流阀和单向阀的并联结构，因此节流阀与单向节流阀的安装形式基本相同，一般可水平或垂直安装。

② 当执行元件采用垂直顶起重物的安装形式，其重力负载垂直向下作用时，其回路调速形式为进口节流。

③ 当执行元件采用水平的安装形式，其重力负载承受水平作用时，其回路调速形式为出口节流。

④ 节流排气阀是节流阀+消音器的形式，消音器是通过阻尼或增加排气面积来降低排气速度和功率的噪声降低装置。节流排气阀只安装在气动方向阀的排气口。

⑤ 柔性节流阀是依靠阀杆夹紧柔韧的橡胶管而产生节流作用，也可以利用气体压力来代替阀杆对胶管进行压缩，从而达到节流作用。柔性节流阀结构简单，压力降小，动作可靠性高，对污染不敏感，通常工作压力范围为（0.3～0.63）MPa，因此选型时应注意压力的适用范围。

⑥ 节流排气阀一般安装于汇流排的排气口。而节流阀或单向节流阀可直接安装于汽缸或气马达上，而柔性节流阀应尽量安装在气动执行元件附近。

⑦ 气动流量阀的计算流量值应位于所选阀调节范围的（1/3～2/3）区间，理想在1/2处，调试前应先将流量置于微量或小量范围，调试时再逐渐增大。

14.4 气动检测元件的安装与调试

气动检测元件主要指检测执行元件是否到位的行程开关、行程阀等行程检测元件和压力继电器、压力阀等气动压力检测元件。

1．行程检测

执行元件的行程检测主要采用以下形式：

（1）磁性汽缸检测

利用磁性汽缸活塞中间磁性环的移动，对缸体上下两端上安装的磁性开关发出到位信号来检测活塞的位置，调整磁性开关在缸体上的位置就能调整行程定位的变化。

由于磁性汽缸筒体不是铁磁材料而为铝合金或不锈钢等绝磁材料，无法被活塞上的磁环磁化，所以活塞动作时，磁环产生的磁力线能够准确触发缸体外的霍尔元件或干簧管等磁性开关，活塞在磁敏开关旁动作一次，磁敏开关就会输出一个信号。

(2)行程开关检测

利用活塞杆前端附加的质子（活动滑块）运动，实现对行程开关的触动，从而达到汽缸行程的检测，质子可采用直接压行程开关的撞块形式，也可采用质子上附加磁块的感应形式，而行程开关或磁性开关则固定在可调节的支架上，总之开关引出线部分不能作为移动端，但可进行行程位置的调整。

(3)串联汽缸或多位汽缸的定位

汽缸的行程定位也可以利用多个汽缸的串联形式或多位汽缸，从而形成多个固定的行程定位，再利用汽缸行程运行时间恒定的特点并通过延时实现定位检测，达到汽缸行程的控制。

(4)行程阀检测

汽缸的行程也可以通过活塞杆上的质子直接对行程阀进行压接，再利用行程阀对气动回路形成有效的功能性检测或控制，从而实现汽缸的行程定位控制。

(5)挡块定位

汽缸的行程还可以利用死挡铁限位的形式达到汽缸行程定位。

总之，汽缸行程的检测，应以可靠、可调、结构简单、维修方便、重复运行精度高为基本要求，传感器的检测方式也应采用非接触形式为最佳。

2．压力检测

(1)压力继电器

在气动系统中，利用压力继电器对系统执行元件或某一支路的工作压力进行检测，以实现后续的功能性控制过程，压力继电器输出的是接点通断控制信号，不能进行精确度较高的连续控制形式。

(2)压力传感器

在气动系统中，为了得到精确的压力检测数据，可以利用压力传感器的检测形式，目前大都采用单片机控制的智能压力表检测形式，现场的智能压力表可以将监测数据通过电压或电流或脉冲的形式输出，或经变送器实现远距离输送，从而实现对系统压力的检测。

14.5 气源的安装与调试

按照气源部分的组成顺序，应包括空气压缩机、冷却器、分水过滤器、储气罐、气动三联件（空气过滤器、减压阀、油雾器）、管路等部分。各部分之间都应设有截止阀门，以利于设备的检修和定期清洗。

1．空气压缩机

空气压缩机是气源部分的主体，与水泵构造类似。大多数空气压缩机是往复活塞式、旋转叶片式、旋转螺杆式等形式。

(1)选型

空气压缩机的选择主要依据气动系统的工作压力和流量。

1)压力

气源的工作压力应比气动系统中的最高工作压力高20%左右，这是由于要考虑供气管道压力损失。气动系统的总压力损失$\sum \triangle p$应控制在（0.15～0.2）MPa范围。

$$P_{空压机输出压力} = P_{系统最高工作压力} + \sum \Delta P_{系统总压力损失} \tag{14-1}$$

$$\sum \Delta P_{系统总压力损失} = \sum \Delta P_{沿程压力损失} + \sum \Delta P_{局部压力损失} = (0.5 \sim 0.2) \text{Mpa} \tag{14-2}$$

空气压缩机的额定排气压力(与液压的压力划分有区别)分为低压(0.7～1.0MPa)、中压(1.0～10MPa)、高压(10～100MPa)和超高压(100MPa以上),可根据实际需求来选择。根据气动系统所需要的工作压力和流量两个参数,确定空压机的输出压力和吸入流量,并按空压机的特性要求,选择空压机的类型。如果系统中某些地方的工作压力要求较低,可以采用减压阀并后置储气罐的形式进行供气。

2) 流量

不设储气罐时:

$$q_b(气动系统提供的流量) = q_{max}(气动系统的最大耗气量) \qquad (14-3)$$

设储气罐时:

$$q_b(气动系统提供的流量) = q_{sa}(气动系统的平均耗气量) \qquad (14-4)$$

空压机的吸入流量 $q_c = k \cdot q_b$(气动系统提供的流量)

式中:k 为修正系数,一般取 1.5～2.0。

修正系数 k 的选择主要考虑气动元件、管接头等处的漏损、气动系统耗气量的估算误差、多台气动设备不同时使用的利用率以及增添新的气动设备的可能性等因素。

(2) 使用环境

空压机的使用环境应满足以下要求:

① 空压机应安装于湿度低、粉尘少、通风好、无腐蚀性或污染性气体的低温凉爽环境中,适于工作温度在 5～40℃ 范围,高于 40℃ 应增加冷却,低于 5℃ 则容易结露,0℃ 以下则容易结冰,由于压缩气源的长距离输送的便利,可在工作场地周边寻找安装场地,最好置于室内独立安装。

② 空压机进气口的空气要求洁净,同时空气湿度尽可能低,要求空气的洁净程度能保证空气滤清器的使用周期满足 1000～1500 小时的使用周期。

③ 空压机不能露天安装放置,要防雨、防晒、防雪、防寒,尤其空压机入口不能进入潮气、水滴、雪花等。

④ 空压机的进气口不允许混入有害气体(如:酸、碱等)和液滴。

(3) 安装

① 空压机有风冷和水冷的工作形式,冷却风或冷却水通过空压机翅片式散热器,将空压机工作过程产生的热量带走,从而降低空压机的排气温度和润滑油温度。一般水冷空压机要求冷却水压力在 0.1～0.4MPa,要求冷却水进口温度小于等于 33℃,冷却水出口温度小于等于 40℃;空压机冷却水系统应单独设立,避免其他系统对空压机的影响;空冷空压机要求有自然通风通道或强制通风措施。空压机应按进风扩口、空气压缩机、后冷却器、分水过滤器、储气罐、气源三联体(空气过滤器、减压阀、油雾器)、输出管路的顺序布置。

② 小型可移动空压机应选择在空气可流动的场合,并远离精密设备放置。固定式空压机布置时应注意预留检修空间,当空压机靠墙安装时,应留有 800～1500mm 的检修通道,对于较大风机(排气量大于 20m³/min)或空压机站应设检修起重设备。

③ 空压机基础要求坚固和水平,对于较大风机应增加防震措施,防止对建筑物和周围设备造成损坏。

④ 进风扩口是指较大型空压机进风口前应加装具有粗过滤功能的渐扩喇叭口,一是减小局部阻力,二是对进入的空气进行简单过滤或进一步除尘,小型空压机可省略。同时进气口应设置阀门,用于空压机的空载启动。

2. 后冷却器

由于空气压缩机排出的压缩空气中含有一定量的水分、油分和灰尘，经过压缩后空气的温度高达（140～180）℃左右，部分水及油分已变成气态，因此需要由后冷却器进行降温处理，避免压缩空气中的油雾气聚集在储气罐、管道、气动系统的容器中，同时长期滞留的润滑油会变质，并形成易燃物，更会促使系统中的橡胶、塑料、密封材料变质，使阀类器件中的小孔堵塞，造成动作失灵，其中的水分和粉尘也会造成金属件腐蚀生锈，使运动件磨损、卡死，阻塞压力通道，造成气压信号传递失常。在寒冷地区，其中的水分会结冰造成管道冻结、冻裂，及元器件工作失灵，会对气动系统造成很大的危害。

后冷却器的作用就是将空压机出口的高温空气冷却至40℃以下，并将大量水蒸气和变质油雾冷凝成液态水滴和油滴，以便能容易的将它们清除。

后冷却器有空冷和水冷的种类之分，空冷一般采用油冷和风冷；水冷则要有循环冷却水系统，一般冷却水应采用下进上出的进出形式。小型空压机上的后冷却器与空压机是一体的，运输时采用分体结构，安装时要按说明书的要求安装，不能倒置，要把排水口安装疏水器实现自动向下排放。

后冷却器的进出连接口（压缩气进出口或冷却水进出口）应按说明书要求连接挠性接头，要充分考虑运行过程中的温度、振动等因素引起的伸缩变形问题。

3. 分水过滤器

分水过滤器，其作用就是将压缩空气中的水汽、油滴及一些其他杂质等从气体中分离出来，达到净化压缩空气的作用。因此，分水过滤器又称为空气过滤器或汽水分离器或油水分离器。

小型空压机的分水过滤器与空压机是一体的，较大型空压机系统一般运输时采用分体结构，安装时要按照说明书要求操作，过滤器的进出口要求连接正确，否则不能形成高速旋转气流，将杂质进行离心分离；分水过滤器的水杯必须竖直向下安装；分水过滤器要根据实际情况经常放水，否则杯内水位高过伞形挡板时会失去分离效果。

4. 储气罐

储气罐属于压力容器，按承受压力不同可以分为超高压储气罐、高压储气罐、中压储气罐、低压储气罐等；按使用的金属材料不同可以分为不锈钢储气罐，碳钢储气罐；按储气罐的结构不同分为立式储气罐、卧式储气罐；按容积还可划分多种规格。总之储气罐能够贮存一定容积的压缩空气，并在空压机停机后，可短时间提供气源，同时消除往复式空压机的压力脉动，使气源的压力保持稳定。对于小型空压机而言，其压缩机与储气罐是一体化结构。

（1）选型

① 储气罐在理论上应选择大于空压机排量 1/10 的体积作为容积，但实际上大部分都是按空压机排量 1/3～1/4 的体积作为容积进行选择时，才能起到压力稳定和短时供气的作用，一般按表 14-2 所列进行经验选择。

表 14-2 储气罐容积经验选择

空气压缩机排气量 m3/min	< 4	4～7	8～13	14～19	20～29	> 30
储气罐容积 m3/min	1～1.5	2	3	4	5	> 5
储气罐工作压力	> 空气压缩机排气压力					

② 储气罐的蓄气时间与所提供的系统工作压力有关，工作压力大则蓄气时间短，工作压力小则蓄气时间长。同样储气罐的充气压力越高，充气时间越长。如表 14-3 所列。

表 14-3　储气罐充压时间

空压机排量 m³/min	储气罐充气压力 MPa	储气罐容积 m³	储气罐充压时间 min
1.0	0.8	0.3	2.4
1.0	1.0	0.3	3.0
1.0	3.0	0.3	9.0

③ 储气罐上应设置压力表，储气罐压力与压力表配套选择。

④ 储气罐上应设置安全阀，储气罐工作压力与安全阀配套选择。

⑤ 储气罐上应设置压力继电器，控制空压机电机（原动机）的工作，压力继电器的动作压力应低于安全阀的排气压力。或采用压力传感器输出电流或电压模拟信号，用变频器控制空压机电机，实现恒压供气。

⑥ 储气罐排水口可采用排污阀定期排水，也可采用疏水器自动排水。

⑦ 储气罐一般设计寿命为 10 年（按年腐蚀率小于 0.14mm/年），每年应定期检修，1 m³ 以下的储气罐要到质量监督局办理简单压力容器使用登记证，1m³ 以上的储气罐属于特种压力容器，必须办理安装资质。

（2）安装

小型空压机的储气罐与空压机是一体的，可随空压机安装，较大型空压机运输时采用分体结构，需要按照说明书的要求进行独立安装，对于现场分支系统配置的储气罐也需要独立安装，包括设备上使用的小型储气罐都需要独立安装。

① 储气罐应尽量选择在室内安装，室外安装时应避免阳光直射。安装环境无腐蚀性介质（气体或液体）存在，如果使用环境年腐蚀率超过 0.14mm/年时，应作防腐处理，确保设备在推荐寿命 10 年内安全运行。

② 储气罐安装前一般要进行强度压力试验，按有关规程要求应采用水压实验形式。

③ 储气罐基础安装前应进行水平处理，立式储气罐或卧式储气罐安装时应按照说明书的要求，将排水口至于最下端，立式储气罐应注意垂直度，卧式储气罐应注意水平度。

④ 储气罐与气源之间应选用硬管连接并增设变形伸缩的缓冲弯管。

⑤ 安全阀与储气罐罐体之间不得加设任何阀门。

⑥ 储气罐应每年或定期做普通防腐的涂装处理。

⑦ 储气罐应可靠接地。

5．气动三联件（空气过滤器、减压阀、油雾器）

气动三联件由空气过滤器、减压阀、油雾器 3 部分组成。空气过滤器可以通过滤芯将空气中水分过滤。减压阀通过弹性元件来调整出口压力。油雾器可以将油变成油雾添加在压缩空气中，对系统中的气动元件进行润滑。气动三联件严格按照空气过滤器、减压阀、油雾器的顺序进行连接，空气过滤器的水杯和油雾器的油杯必须垂直向下。空气过滤器为进口，油雾器为出口。水杯中的水要及时排放，油杯中的油要及时填满。

6．干燥器

压缩空气干燥器是一种用于去除压缩空气中水蒸汽的设备，大都采用两个再生吸附式干燥器组成，两个干燥器间歇工作，因此中间有四通阀进行转换。

干燥器主要用于防结露的场合，如脉冲反吹类布袋除尘器中的清灰过程，当除尘器过滤的烟气温度较低时，反吹清灰过程其相对热的压缩空气与冷布袋接触后，会产生结露现象，造成布袋潮湿与粉尘形成板结，从而影响除尘系统的整体状态。此时就需要对压缩空气利用干燥器进一步进行脱水，以消除结露问题。

干燥器中用于再生过滤的加热器和四通阀都应选用电控的形式，便于实现自动化的控制过程。干燥器必须按照说明书的要求连接和安装，一般吸附式干燥器采用立式安装形式。各管路连接时应注意防止变形伸缩的问题发生。

7. 管路

在气动系统中，管路是动力传输的通道，尤其是对于大型空压机站的压缩空气中心输送管网系统而言，其管路的结构和安装形式尤为重要。

压缩空气管道按介质压力分为 10MPa 的高压管道、(1.0～10) MPa 的中压管道、高于 10MPa 的高压管道。管道应采用架空铺设方式或地下铺设方式，应尽量采用架空方式传输，地下方式传输还应考虑保温和防腐。

架空管道应横平竖直的安装，水平管道应向传输方向倾斜（0.002～0.003）的坡度；应视具体情况在长度方向上增加 U 型伸缩环节；管道支架应按（4～6）m 间隔布置；支架与管道中间应加活动限位托，使管子伸缩活动自如；在 U 型管的最底部和末端管的部位要增加疏水器和集水槽。同时遵循以下安装要求：

① 管路应采用不锈钢无缝钢管，安装前要彻底清理管路内的粉尘及杂物。
② 管子支架要有一定支撑强度，固定支架满足伸缩内应力变形和风载的外力，滑动支架满足管子长度方向的自由伸缩和垂直方向的限位以及风载的外力。
③ 管路连接最好采用法兰结构，方便拆卸；对于大型集中供气管路，其主管路按规划应预留三通连接法兰并向上引出短管加装截流阀和盲法兰，便于分支管路的增加和安装；接管时要充分注意密封性，防止漏气，尤其注意接头处及焊接处。
④ 管路尽量平行布置，减少交叉，力求最短，转弯最少，实现分段自由拆装。
⑤ 安装软管要有一定的弯曲半径，不允许有拧扭现象。
⑥ 对于大型集中供气管路，当用气设备多且较分散时，主管路应环绕整个厂房，这样，任何位置均可获得两个方向的压缩空气。支线管路必须从主管路上方引出，以避免管路中的凝结水流至用气输出端口。
⑦ 管路连接好后各进出口都应当用盲法兰封堵，待管路内部喷吹清理干净后才能与系统各器件连接。
⑧ 管路应设置排空阀。
⑨ 管路应可靠接地。

8. 气源系统的运行

当气源系统的空气压缩机、冷却器、分水过滤器、储气罐、气动三联件（空气过滤器、减压阀、油雾器）、管路等安装完毕后就进入设备启用运行阶段，设备启用运行阶段包括空载试运行、气体管路的清吹、负载试运行。

（1）空载试运行
① 空压机的拖动电机先进行空载试车后，并辨别运行方向再与空压机连接，同时进行手动盘车实验灵活性。
② 冷却水泵系统进行通水实验。并打开冷却水系统。
③ 关闭进口阀门并将气源系统中的冷却器、分水过滤器、储气罐排污口打开。对于一体型

空压机应按说明书要求操作。

④ 点车启动空压机运行（按一下启动按钮后马上按停止钮），看是否有异常声响。

⑤ 连续启动空压机运行5分钟，并逐渐打开进口阀门，检测电机的过载保护，检测空压机逆向保护（不允许反转），检测空压机排气温度等是否正常。

⑥ 恢复冷却器、分水过滤器、储气罐工作状态，并将储气罐出口截止阀关断，系统进入空压机运行状态，经多次启动和停止过程的运行，及储汽缸储压的调试过程，并将储气罐安全阀和压力继电器与空压机的联动控制调试好后，可结束空载试运过程。

(2) 气体管路的清吹和打压试验

① 将气源输出口与管路连接，同时系统的排污口打开（集水箱部分）。

② 调节减压阀的输出压力，对管路内部进行喷吹清理，经一段时间清理后，其排污口已无异物排出，确认管道内部清理干净后，关闭气源阀门，恢复管道工作状态，并在管道最远端安装压力表。此时管路各输出连接口全部由盲法兰封闭。

③ 将气源输出口阀门打开向管路进行充压，估算管路的容积，利用减压阀分阶段加压并稳定3分钟后逐渐升高压力值，其最高压力值应为系统工作压力的1.2～1.5倍。观察储气罐压力表其保压时间达到10分钟即为合格。

④ 打压结束后应将气源出口阀门关闭，并将管道内部压力通过排空阀放空后，此后各分支系统才能与管路进行连接。

⑤ 对于小型系统而言，气源压力就是系统压力，由于管路系统安装前已清理干净，其泄漏问题等可在系统试车前一起处理。

(3) 负载试运行

气源系统经空载试运行和对管路的打压清理过程，已具备负载运行的条件。可通过对不同气动环节的使用过程，利用数据的对比和统计，检验气源的压力、流量、储气罐的蓄压时间能力等是否满足气动系统负荷的要求。管道的容积可以作为储气罐的一部分，应视具体情况而定。

14.6 气动系统的使用与维护

气动系统中其故障原因主要是由于使用与维护不到位造成气源的压力不稳定、检测部分的定位与反馈不准确、方向阀及压力阀以及流量阀的重复工作精度差、汽缸和气马达的受力偏移或活塞内泄漏等问题，使得气动系统出现花样繁多的故障现象，实际上这些故障因素在日常的使用过程中通过及时维护和调整就可以完全避免。

1. 气源的使用与维护

气源系统在使用过程中应制定使用与维护保养守则，一般应包括以下内容：

(1) 设备开机操作前的任务

① 检查冷却器、油水分离器、储气罐的排水状况，应打开其排污阀，排除冷凝的污水。

② 给油雾器的油杯加油。

③ 送电后启动冷却泵和干燥器。

④ 最后启动空气压缩机。

(2) 设备运转中的巡视任务

① 注意倾听设备运行过程中的异常声响，防止喘振等问题的发生。

② 禁止带压对设备进行故障维修处理，禁止带压打开系统中的阀门。

③ 定期检查冷却器、油水分离器、储气罐的冷凝污水排水状况和油雾器的油杯油位。
④ 每两小时应对气源系统的电压、电流、气压、排气温度、润滑油消耗数量等进行统计。
（3）设备定期需维护的任务
① 压缩机冷却润滑油的更换时间，新机第一次按使用 500 小时后进行更换，以后每使用 4000 小时后进行更换
② 油过滤器的更换或清洗时间，第一次按运行 300～500 小时后进行更换或清洗，以后按使用 2000 小时后进行更换或清洗，还应根据油液的质量具体而定。（一次性过滤器应当更换而无法清洗）
③ 进口空气滤芯最好每星期清洗一次，最好用 0.2～0.4MPa 洁净压缩空气由内向外喷吹，一般按使用 3000 小时后进行更换，新机第一次按使用 500 小时后进行更换。
④ 每 4 年或使用 20000 小时应更换机体的轴承、油封等。
⑤ 对于皮带传送的空压机系统，一般每运行 2000 小时左右应检查其皮带的松紧度，如果皮带偏松，须调整，直至皮带张紧为止。
⑥ 压缩机每运行 500 小时，应对其内部接线进行检查，防止接头出现松动问题。
（4）建立设备正常运行的意识环境
① 首先对运行设备利用仪器仪表进行监控，形成参数概念，如轴承温度、干燥器的加热温度、气体的压力和温度、电机电压和电流、室内外的温度和湿度等都可以通过仪表进行显示或报警或控制，形成定位参数。并通过定位参数变化实现对设备的掌控。
② 通过人的巡视过程，掌握设备各个关键点的正常工作"噪声"、"动作"、"温度"、"油味"、"振动"意识，一旦有异常，在巡视过程中马上能够有意识发现。这就要锻炼我们的"耳听"、"眼观"、"面感"、"鼻闻"、"触感"的敏感能力，判断常规和异常的区别。
③ 通过对设备故障问题的处理和研究，总结出适合本设备的处理方法，这是由于同样的设备其负载的形式不同，则工作过程有差异，其故障的问题会不同。因此要具体问题具体分析，这也包括后面问题的处理方法。

2．气动检测元件的使用与维护

气动检测元件主要指用于气动执行元件的行程检测元件和压力检测元件。这些原件发生问题，则会导致气动执行元件工作出现问题，主要包括以下因素：
（1）紧固件松动，导致执行元件动作不准确
行程检测元件与固定支架的连接，或固定支架与设备的连接，或质子与执行元件的连接等，都是采用螺纹的紧固形式。由于设备的振动因素使得螺纹会松动，则传感器或质子则会有一定的移位，造成检测位置的重复精度很差，因而出现加工质量问题。这就要求操作者在操作前，或操作中用专用工具阶段性的对紧固件进行加固处理。
（2）由于振动或高温等问题造成传感器使用寿命降低或不可靠
在气动系统中，由于工作环境的恶劣，常伴有振动、高温、潮湿、粉尘、电磁场、红外光等，使得磁性传感器、光电传感器、行程开关等，在使用中出现问题，造成执行元件的位置得不到检测，从而出现事故。对此应根据实际情况，选用相对无干扰的传感器，并对传感器和质子及支架采取减振措施进行安装，使传感器能够可靠工作。
（3）压力传感器由于系统压力波动造成无动作
由于气动系统压力提升快，当系统快进时，需要气量较大，其压力较低，当工进时可能气量很小，此时如果检测的压差较小，就会出现传感器动作而工作过程还没有完全结束，则汽缸就开始返回。这种情况应采用以下方式解决：

① 提高需要检测的最大压力。
② 借助储能器进行延时处理。
③ 采用智能型压力传感器，利用模拟量进行电气测量和逻辑控制。
按照以上三种操作形式可基本解决压力波动的检测问题，实现可靠控制。

3. 气动控制元件的使用与维护

气动控制元件主要指方向阀、压力阀和流量阀。这些阀如果使用不当，也会造成执行元件的误动作甚至是事故。

（1）换向阀的合理使用

换向阀的故障主要有阀不能换向或换向动作缓慢、气体泄漏、电磁先导阀误动作等。主要由以下因素造成：

① 换向阀不能换向或换向动作缓慢，主要是由于润滑不良、弹簧被卡住或损坏、油污或杂质卡住滑动部分等原因引起的。因此应先检查油雾器的工作是否正常；润滑油的黏度是否合适；是否环境变冷而油温较低。

以上情况应采用更换润滑油，或清洗换向阀的滑动部分，或更换弹簧和换向阀等。

② 换向阀经长时间使用后易出现阀芯密封圈磨损、阀杆和阀座损伤的现象，导致阀内气体泄漏，阀的动作缓慢或不能正常换向等故障。

以上情况应更换密封圈、阀杆和阀座，或更换全新换向阀。

③ 如果电磁先导阀的进、排气孔被油泥等杂物堵塞，封闭不严，活动铁芯会被卡死，电路有故障等，均可导致换向阀不能正常换向。

对以上情况应清洗先导阀及活动铁芯上的油泥和杂质。而电路故障一般又分为控制电路故障和电磁线圈故障两类。在检查电路故障前，应将换向阀手动操作，看换向阀在额定的气压下是否能正常换向，若能正常换向，则是电路有故障。电路故障包括电源电压、行程开关电路的电接点接触电阻大等问题。其中也包括电磁线圈的接头（插头）是否松动或接触不良问题。

（2）压力阀的合理使用

压力阀主要指减压阀和顺序阀。安全阀主要用于储气罐的安全压力控制而与执行元件无关。

① 减压阀的输出压力必须低于输入压力一定值，否则压力稳定性很差。

② 当系统快进时，减压阀输出也不稳定。这种情况主要是气源的排量太小，或选择的储气罐容积也很小，此时如果系统的工作具有间歇性时，可增加储气罐容积，否则应更换气源。

③ 如果减压阀调整后，应将其锁紧，否则振动等因素可能导致输出压力变化。

④ 顺序阀相当于一个压力开关，压力达到设定值时接通，否则关断。为了保证其工作的稳定性，其开门压力不应接近系统最高压力，否则压力波动会引起顺序阀工作不稳定。

⑤ 系统中的水、油、尘可能导致压力阀的参数变化，如阀磨损，或结垢，或堵塞等。

（3）流量阀的合理使用

气动流量阀主要指节流阀、单向节流阀、节流排气阀、柔性节流阀等种类。主要是节流阀的使用问题。

① 节流阀流量不稳是由于调节螺丝没有锁紧。

② 速度调节应采用单向节流阀，才能实现双向不同参数的设置与调节。

③ 系统中的水、油、尘可能导致节流阀流通截面积因结垢而减小，也可能因粉尘磨损而增大。

4. 气动执行元件的使用与维护

气动执行元件的使用主要指汽缸和马达的正确使用。而马达和泵是互为可逆转换的执行与动力元件，只是工作条件不同而异，在其特性上有相同点。使用过程应遵循以下几点：

① 工作中负载有变化时，应选用输出力充裕的汽缸。
② 在高温或者腐蚀条件下，应选用相应的耐温或耐腐蚀性汽缸。
③ 在湿度大，粉尘多，或者有水滴、油尘、焊渣的场合，汽缸应采取必要的防护措施。
④ 在低温环境下，应采取抗冻措施，防止系统中的水分冻结。
⑤ 避免侧向负载，否则活塞杆会弯曲变形且损坏杆端螺纹。
⑥ 汽缸出现卡死现象时，应注意活塞杆是否弯曲，或供气压力不足，或润滑不良等因素。
⑦ 汽缸出现输出力不足，可能是活塞环损坏。
⑧ 汽缸出现外泄漏，可能是密封环损坏，或活塞杆偏心造成密封圈或密封环磨损。
⑨ 气动马达是一种比较精密的动力机械，不能承受轴向力，在安装时严禁敲打，拆卸。

附录　液压与气压传动常用图形符号

附表1　基本符号、管路及连接

名　称	符　号	名　称	符　号
工作管路	——	控制管路	- - - -
连接管路	┬·─·┬	交叉管路	╋
柔性管路	⌒	组合元件框	— · — · —
液压符号	▶	气压符号	▷
直接排气口	□▽ ○▽	带连接排气口	□↧ ○↧
弹簧	W	节流	⊃⊂
固定符号	⁄⁄⁄⁄ ⛋	可调节符号	↗
截止、堵塞符号	⊥		

附表2　控制机构和控制方法

名　称	符　号	名　称	符　号
按钮式人力控制		比例电磁铁	
手柄式人力控制		加压或泄压控制	
踏板式人力控制		内部压力控制	
顶杆式机械控制		外部压力控制	

续表

名　称	符　号	名　称	符　号
弹簧控制		气压先导控制	
滚轮式机械控制		液压先导控制	
单作用电磁铁		电磁-液压先导控制	
双作用电磁铁		电磁-气压先导控制	

附表3　泵、马达和缸

名　称	符　号	名　称	符　号
泵、马达（一般符号）	液压泵　　气马达	液压整体式传动装置	
单向定量液压泵 空气压缩机		双作用单杆活塞缸	
双向定量液压泵		单作用单杆活塞缸	
单向变量液压泵		单作用伸缩缸	
双向变量液压泵		双作用伸缩缸	
单向定量马达		单作用单杆弹簧复位缸	
双向定量马达		双作用双杆活塞缸	

续表

名 称	符 号	名 称	符 号
单向变量马达		双作用不可调单向缓冲缸	
双向变量马达		双作用可调单向缓冲缸	
摆动马达	液压　　气动	双作用不可调双向缓冲缸	
气—液转换器		双作用可调双向缓冲缸	

附表4　控制调节元件

名 称	符 号	名 称	符 号
单向阀		常开式二位三通电磁换向阀	
液控单向阀		二位四通换向阀	
或门型梭阀	（简化符号）	常闭式二位二通换向阀	
与门型梭阀	（简化符号）	常开式二位二通换向阀	
快速排气阀		三位四通换向阀	
直动式溢流阀	P　　T	直动式减压阀	P_1　P_2
先导式溢流阀	P　K　T	先导式减压阀	P_1　K　P_2

续表

名　称	符　号	名　称	符　号
内控外泄式顺序阀		内控内泄式顺序阀	
外控外泄式顺序阀		外控内泄式顺序阀	
压力继电器		节流阀	P_1 P_2
单向节流阀		调速阀	
排气节流阀		液压锁	

参 考 文 献

[1] 徐小东主编.液压与气动应用技术.北京：电子工业出版社，2003.
[2] 冯锦春主编.液压与气压传动技术.北京：人民邮电出版社，2009.
[3] 左建民主编.液压与气动技术.北京：机械工业出版社，2013.
[4] 成大先主编.机械设计手册-液压传动.北京：化学工业出版社，2004.
[5] 姜继海，宋锦春主编.液压与气压传动.沈阳：东北大学出版社，2001.
[6] 周进民，杨成刚主编.液压与气动技术.北京：机械工业出版社，2013.

反侵权盗版声明

　　电子工业出版社依法对本作品享有专有出版权。任何未经权利人书面许可，复制、销售或通过信息网络传播本作品的行为；歪曲、篡改、剽窃本作品的行为，均违反《中华人民共和国著作权法》，其行为人应承担相应的民事责任和行政责任，构成犯罪的，将被依法追究刑事责任。

　　为了维护市场秩序，保护权利人的合法权益，我社将依法查处和打击侵权盗版的单位和个人。欢迎社会各界人士积极举报侵权盗版行为，本社将奖励举报有功人员，并保证举报人的信息不被泄露。

举报电话：（010）88254396；（010）88258888
传　　真：（010）88254397
E-mail：　dbqq@phei.com.cn
通信地址：北京市万寿路 173 信箱
　　　　　电子工业出版社总编办公室
邮　　编：100036